석유개발공학

Petroleum Engineering

석유개발공학

Petroleum Engineering

석유가스개발공학 분야는 유전에서 생산 시 20～30% 정도로 낮게 나타나는 석유회수율을 높여서 경제적 수익률을 극대화하는 데 목표를 두고 있다. 이를 위해 지질 특성과 유가스의 특성이 각기 다른 유가스전에 적합한 생산공법을 제시하고 적정생산운영과 이에 따른 개발설계작업, 신시추공법, 신생산공법 등을 연구하는 학문분야이다.

성원모, 배위섭, 최종근, 이근상, 임종세, 권순일, 전보현, 이원규, 허대기 저

씨아이알

본 교재는 산업통상자원부와 해외자원개발협회가 추진하는
자원개발특성화대학사업의 지원을 받아 개발되었습니다.

석유개발공학 교재는 대학은 물론이고 기업, 정부, 금융기관 등 석유개발 사업을 추진하고자 하는 모든 이들에게 기본적인 지식을 전하고자 우리나라 산업통상자원부에서 해외자원개발협회를 통해 지원하는 해외자원개발특성화대학 사업의 일환으로 저술되었다.

석유개발이 활발한 국외 선진국 대학에서는 석유개발공학 분야의 교과과정이 세분화되어 있어서 현재 국내의 기업들에 의해 석유개발이 진행되고 있는 국내 상황에서는 그대로 사용하는 데 어려움이 많다. 국내 기업들의 석유개발사업에 비추어 볼 때, 탐사광구사업은 물론이고 앞으로는 개발 및 생산광구사업이 보다 활발해질 것으로 예상되고 있는 상황에서 국내 실정에 적합한 교재 작성은 더욱 절실한 시점이다. 그래서 국내의 학계, 연구계, 산업계에서 왕성하게 활동하고 있는 석유공학 전문가 9명이 힘을 합하여 심혈을 기울여 이 책을 저술하였다.

석유가스개발공학 분야는 유전에서 생산 시 20~30% 정도로 낮게 나타나는 석유회수율을 높여서 경제적 수익률을 극대화하는 데 목표를 두고 있다. 이를 위해 지질 특성과 유가스의 특성이 각기 다른 유가스전에 적합한 생산공법을 제시하고 적정생산운영과 이에 따른 개발설계 작업, 신시추공법, 신생산공법 등을 연구하는 학문분야이다. 석유가스개발기술이 앞서 있는 국외 대학에서 석유가스개발공학 분야의 교과과정을 예를 들어 보면, 저류공학, 저류시뮬레이션공학, 탄화수소 열역학, 저류암석학, 물리검층, 유정시험공학, 수공법공학, 열공법공학, 회수증진공학, 시추공학, 생산공학, 천연가스공학, 송유관공학, 석유경제학 등의 교과목을 다루고 있다. 이에 본 교재에서는 상술한 다양한 내용 중 가능한 많은 내용이 포함될 수 있도록 하였다. 따라서 석유가스개발공학 교재는 저류암의 특성, 유체의 물리적 특성, 매장량의 분류체계 및 정의, 생산성분석 기법, 저류시뮬레이션법, 개발계획/경제성 평가/계약방법, 비전통화석에너지로 구성되었다.

앞으로 이 도서 외에도 석유가스개발공학 분야의 꼭 필요한 도서들이 시리즈 형태로 지속적으로 저술해 나가고자 한다. 끝으로 이 책이 만들어지기까지 재정지원을 해주신 산업통상자원부와 물심양면으로 적극 지원하고 수고해주신 해외자원개발협회, 그리고 한국자원공학회에 심심한 사의를 표한다.

2014년 3월

성원모, 배위섭, 최종근, 이근상,
임종세, 권순일, 전보현, 이원규, 허대기

Petroleum Engineering

목차

01 석유개발공학 개요

02 매장량의 분류체계 및 정의

03 저류층 특성

04 저류유체의 특성

05 생산성 분석 기법

06 저류층 시뮬레이션

07 회수증진법

08 광구권 계약 및 경제성 평가

01 석유개발공학 개요

01 석유개발공학 개요

1.1 석유지질

저류층(reservoir)이라 함은 오일이나 가스가 집적되어 있는 주로 퇴적물 기원의 다공질 투과성 암석을 말한다. 이와 같은 집적된 지층이 존재하려면 몇 가지 조건을 갖추어야 한다: 식생물 기원의 유기물을 포함한 근원암이 퇴적분지에 존재해야 한다. 압력과 열에 의해 유기물이 탄화수소로 변환했는지 여부를 확인해야 하고, 근원암으로부터 탄화수소가 주변의 투과성 지층으로 이동했는지 여부를 확인해야 한다. 이동되어온 탄화수소가 집적될 수 있는 지질구조가 존재해야 하며, 이 구조는 근원암으로부터 멀지 않은 곳에 위치해야 한다. 집적된 탄화수소가 상부층으로 이동되는 것을 막을 수 있는 불투과성 지층이 존재해야 한다.

석유지질학자들은 석유는 주로 식물이나 동물 기원의 유기물질로부터 생성된 것으로 믿고 있다. 이러한 유기물은 대부분 해저면과 같은 수생환경에 쌓여 있는 미소해조류나 미생물을 함유한다. 유기물질이 퇴적되고 매장되는 동안 많은 유기물질들은 산화작용에 의해 없어진다. 이들 중 나머지 부분이 수백만 년 이상의 오랜 기간을 거쳐 퇴적층이 쌓이면서 온도가 증가되고 상부의 압력을 받게 되어 케로젠(kerogen)이 된다. 이 케로젠은 다시 열분해되어 탄화수소로 변환된다. 그림 1.1과 같이 케로젠은 초기의 미성숙 상태로 존재하다가 온도 50～70℃에서는 오일로 변환된다. 온도 120~150℃에서는 오일이 다시 열분해되어 습성가스가 되고 이후 건가스로 된다. 따라서 오일상태로 존재하는 온도는 50~120℃ 사이이므로 일반적인 평균 지열을 고려하면 오일은 심도 1,000~3,500 m 사이에서 주로 생성됨을 알 수 있다. 이상과 같이 오일이 생성된 암석을 근원암(source rock)이라고 하며, 주로 셰일이나 또는 탄산염암이 근원암의 일종이다.

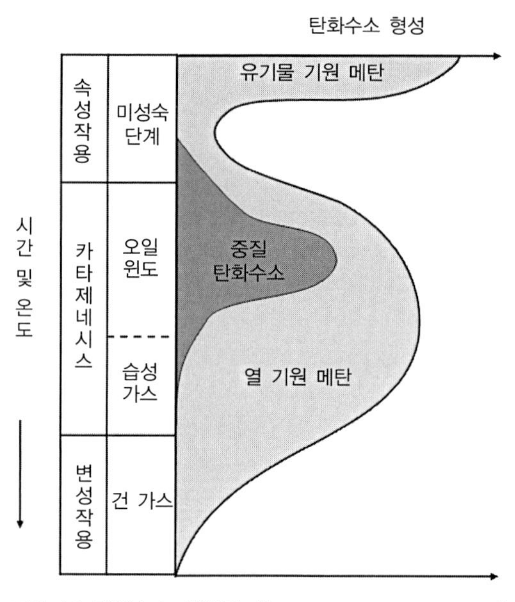

그림 1.1 탄화수소 형성단계(Tissot and Welte, 1984)

근원암에 형성된 탄화수소는 상부 지층의 높은 압력에 의해 근원암으로부터 밀려나서 주변의 사암과 같은 다공질 투과성 지층으로 이동(migration)된다. 이동되어 온 탄화수소는 물보다 비중이 가볍기 때문에 상부의 불투과성 지층에 의해 막히지 않는 한 상향 이동하려는 특징을 갖는다. 심지어는 오일이나 가스가 지표면까지 유출되어 나온 흔적을 볼 수 있는데, 이것을 지표유출 흔적(seepage)이라 한다.

근원암으로부터 이동되어온 탄화수소가 한 곳에 집적되려면 더 이상의 수직 상향 이동이나 수평이동을 못하도록 하는 막힘구조가 있어야 한다. 이와 같은 막힘구조를 트랩(trap)이라 하며, 이 트랩 내에 석유를 함유하고 있는 암석을 저류암(reservoir rock)이라고 한다. 저류암은 다공질이고 투과성이며, 상부로의 이동을 막기 위한 불투과성 암석인 덮개암(cap rock), 그리고 하부에도 불투과성 지층이 존재해야 한다.

또한 저류암으로 갖추어야 할 가장 중요한 또 한 가지 트랩 조건은 수평이동을 막아낼 수 있는 지질구조이다. 일반적으로 수평이동을 막아낼 수 있는 트랩은 단층, 습곡(특히 배사구조), 부정합, 암염 관입 등에 의해 형성되는 구조트랩(structural trap)이 있으며, 동일 지층 내에서 암종의 변화 또는 공극률이나 투과도 변화에 의해 형성되는 층서트랩(stratigraphic trap)으로 구분된다(그림 1.2).

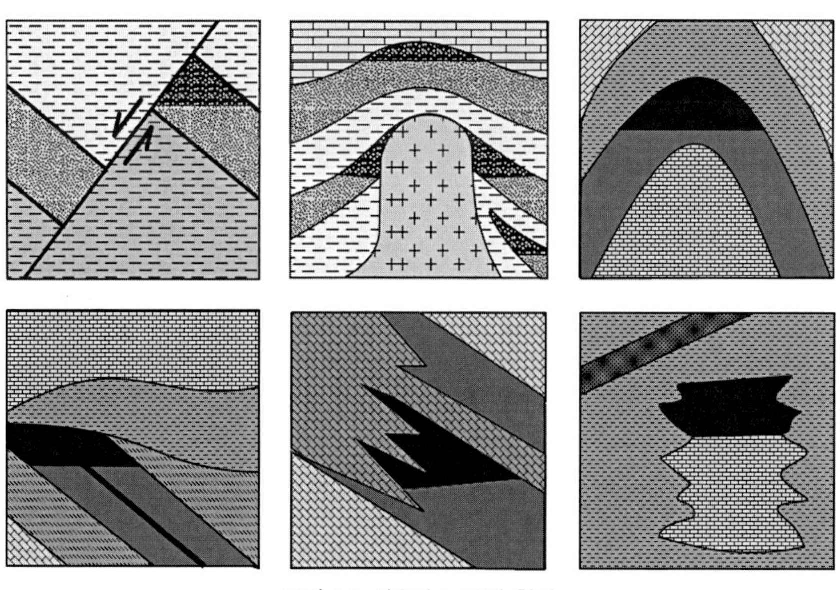

그림 1.2 석유가스 트랩 형태

1.2 석유개발 단계

석유개발 과정은 그림 1.3에서 보는 바와 같이 지질조사, 물리탐사, 시추, 지층평가, 개발, 생산, 수송단계로 진행된다.

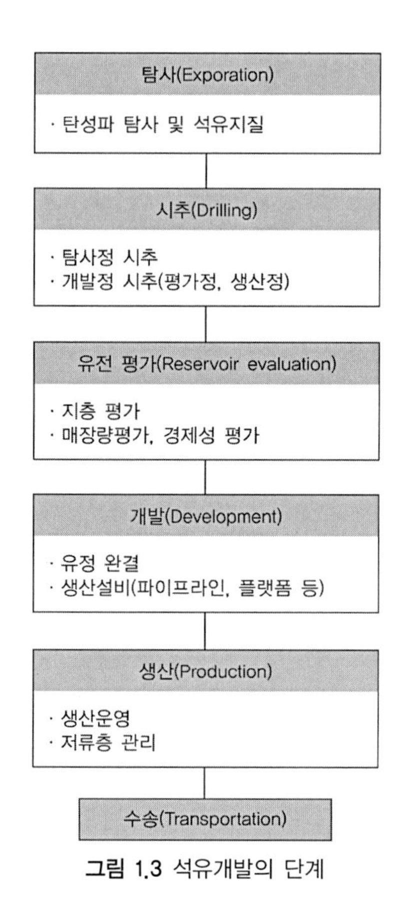

그림 1.3 석유개발의 단계

지질조사는 지표지질조사, 고생물조사, 암석학조사를 통해 각각 지질도 작성, 지질시대 규명, 지층의 성인을 파악한다. 또한 석유의 근원을 파악하기 위해 지구화학탐사가 이루어진다. 한편, 지구물리탐사는 석유가 집적될 수 있는 구조, 즉 구조트랩이나 층서트랩을 찾기 위한 작업이다. 우선적으로 중력 및 자력탐사를 실시하여 퇴적분지의 크기나 분포를 파악하기 위한 광역탐사가 진행된다. 석유집적 지층구조를 판명하기 위한 탐사는 주로 탄성파탐사에 의해 이루어진다. 이상의 작업과정으로부터 석유매장이 가능한 트랩인 지층구조가 판명되면 석유의 부존여부를 직접 확인하기 위해 시추를 하게 된다.

시추는 단계에 따라 탐사시추와 개발시추로 구분할 수 있다. 탐사시추는 지층구조의 최상단에 주로 시추하여 석유부존을 확인하기 위한 과정이며, 성공률이 매우 낮은 관계로 이러한 탐사시추정을 '최초 탐사시추정(wild cat)'이라 한다. 개발시추는 탐사시추 결과 석유부존이 확인된 후 저류층 크기, 즉 매장량 규모를 평가하기 위해 진행된다.

이와 같은 시추공을 평가정이라 하는데, 이는 탄화수소층과 대수층과의 경계를 확인하기 위한 시추이므로 주로 저류층의 주변에 시추하는 것이 일반적이다. 또 하나 다른 형태의 개발시추에는 유전평가 작업 완료 후 상업생산이 가능한 것으로 평가되면 본격 생산을 위해 시추하는 생산정이 있다.

지층평가는 이수검층, 코어분석, 물리검층, 산출시험 등의 방법으로 진행된다. 이수검층은 시추가 진행되면서 순환되는 이수와 암편의 물리적·화학적 특성을 분석하여 탄화수소 성분의 함유 여부를 판명하는 작업이다. 이 작업은 시추와 동시에 이루어지는 과정으로서 탄화수소 징후를 가장 빨리 접할 수 있는 단계이므로 매우 중요한 작업이다. 코어분석은 시추공에서 코어를 직접 채취하여 코어의 물리적 특성을 측정하는 방법이다. 직접 채취된 코어에 대한 측정결과이므로 비용이 많이 들지만 신뢰성이 높다. 그러나 이 결과는 작은 직경의 시추공이 위치한 특정 지점에 대해서만의 정보이므로 지층 전체에 대한 평가측면에서는 신뢰성이 떨어진다. 코어분석 작업은 두 가지로 수행되는데, 일반코어분석에서는 공극률, 투과도, 유체포화율 등을 결정하는 반면에 특수코어분석에서는 모세관압, 상대투과도 등을 측정한다. 목표심도까지 시추가 완료되면 석유부존 심도, 두께, 공극률, 부존 유체의 종류, 유체포화율, 지층의 암상 등을 확인하기 위해 물리검층(well logging)을 실시한다. 물리검층은 전기검층, 감마선검층, 중성자검층, 밀도검층, 음파검층 등의 다양한 검층방법을 통해 지층의 물리적·전기적 특성을 평가하는 지층정보화 작업이다. 물리검층은 시추공 내에 소스 발사장비를 투입하여 이로부터 음파, 중성자, 감마선, 전자파 등을 지층으로 쏘아 보내고 이들이 되돌아오는 양을 기록장치에서 측정한 후 이 결과를 해석하는 작업으로 진행된다. 이 방법은 지층으로 투입된 물질의 투과거리, 즉 시추공으로부터 수 미터까지에 대한 정보로 제한된다. 마지막 지층평가 단계로서의 산출시험(well testing)은 시추공의 유체산출 능력, 즉 생산성을 평가하기 위해 실시하는 작업으로 대표적으로 DST(drillstem test)가 여기에 해당한다. 탐사시추정에 대한 산출시험은 앞에서 언급된 이수검층, 코어분석, 물리검층을 통해 석유부존 가능성 여부가 판단되면 지층평가의 최종단계로서 실시하는 작업이다. 산출시험은 유동시험(flowing test) 과정과 폐쇄시험(shut-in test) 과정을 반복하면서 취득되는 압력과 유동량을 측정하고, 이 자료들을 해석하여 저류층의 생산능력을 평가하게 된다. 산출시험은 저류층으로부터 직접 생산을 통한 평가이므로 이에 의한 해석결과는 생산에 의해 형성되는 영향반경 내에 있는 저류층의 특성이라고 볼 수 있다. 따라서 산출시험에 의한 결과는 물리검층이나 기타 다른 어떤 지층평가 방법보다도 신뢰할 수 있는 결과이다.

앞에서 상술된 다양한 탐사과정을 거쳐서 경제적 상업성 규모의 매장량이 확인되면 개발단계에 진입하게 된다. 개발단계는 매장량 규모와 지형 및 주변환경 조건에 따라 소요되는 기간이 다르다. 이 단계에서는 수직정, 수평정, 수압파쇄정 등과 같은 생산정의 형태, 생산정의 개수 및 위치, 생산 프로파일, 적정 회수증진공법, 플랫폼이나 FPSO 등과 같은 생산시설의 종류 및 규모, 파이프라인의 직경 및 송출압력 등의 생산관련 전반 시설에 대한 설계와 함께 이에 따른 경제성 평가가 이루어진다.

저류층으로부터의 석유회수는 크게 세 가지 방법으로 진행된다. 첫 번째 회수방법은 1차 회수법으로서, 이 방법은 자연적으로 석유를 생산정으로 밀어낼 수 있는 원동력인 자연에너지에 의해 생산하는 방법이다. 그러나 저류층의 불균질성 및 모세관압 등의 요인들 때문에 1차 회수율은 유전의 경우 20%에서 최대 30% 정도되며, 가스전의 경우에는 60~70% 수준이다. 1차회수 과정에서 저류층의 자연에너지가 고갈되면 생산량을 증진시키기 위해 주입정을 통하여 물이나 가스를 주입해서 인위적으로 오일을 밀어내는 과정을 거치게 되는데, 이 과정이 2차 회수법이다. 2차 회수 과정을 통해서도 저류층에는 40~50% 정도의 오일이 잔류하게 되므로 오일을 추가로 회수해 내기 위해 이산화탄소, 알코올, 거품, 폴리머, 계면활성제, 스팀 등을 주입하여 회수를 증진시키고자 하는데, 이 방법을 3차 회수법이라 한다. 이와 같이 2차 회수법과 3차 회수법은 석유회수를 증진시키기 위한 방법으로서 이들을 통틀어서 회수증진공법이라 한다. 이상과 같이 1차, 2차, 3차 회수공법을 통해 생산되는 오일 회수율은 60% 정도까지도 얻을 수 있다.

유전에서 생산된 오일은 직접 파이프라인을 통해 수송하거나, 특히 해상의 경우에는 FSO, FPSO 등에 집적한 후 수송한다. 유전에서 오일과 함께 생산되는 수반가스는 그 양이 적으면 태워 버리거나 저류층의 에너지원으로 활용하기 위해 재주입을 하기도 한다. 한편, 천연가스는 보통 파이프라인을 통해 직접 소비지까지 수송하는데 이를 PNG(pipelined natural gas)라 하며, 소비지에서는 계절별 변동에 따른 안정적 이용을 위해 저장하기도 한다. 가스전의 매장량 규모가 큰 경우에는 액화천연가스인 LNG(liquefied natural gas) 플랜트를 건설하여 액화해서 LNG 선박으로 수송하기도 한다. 즉, 생산된 가스성분 중 메탄(CH_4) 성분만을 -162℃까지 내려서 액화하여 LNG 선박을 통해 수송한다. 한편 유전에서 생산되는 가스성분 중 프로판(C_3H_8)이나 부탄(C_4H_{10})은 상온가압 또는 상압저온 하에서 부피를 1/250으로 액화하여 액화석유가스인 LPG(liquified petroleum gas) 제품으로 만들어 사용한다.

1.3 전통화석에너지와 비전통화석에너지

화석에너지는 전통(conventional)화석에너지와 비전통(unconventional)화석에너지로 구분된다. 전통화석에너지는 유가스 가격과 현존하는 생산기술로 경제성 있는 부류의 화석에너지를 말하며, 비전통화석에너지는 유가스 가격과 현존하는 개발기술로는 경제성이 없는 부류의 화석에너지를 의미한다. 과거에는 전통화석에너지만으로도 전 세계의 석유가스 수급상황을 잘 맞춰 나갈 수 있었지만 최근에는 탐사에 의한 발견성공률이 점차 낮아지고 이에 따라 매장량이 감소 추세에 있는 상황이다. 이에 비전통화석에너지의 중요성이 보다 확대되고 있는 시점이므로 이들을 경제성 있는 사업으로 개발하기 위한 시추, 생산, 개발설계 및 저류층 해석의 신기술들이 연구되고 있다.

먼저 비전통천연가스라 함은 석탄층메탄가스(coalbed methane: CBM), 셰일가스나 치밀사암층가스, 가스하이드레이트가 여기에 해당한다. CBM은 1970년대 말부터 미국의 US DOE와 GRI가 주관이 되어 탄광의 가스발생에 의한 폭발을 막을 목적으로 통기에 대한 연구가 진행되면서부터 시작되었다. 그 이후 정부의 세제지원 등 여러 가지 제도를 통한 지원으로 1980년대에는 수평정 시추기술과 그에 따른 저류해석 기술 등이 발전하면서 활발히 진행되어 지금은 전 세계적으로 광범위하게 진행되어 오고 있다. 그러면서 1990년대 이후부터는 거의 비전통천연가스보다는 전통천연가스로 분류를 해도 되는 수준에 도달해 있다. 2000년대 들어서는 이산화탄소의 저장지로도 각광을 받으면서 더욱 활발한 CBM 사업이 진행되고 있다.

셰일가스나 치밀가스는 지층의 유체투과율이 낮아 암반에 인위적으로 암반을 파쇄하지 않는 한 유체의 유동이 거의 없어서 생산이 되지 않는 가스층이다. 이들은 불과 수년 전에 수평정에 여러 단계로 수압파쇄를 발생할 수 있는 저비용의 새로운 첨단기술이 개발되면서 현재는 미국의 육상가스 산업에 거의 혁명을 불러오게 되었다. 새로운 시추기술에 따른 저류해석 및 설계기술이 더욱 발전하게 되면 더욱 활발해질 것으로 예상된다.

반면에 하이드레이트는 0°C와 26기압이나 10°C와 76기압하의 저온고압 조건에서 물 분자와 메탄, 에탄, 프로판의 저분자 탄화수소나 CO_2 분자가 물리적으로 결합하면서 얼음과 같은 고체로 된 물질이다. 상온상압 하에서의 1 m^3의 메탄하이드레이트는 메탄가스 172 m^3와 물 0.8 m^3로 해리된다. 하이드레이트는 1990년대 초기에는 심해 유가스전 개발 시 해저의 유동관(flowline)에 얼음과 같은 고체가 쌓이면서 파이프가 막히는 현상이 발생했는데 이를 방지하려는 시도에서부터 석유가스업계에서는 하이드레이트에 관한 관심을 갖기 시작했다. 그 이후 러시아, 캐나다, 일본, 인도, 미국, 한국 등에서 환경오염을 최소화하면서 하이드레이트를 천연가스에너지로 개발하려는 노력이 현재 진행되고 있다. 하이드레이트는 미래의 천연가스 산업에 영향을 미칠 중요한 에너지원으로서 향후 환경적으로 안정된 첨단 생산기술이 개발되면 엄청난 변화가 올 수 있을 것으로 기대된다.

비전통오일은 오일샌드와 오일셰일로 구분할 수 있다. 오일샌드는 캐나다를 중심으로 활발하게 개발 붐이 일어나고 있으며, 우리나라의 몇몇 기업들도 많은 관심을 보이고 오일샌드 사업을 추진하고 있다. 오일샌드는 오일 비중이 7~15°API 정도로 비중이 아주 높은 오일로서, 과거 캐나다에서는 노천채굴로 개발해왔으나 환경문제가 대두되면서는 지하지층에 주입정을 시추해서 여기에 스팀을 주입하여 생산해내는 생산기술이 개발되면서 사업이 한창 진행 중이다. 오일셰일은 유기물이 암석과 조밀하게 혼합되어 석탄화한 것으로 함유된 유기물, 즉 케로젠을 열분해를 통해 생산되는 오일이다. 오일셰일은 일반적으로는 노천 채굴하여 열분해 과정을 거쳐 생산되는 오일이므로 이 과정에서 발생하는 환경오염 문제가 해결된다면 고유가시에는 경제성이 있는 것으로 보고되고 있다.

1.4 석유가스개발공학

지하의 깊은 지층에서 암석을 구성하는 작은 입자들 사이에는 육안으로는 보이지 않는 작은 틈(공극)이나 균열(fracture)에 부존되어 있는 고온고압의 석유를 생산해 내는 작업은 결코 간단하지 않다. 이를 대변해주는 간단한 예가 석유회수율을 보면 알 수 있다. 즉, 석유부존지층이 지니고 있는 자연에너지에 의해 생산될 수 있는 석유는 불과 20~30%에 지나지 않는다.

석유가스공학(petroleum & natural gas engineering) 분야는 낮은 석유회수율을 높혀 경제적 수익률을 극대화하는 데 목표를 두고 있다. 이를 위해 석유의 물리적 특성과 공극구조가 매우 복잡하고 불균질한 저류층의 특성을 파악하여 적정한 생산공법 및 생산운영을 제시하고 이에 따른 개발설계 작업과 관련한 연구를 수행한다. 석유가스공학 분야를 다루기 위해 석유개발기술이 앞서 있는 나라들의 석유개발공학 학계에서 다루는 교과과정을 예를 들어 보면, 저류공학, 저류시뮬레이션공학, 탄화수소 열역학, 저류암석학, 물리검층, 유정시험공학, 수공법공학, 열공법공학, 회수증진공학, 시추공학, 생산공학, 천연가스공학, 송유관공학, 석유경제학 등의 교과목을 다루고 있다.

국내의 경우, 석유개발 역사가 짧아서 탐사부터 생산에 성공한 사례가 극히 미약하여 아직은 탐사광구 사업에 거의 편중되어 있다. 이러한 환경여건에 따라 국내의 석유개발 학계, 연구계 및 산업계에서는 석유회수율을 높이기 위해 개발설계와 생산공법을 다루는 석유개발공학 전문가가 크게 공헌할 기회가 제공되지 못하고 있는 실정이다. 그러나 궁극적으로 우리나라의 경제적 수준이 한 단계 뛰어넘기 위해서는 빠른 시간 내에 탐사광구의 성공사례가 다수 나올 수 있을 것으로 전망된다. 뿐만 아니라 최근 M&A에 의한 생산유전 사업참여가 가시화되고 있는 시점이어서 '석유가스개발공학'의 중요성은 더욱 절실해지고 있다.

석유가스개발공학은 저류공학, 생산공학, 시추공학의 3분야로 구분된다. 저류공학(reservoir engineering)은 지하의 불균질한 저류층 내 복잡한 공극구조나 균열망을 통해서 물, 가스, 오일 등 고온고압의 다양한 유체가 함께 유동하는 양상을 해석하는 학문 분야이다. 저류공학 분야에서는 첫째로 생산정에서 오일이나 가스 등 저류층 유체의 생산자료에 기반하여 복잡한 지하 저류층의 정보화 작업을 통해 최대한 정확하게 지하의 지층정보를 규명한다. 둘째로는 오일, 가스 등의 유체가 저류층 내에서 유동하는 양상을 지상에서는 육안으로 확인할 수가 없으므로 이를 묘사하는 유체유동 미분방정식을 개발하고 이를 통해 유동양상을 파악하는 분야이다. 이에 의한 유동양상 해석결과를 바탕으로 매장량 평가, 최적 개발설계 수립, 생산량 예측 및 경제성 평가, 생산과정에서 발생하는 문제점 분석, 주요 생산드라이브 메커니즘 규명, 적정 회수증진공법 설계 및 적용 시험, 생산개선 신공법 개발 등 오일과 가스의 생산효율성을 극대화하기 위한 작업을 수행한다.

생산공학(production engineering)은 파이프라인, 튜빙, 정두장치, 분리기, 수분제거기, 생산정 자극(well stimulation) 등 생산의 전공정과 관련된 적정설비의 규모 및 설비의 필요성 여부 등을 설계하여 수요물량의 오일이나 가스를 안정적으로 공급하기 위해 연구하는 분야이다.

시추공학(drilling engineering)은 시추장비의 개발, 수압파쇄-수평정 등과 같은 새로운 형태의 시추공법 개발, 심해시추 특수설비 및 해석 시스템 개발, 저비용의 시추시간을 단축할 수 있는 고효율의 안정적 시추작업을 수행하기 위해 연구하는 분야이다.

02

매장량의 분류체계 및 정의

02 매장량의 분류체계 및 정의

2.1 석유 자원량의 분류체계

석유 자원량/매장량 정의 및 분류체계는 석유자원 보유국뿐 아니라 전 세계적으로 석유개발산업 분야에서 오랜 기간 동안 합의되어 보편적으로 통용되고 있는 서방 측 분류체계를 기본적으로 사용하고 있다. 서방 측 분류체계는 세계석유공학회(Society of Petroleum Engineers: SPE), 세계석유회의(World Petroleum Council: WPC), 미국석유지질학회(American Association of Petroleum Geologists: AAPG), 석유자원평가학회(Society of Petroleum Evaluation Engineers: SPEE)에서 공동으로 개정 제안한 2007년도 '석유자원관리체계(Petroleum Resources Management System(PRMS)'(SPE, 2007)이다. 국내에서는 2009년 한국지구시스템공학회의 '국내 유 · 가스 매장량 평가 기준 표준화 연구'를 토대로 발표된 2009년 지식경제부 '석유 자원량 평가기준'이 현재 통용되는 표준 분류체계이다. 이 기준의 핵심은 그 동안 탐사/개발/생산 등 사업단계와 상관없이 사용되어 왔던 '매장량'이라는 용어를 상업성이 확보되기 이전에는 사용할 수 없다는 엄격한 제한을 둔 것으로, 단순하고 명확한 기준으로 석유 자원량(통상 매장량으로 사용해 왔음) 관련 용어를 표준화함으로써 국내 석유개발현장 및 금융시장에서 오 · 남용을 최소화하기 위함을 목적으로 하였다.

2.1.1 대분류체계

석유 자원량(petroleum resources)의 대분류체계는 사업(또는 프로젝트)을 중심으로 하여 크게 매장량(reserves), 발견잠재자원량(contingent resources), 탐사자원량(prospective resources)의 세 종류로 분류한다(그림 2.1)(성원모 등, 2009).

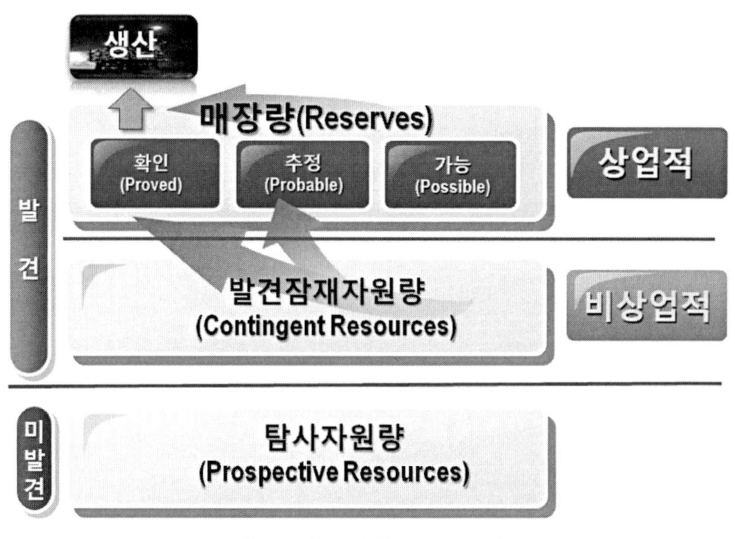

그림 2.1 석유 자원량 대분류체계

발견잠재자원량과 탐사자원량은 시추에 의한 석유의 발견(discovered) 여부로 구분한다. 발견이라 함은 실제 시추작업을 통해 지표로 분출된 석유 또는 표본추출을 통해 유동 석유의 존재가 확인됨을 의미한다. 시추를 통해 발견된 석유 자원량은 발견잠재자원량 또는 매장량의 범주에 포함시킬 수 있으나 시추이전의 미발견 상태의 석유 자원량은 탐사자원량으로 정의한다. 발견잠재자원량과 매장량은 시추로 석유가 발견된 상태에서 상업성(commerciality) 여부로 구분하며, 특정시점의 기술 및 경제적 관점에서 상업성이 인정된 경우만 매장량으로 평가할 수 있다. 상업적이라 함은 합리적인 기간 내에 개발되어 생산 가능한 것을 의미한다.

2.1.2 세부분류체계

석유 자원량의 세부분류는 특정시점의 사용 가능한 정보에 대한 불확실성 정도, 상업성 증대에 따른 사업성숙도에 따라 그림 2.2와 같이 분류한다.

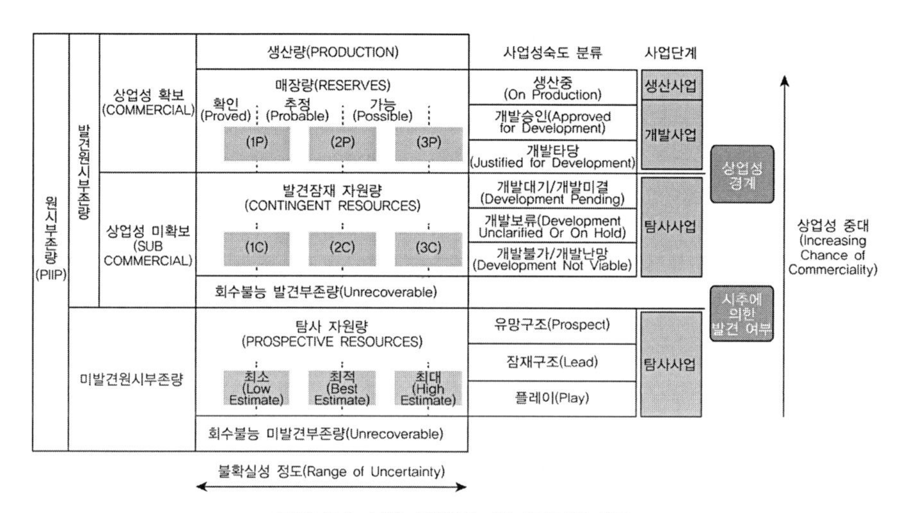

그림 2.2 석유 자원량 세부분류체계도

석유 자원량 세부분류에 사용된 기본용어의 정의는 다음과 같다.

1) 석유(petroleum)

자연적으로 발생한 기체, 액체, 고체상의 탄화수소로 구성된 혼합물로 이산화탄소, 질소, 황화수소, 황과 같은 비탄화수소도 함유되어 있을 수 있다.

2) 석유 자원량(resources)

이미 생산된 양을 포함하여 지구의 표면이나 내부에서 자연적으로 발생한, 시추를 통해 발견되거나 발견되지 않은(회수 가능하거나 회수 불가능한) 석유의 총량이다.

3) 원시부존량(petroleum initially in place, PIIP)

자연적으로 발생한 탄화수소 집적구조 내에 본래부터 존재하는 것으로 평가되는 석유의 양으로 생산 이전의 알려진 탄화수소 집적구조에 포함되어 있을 것으로 평가되는 석유의 양과 아직 발견되지 않은 탄화수소 집적구조에 포함되어 있을 것으로 평가되는 석유량의 합이다.

4) 발견원시부존량(discovered petroleum initially in place)

생산 이전의 알려진 탄화수소 집적구조에 포함되어 있을 것으로 평가되는 석유의 양이며, 미발견원시부존량(undiscovered petroleum initially in place)은 특정 시점에서 아직 발견되지 않은 탄화수소 집적구조에 포함되어 있을 것으로 평가되는 석유의 양이다.

5) 생산량(production)

실제로 회수된 석유의 누적량이다.

6) 회수 불능 발견/미발견부존량

특정시점에서 발견되거나 또는 발견되지 않은 원시부존량 중 회수할 수 없다고 평가된 석유의 양으로, 회수 불능(unrecoverable) 발견/미발견부존량 중 일부는 상업적 환경의 변화 또는 기술 개발을 통해 미래에 회수 가능할 수도 있지만, 일부는 유체와 저류암 표면의 상호작용에 의한 물리/화학적 제한 때문에 회수할 수 없을 것으로 평가한다.

7) 불확실성 정도(range of uncertainty)

분류체계의 가로축에 해당하며, 회수 가능하거나 잠재적으로 회수 가능한 양의 범위이다. 회수 가능한 평가량은 결정론적 방법이나 확률론적 방법에 의해 결정한다.

8) 상업성 증대(increasing chance of commerciality)

분류체계의 세로축에 해당하며, 사업이 개발되어 상업적인 생산상태에 이를 것이라는 가능성이다.

2.2 석유 매장량의 정의 및 분류

2.2.1 석유 매장량의 정의

석유 매장량은 확인된 탄화수소 집적구조에서 개발 사업(프로젝트)에 의해 특정 시점의 상업적 회수가 가능할 것으로 기대되는 석유 자원량(상업성이 확보되지 않은 경우에는 '매장량'이라는 용어를 사용할 수 없음)이며, 시추에 의해 '발견'되었고, 기술적으로 '회수 가능'하고, 시장 환경 및 사업 측면에서 '상업적'이며, 사업 개시 시점에서 '생산되지 않고 저류층에 잔존'하는 4가지 조건을 반드시 모두 만족한 석유의 양을 말한다.

일반적으로 상업성 판단기준은 다음과 같다.

① 개발을 위한 합리적인 시간계획표를 뒷받침하는 증거

② 세부적인 투자 및 운영기준을 만족하는 개발계획의 미래 경제성에 대한 합리적인 평가

③ 개발을 보장하기 위해 요구되는 생산량의 기대매출(최소) 또는 모든 생산량에 대한 시장이 존재할 것이라는 합리적인 기대

④ 필요한 생산과 수송설비가 사용 가능하거나 가능해질 수 있다는 증거, 평가시점에서 법적, 계약상의 환경과 기타 사회·경제적 제반 사항이 생산사업을 실제 수행하는데 결정적 제한이 안 된다는 증거

⑤ 현재의 허가기간(duration of licence)이 만료하는 경우, 개발권자(license holder)가 현 허가권을 갱신하는 권한을 가지고 있고 허가권을 갱신해왔던 이력을 명

확하게 증명하기 전에는 회수 가능한 것으로 평가할 수 없음

매장량은 확실성에 따라 확인(proved), 추정(probable), 가능(possible) 매장량으로 세부 분류한다(표 2.1).

매장량 산정 시 활용하는 1P, 2P, 3P에 대한 정의는 다음과 같다.

① 1P: 확인매장량과 동일. 매장량의 최소 평가량

② 2P: 확인매장량과 추정매장량의 합. 매장량의 최적 평가량

③ 3P: 확인매장량, 추정매장량, 가능매장량의 합. 매장량의 최대 평가량

표 2.1 매장량의 세부분류

구분	일반적 정의	지침
확인 (Proved) 매장량	지질학적 및 공학적 자료의 평가 결과, 현재의 경제적 조건, 운영방법, 국가의 법체계 하에서 상업적으로 회수 가능할 것이 합리적으로 확실시되는 평가량	• 확인매장량으로 간주되는 저류층 영역 ① 시추에 의해 윤곽이 파악되고 유체경계면들(fluid contacts)에 의해 정의될 수 있는 영역 ② 시추는 되지 않았으나, 확인된 저류층의 연장(연속)으로 판단할 수 있는 합리적 근거와 상업적 생산이 가능하다는 지질학적, 공학적 자료가 있는 확인된 저류층의 인접지역 • 유체경계면 자료가 없을 때에는, 기타 명확한 지질학적, 공학적 또는 생산이력 자료가 제시되지 못할 경우, 시추를 통해 파악된 최저탄화수소확인지점(Lowest Known Hydrocarbon, LKH)에 의해 확인매장량 영역이 제한됨. 여기서 명확한 자료로는 유체압력구배 분석치, 탄성파 지시자 등이 포함됨. 탄성파 자료만으로는 유체 간 경계를 파악할 수 없음 • 결정론적 방법을 사용할 경우, 평가량의 높은 신뢰수준을 뒷받침할 합리적 확실성이 있음 확률론적 방법을 사용할 경우, 실제 회수량이 평가량과 같거나 더 높을 확률이 적어도 90% 이상임
추정 (Probable) 매장량	지질학적 및 공학적 자료의 평가 결과, 회수가능성이 확인매장량보다는 낮으나, 가능매장량보다는 높은 추가 평가량	• 추정매장량 영역은, 확인된 저류층의 인접지역이지만, 가용정보의 확실성이 떨어지고 저류층의 연속성을 인정할 만한 신뢰기준에 미치지 못하는 영역 • 실제 남은 회수량이 확인매장량과 추정매장량의 합(2P)보다 클 확률과 작을 확률이 서로 같음 확률론적 방법으로는, 실제 회수량이 2P보다 크거나 같을 확률이 50% 이상임
가능 (Possible) 매장량	지질학적 및 공학적 자료의 평가결과, 회수가능성이 추정매장량보다 낮은 추가 평가량	• 가능매장량 영역은, 추정매장량 영역의 인접지역이지만 가용정보의 불확실성이 큼 통상적으로, 프로젝트에 의해 상업적 생산이 가능한 면적과 두께의 경계(한계)를 파악할 수 없음 • 총 회수량이 매장량의 최대 평가량인 확인매장량, 추정매장량, 가능매장량의 합(3P)보다 클 확률이 낮음 확률론적 방법으로는, 실제 회수량이 3P보다 크거나 같을 확률이 10% 이상임

개발 여부에 따른 매장량 상태(reserves Status)를 분류하며, 개발계획 하에서 유정(well) 및 관련 시설의 운영 상태와 향후 자본투자를 기준으로 '개발'(developed), '미개발'(undeveloped) 매장량으로 구분한다(표 2.2).

통상 개발과 미개발의 분류는 확인매장량에 대해서만 적용하여 왔으나, 프로젝트 운영에 있어 개발과 생산 상태가 매우 중요하므로 위의 기준의 개발/미개발 개념을 매장량의 모든 범위(확인, 추정, 가능)에 적용할 수 있다.

일반적으로 PDP(Proved Developed Producing), PDNP(Proved Developed Non-Producing), PUD(Proved Undeveloped)는 개발과 미개발의 개념을 확인매장량에 대해서만 적용했을 때 사용하는 용어이다.

표 2.2 개발 여부에 따른 매장량 상태의 세부분류

구분	일반적 정의	지침
개발(developed)매장량	기존의 유정(well) 및 시설을 이용하여 회수 가능할 것으로 기대되는 양	• 매장량은 생산에 필요한 시설과 장비가 모두 갖추어진 이후이거나, 또는 개발생산을 위한 추가 비용이 신규 유정을 시추하는 비용보다 적은 규모에서 이루어질 때 '개발'된 것으로 간주함 • 필요한 유정과 시설이 완비되어 있지 않을 경우, 해당 매장량은 '미개발' 범주로 평가됨 • 개발매장량은 생산(producing) 또는 미생산(non-producing)으로 세부 분류함
-개발생산(developed producing) 매장량	평가시점에서, 개정(open) 상태이며, 생산 중인 완결구간에서 회수 가능할 것으로 기대되는 양	• 회수개선에 의한 매장량(improved recovery reserves)은 실제 회수개선작업이 진행 중일 경우에만 '생산'으로 간주함
-개발미생산(developed non-producing) 매장량	평가시점에서, 폐정(shut-in)이나 완결 또는 재완결이 필요한 유정에서 (behind-pipe) 향후 회수 가능할 것으로 기대되는 양	• 폐정매장량(shut-in reserves) 해당 경우 ① 평가시점에서 완결구간이 열려 있지만(open), 아직 생산 개시가 안 된 경우 ② 시장 여건이나 파이프라인 연결 작업 등 때문에 일시 폐정된 경우 ③ 기계적 문제 때문에 생산을 못하고 있는 경우 • 미완결정 매장량(behind-pipe reserves) 해당 경우 : 생산개시를 위해 추가적인 완결작업이 필요하거나, 향후 재완결이 필요한 경우 • 모든 경우, 신규 유정 시추비보다 저렴한 비용으로 생산 개시 또는 재개가 이루어질 수 있음
미개발(undeveloped) 매장량	향후 추가비용이 소요되는 시설을 통해 회수 가능할 것으로 기대되는 양	• 미개발매장량 해당 경우 ① 미시추지역에서 신규 유정을 시추해야 하는 경우 ② 기존 유정을 이미 알려진 다른 저류층으로 심부 추가 시추해야 하는 경우 ③ 증산을 위해 기존 생산정간 시추(infill well)를 해야 하는 경우 ④ 신규 시추공 비용 이상의 추가 비용이 소요되는 경우 – 기존 유정의 재완결 – 생산 또는 수송 시설 설치 등

2.2.2 발견잠재자원량

발견잠재자원량(contingent resources)은 특정시점에서 시추를 통해 확인된 탄화수소 집적구조로부터 잠재적으로 회수 가능하다고 평가되나, 적용된 사업이 하나 이상의 요인에 의해 상업적 개발에 도달하기에는 아직 충분히 성숙되지 않은 것으로 고려하는 석유의 양이다(상업성이 확보되지 않은 경우에는 '매장량'이라는 용어를 사용할 수 없음).

생산 가능하지만 판매시장을 확보하지 못한 사업, 현 기술로 상업성이 확보되지 못한 사업, 탄화수소 집적구조에 대한 평가가 상업성을 명확히 판단하기에 불충분한 사업 등으로, 평가의 확실성에 따라 1C, 2C, 3C 범주로 나누며, 경제상황과 사업성숙도에 따라 세분화한다.

발견잠재자원량의 세부분류는 다음과 같다.

① 1C : 발견잠재자원량의 최소 평가량

② 2C : 발견잠재자원량의 최적 평가량

③ 3C : 발견잠재자원량의 최대 평가량

2.2.3 탐사자원량

탐사자원량(prospective resources)은 아직 발견되지 않은 탄화수소 집적구조로부터 잠재적으로 회수 가능할 것으로 기대되는 석유의 양으로 발견의 가능성과 개발의 가능성을 모두 포함하고 있다. 발견 및 개발을 가정하였을 경우, 회수 가능한 양에 대한 평가의 확실성에 의해 나누어지며 사업성숙도에 따라 세분화한다.

탐사자원량의 세부분류는 다음과 같다.

① 최소(low estimate)

프로젝트에 의해 실제로 회수될 것으로 기대되는 양에 대한 보수적 평가량으로 확률론적 방법에서 실제 회수될 것으로 기대되는 양이 평가량 이상일 확률이 적어도 90%(P90)이다.

② 최적(best estimate)
프로젝트에 의해 실제로 회수될 것으로 기대되는 양의 최적 평가량으로, 확률론적 방법에서 실제 회수될 것으로 기대되는 양이 평가량 이상일 확률이 적어도 50%(P50)이다.

③ 최대(high estimate)
프로젝트에 의해 실제로 회수될 것으로 기대되는 양에 대한 낙관적 평가량으로, 확률론적 방법에서 실제 회수될 것으로 기대되는 양이 평가량 이상일 확률이 적어도 10%(P10)이다.

2.3 사업성숙도에 따른 분류

2.3.1 상업성 확보 단계

사업성숙도에 따른 분류 중 발견되었고 상업성 확보 단계는 다음과 같다.

① 생산 중(on production) : 생산사업
현재 석유를 생산하고 시장에 석유를 판매하여 수입을 얻고 있다.

② 개발승인(approved for development) : 개발사업
개발에 필요한 모든 승인이 이루어졌고 자본금이 명확하며, 개발 프로젝트가 진행 중에 있으며, 규제 인가 또는 판매 계약의 미결제와 같은 잠재요인의 영향을 받아서는 안 된다. 예상 자본 지출은 사업주체의 현재 또는 다음 해 보고의 승인 예산에 포함되어야 한다.

③ 개발타당(justified for development) : 개발사업
평가보고 시점에서 합리적으로 예측된 상업 조건에 근거하여 개발사업의 타당성이 인정되고, 필요한 모든 승인/계약이 이루어질 것이라는 합리적인 기대가 있으며(보고 시점은 향후 가격, 비용 등에 대한 가정과 프로젝트의 구체적인

상황에 대한 사업주체의 보고에 근거를 둠), 상업적 평가를 뒷받침할 만한 충분히 구체적인 개발 계획이 있어야 하며, 프로젝트의 수행 전에 필요한 규제 승인 또는 판매 계약이 곧 진행될 것이라는 합리적인 예측이 있어야 한다. 일정한 기간 내에 진행되는 개발을 방해할 수 있는 알려진 잠재 요인은 없어야 한다.

2.3.2 발견 후 상업성 미확보 단계

발견되었으나 상업성 미확보 단계는 다음과 같다.

① 개발대기/개발미결(development pending) : 탐사사업
발견된 탄화수소 집적구조에 대해 예측 가능한 기간 내에 상업적 개발의 타당성을 인정받기 위해서 사업 수행이 진행 중에 있으며, 상업화 가능성을 확인하고 적합한 개발 계획을 선택하기 위해 추가 자료(시추, 탄성파 자료 등)의 획득과 평가가 현재 진행되고 있다. 치명적인 잠재요인이 확인되고 적당한 기간 내에 문제가 해결될 것으로 기대된다.

② 개발보류(development unclarified or on hold) : 탐사사업
상업적 개발의 잠재적 가능성을 확인하기 위해 추가적인 평가 활동이 요구되며, 상업적 개발에 대한 잠재성이 있는 것으로 판단되나 상당한 외부 잠재요인이 제거될 때까지 추가적인 평가 활동이 보류된 상태. 예측 가능한 기간 내에 치명적인 잠재요인이 제거될 것이라는 합리적인 기대가 없는 경우 '개발불가/개발난망'으로 프로젝트가 재분류될 수 있다.

③ 개발불가/개발난망(development not viable) : 탐사사업
생산 잠재력의 한계 때문에 현재 개발하거나 추가적으로 자료를 획득할 계획이 없는 발견된 탄화수소 집적구조이다.

2.3.3 미발견 단계

미발견 단계는 다음과 같다.

① 유망구조(prospect) : 탐사사업

탄성파 자료 등에 의해 지질구조가 규명되어 있고 시추위치가 정의되어 있는 유망 탄화수소 집적구조와 관련된 프로젝트로, 발견 여부에 대한 평가 및 발견을 가정했을 때 상업적 개발사업의 잠재적 회수량의 범위를 평가한다.

② 잠재구조(lead) : 탐사사업

탄화수소 집적구조에 대해 거의 규명되어 있지 않으며, 유망구조로 분류되기 위해 추가 자료의 획득과 평가가 요구되는 잠재 탄화수소 집적구조와 관련된 프로젝트로, 추가 자료의 획득과 잠재구조에서 유망구조로의 성숙도를 확인하기 위한 평가 작업에 치중한다. 발견 여부에 대한 평가 및 발견을 가정했을 때의 잠재적 회수량의 범위를 평가한다.

③ 플레이(play) : 탐사사업

잠재적인 유망구조의 전망성과 관련된 사업으로, 특정한 잠재구조와 유망구조를 정의하기 위해 추가 자료의 획득, 평가가 필요. 발견 여부에 대한 상세한 평가 및 발견을 가정했을 때 가상의 개발계획에서의 잠재적 회수량의 범위를 평가한다.

'등급 외'는 사업성숙도 분류에서 플레이(play) 등급에도 이르지 못하는 사업으로 조사 단계의 사업을 말한다.

2.4 사업별 석유 자원량 분류

2.4.1 탐사사업

광구에서 석유자원의 부존을 확인하기 위해 수행되는 지질조사, 지구물리탐사, 지화학탐사, 탐사시추, 평가시추, 사업타당성 조사 등의 사업(상업적 생산에 도달되지 못한 경우에 동일 광구 내에서 자원량 확보를 위한 탐사작업을 포함)을 말한다.

탐사시추 이전은 시추를 통한 석유 발견이 이루어지지 못한 상태이므로 석유 자원량은 '탐사자원량'으로 평가한다. 사업성숙도에 따라 '등급 외', '플레이', '잠재구조' 단계에 해당한다. 탐사자원량은 불확실성의 정도에 따라 '최소', '최적', '최대'로 평가되며, 평가방법으로는 유추법과 확률론적 방법을 사용할 수 있으나 저류층 입력변수에 대한 정확한 예측이 불가능하므로 결정론적 방법에 의한 석유 자원량 평가는 타당하지 않다. 일반적으로 탐사자원량의 대푯값으로 확률론적 방법의 평균값(mean)이 사용될 수 있고 P10, P50, P90 값을 병기한다.

탐사시추 이후의 경우는 시추로 석유가 발견되지 못하였을 경우에도 '탐사자원량'으로 표현하며, 사업성숙도에 따라 '유망구조'에 해당한다. 시추를 통해 석유가 발견되었을 경우 '발견잠재자원량'으로 표현하며, 사업성숙도에 따라 '개발대기/개발미결', '개발보류', '개발불가/개발난망' 단계에 해당한다. 발견잠재자원량으로 평가할 경우에는 불확실성 정도에 따라 1C, 2C, 3C로 평가한다. 평가시추를 포함한 공학적 분석을 통해 사업성숙도 분류와 상업성이 입증된 경우에만 개발 또는 생산사업으로 인정할 수 있으며, 평가방법으로는 용적법(결정론적, 확률론적)이 대표적이다. 발견잠재자원량의 대푯값으로 2C 값을 사용할 수 있고, 1C 값을 병기한다.

2.4.2 개발사업

석유의 부존이 확인된 광구 또는 개발단계에 있는 광구의 권리 취득 및 지분을 매입하거나, 상업적 생산을 위한 생산시설과 부대시설 건설 등의 모든 사업을 말하며, 사업성숙도에 따라 '개발승인', '개발타당' 단계에 해당한다.

불확실성 정도에 따라 '확인', '추정', '가능' 매장량으로 분류할 수 있으며, 평가방법으로는 용적법(결정론적, 확률론적), 저류층 시뮬레이션법이 적용 가능하다. 대푯값으로 2P(확인+추정) 값을 사용할 수 있고, 1P(확인) 값을 병기한다.

2.4.3 생산사업

운영권자 또는 비운영권자로서 경제적 생산단계에 있는 광구의 권리취득 및 지분매입, 생산설비 건설, 추가 매장량 확보를 위한 시추 등의 사업을 말하며, 사업성숙도 측면에서 '생산 중'에 해당하는 단계이다. 누적생산량과 함께 불확실성 정도에 따라 '확인', '추정', '가능' 매장량으로 분류할 수 있음. 평가방법으로는 용적법(결정론적, 확률론적), 저류층 시뮬레이션법, 감퇴곡선법, 물질수지법이 적용 가능하다. 대푯값으로 2P(확인+추정) 값을 사용할 수 있고, 1P(확인) 값을 병기한다. 경제적 생산 측면에서 포기압력(abandonment pressure)에 대한 고려가 필요하다.

2.4.4 석유 자원량의 합산 기준

하나의 광구에 포함된 여러 유전의 매장량을 합산하거나, 한 회사가 보유하고 있는 전체 석유 자원량을 평가하는 경우, 동일 부류(등급)끼리 각각 합산하여 계산하는 것을 원칙으로 한다.

2.5 석유 매장량 산출법

2.5.1 석유 매장량 산출 방법

석유 매장량 산출은 저류층의 개발 상태에 따라 초기 단계에서는 유추법(analogy)을 주로 사용하고 유·가스전에 대한 기초 정보가 확보되면 용적법(volumetric method)으로 평가할 수 있다. 개발이 진행됨에 따라 생산자료가 쌓이게 되면 물질수지법(material balance method), 감퇴곡선법(decline curve analysis), 저류층 시뮬레이션(reservoir simulation) 등 생산추이분석법으로 보다 정확한 매장량 평가를 수행할 수 있다. 일반적으로 개발생산이 진행될수록 확보할 수 있는 자료의 양이 많아지므로 보다 정확한 평가가 이루어질 수 있다(강주명, 2009).

그림 2.3은 개발생산과정에 따른 석유 매장량 산출방법을 나타낸 것이다. A~B구간은 시추하기 전의 구간으로 유추계산법이 쓰이며 회수량의 범위가 가장 크고 위험도(risk) 역시 가장 높은 구간이다. B~C구간은 시추를 시작하는 구간으로, 이때부터는 용적법이 사용가능하며 유추계산법에 의한 회수평가보다 비교적 정확한 값을 갖게 된다. C~F구간은 계속되는 개발로 인해 충분한 저류층 정보를 얻을

수 있으므로 이때부터는 생산추이 분석법이 사용된다. 최종적으로 개발 마지막 단계에서는 위험도가 최소가 되어 하나의 궁극회수량을 얻을 수 있다(임종세와 김지영, 2001).

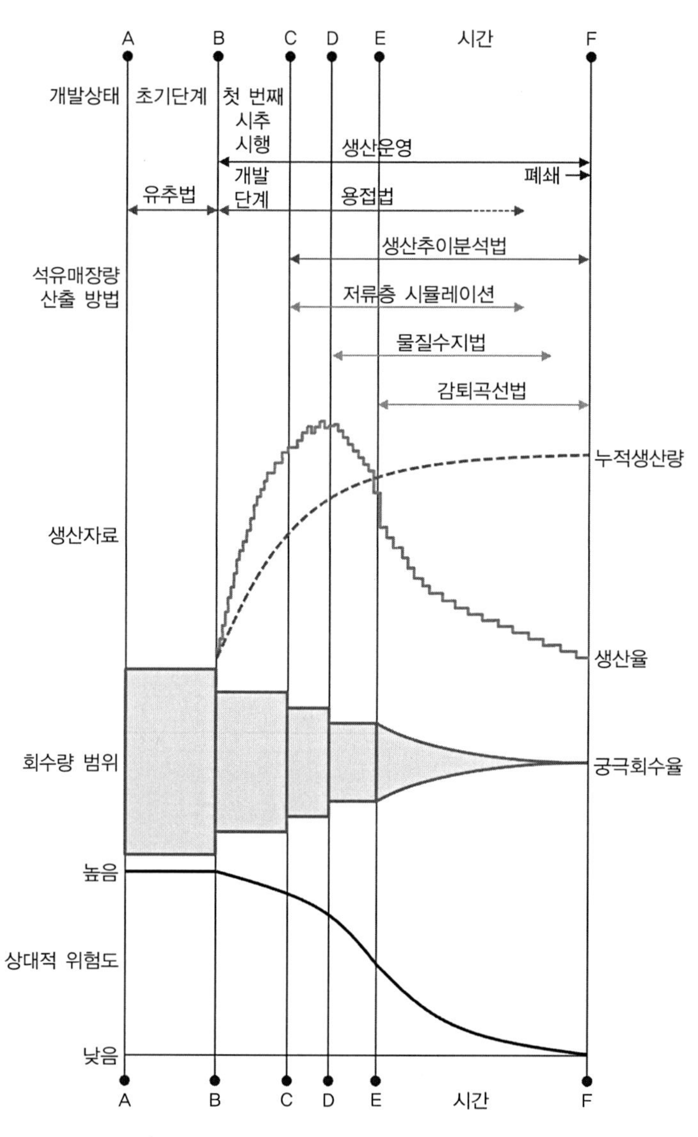

그림 2.3 개발생산단계에 따른 석유 매장량 산출방법

석유 자원량의 세부평가방법에 대한 적용단계와 방법론적 특징은 표 2.3과 같다.

표 2.3 석유 매장량의 세부 평가방법

구 분	적용 단계	장점	단점
유추법 (analogy)	사업초기단계에 시추 자료 등이 가용치 않을 때(이미 알려진 인근 유전, 또는 저류층과의 비교)	최소한의 자료로 사업 초기에 적용할 수 있으며, 계산이 신속함	입력자료(저류층 면적, 두께, 공극률, 수포화율, 용적계수 등)의 불확실성으로 오차범위가 큼
용적법 (volumetrics)	사업초기단계 물리탐사와 시추자료 분석이 가능할 때		
물질수지법 (material balance method)	생산 초기 이후의 저류층 -원시부존량 계산 및 검증 -저류층 연장 여부 확인 -자유가스 유무 확인 -지층수 유입 확인	암석물성에 대한 민감도가 작고, 원시부존량, 매장량, 대수층 유입량, 가스캡 계산이 용이	상대투과도에 민감하고, 저류층 압력 등의 많은 입력 자료가 필요함
저류층 시뮬레이션 (reservoir simulation)	최초 생산단계부터 적용 가능	가장 정교한 방법으로 매장량 계산뿐만 아니라 유전의 운영 최적화 등 광범위하게 활용	민감도가 큰 입력자료가 불확실한 경우 결과에 대한 위험도가 큼
감퇴곡선법 (decline curve analysis)	생산이 감퇴되는 단계에 있는 저류층	저류층 특성 자료가 불필요하고, 신속, 정확함 생산추이도 제공함	생산실적자료가 필요하며, 생산조건이 변할 경우 적용이 안 됨

2.5.2 석유 매장량 평가 방식

석유 매장량 평가 방식에는 크게 결정론적 방법과 확률론적 방법으로 구분할 수 있다.

① 결정론적 방법(deterministic method)

지질, 지구물리 및 공학 자료와 경제적 조건을 바탕으로 하나의 예측 값(a single estimate)을 산출하는 방법으로, 자원량 산정에 필요한 저류층 입력변수들(면적, 두께, 공극률, 수포화율, 용적계수 등)의 가능한 범위 가운데 평가자가 각각의 최적의 값 하나를 취하여 계산함으로써 단일 예측 값을 산출하는 방식이다. 계산방법으로는 용적법, 물질수지법, 감퇴곡선법, 저류층시뮬레이션법 등이 있다.

② 확률론적 방법(probabilistic method)

확률론적 방식은 자원량 산정에 필요한 저류층 입력변수들(면적, 층후, 공극률, 수포화율, 용적계수 등)의 가능한 모든 범위를 확률 분포로 나타내고, 확률적 의미를 가질 만큼 여러번 무작위로 각 변수값을 추출하여 자원량의 예상 분포 범위와 이것의 확률을 계산하는 방식으로 탐사 초기 단계에서 주로 사용되는 방법이다.

확률론적 방식에 의해 계산한 자원량은 각 자원량 값에 따른 확률 분포를 반드시 같이 적어주어야 하며, 일반적으로 P10, P50, P90의 3가지 값과 평균값으로 수치를 제시한다. 계산방법으로는 Monte-Carlo Simulation을 이용한 용적법 등이 있다.

· 참고문헌 ·

강주명, 2009, *석유공학개론*, 개정판, 서울대학교출판부, 서울.

성원모, 김세준, 이근상, 임종세, 2009, "국내 석유 자원량 분류체계의 표준화," *한국지구시스템공학회지*, 제46권 4호, pp. 498-508.

임종세, 김지영, 2001, "석유/천연가스 매장량의 분류 및 평가방법," *한국해양대학교 해양과학기술연구소 논문집*, 한국해양대학교 해양과학기술연구소, 제10권 1호, pp. 1-8.

지식경제부, 2009, *국내 유 · 가스 매장량 평가 기준 표준화 연구*, (사)한국지구시스템공학회, 연구보고서, pp. 1-47.

지식경제부, 2009, *해외자원개발에 소요되는 자금의 융자기준*, 지식경제부 고시 2009-315호.

Society of Petroleum Engineers(SPE), 2007, *Petroleum Resources Management System(PRMS)*, SPE, U.S.A.

03

저류층 특성

03 저류층 특성

지하 심부에 존재하는 저류층은 일반적으로 원유, 가스, 물 등과 같은 다상의 유체를 포함하고 있다. 다공질 암석으로 구성된 저류층은 이러한 유체를 저장하는 창고의 기능과 유체를 이동시키는 통로의 기능을 갖고 있다. 다공질 암석인 저류암의 유체를 저장할 수 있는 능력은 공극률로 표시되며, 유체를 이동시킬 수 있는 능력은 투과도로 표시된다. 저류암 내에서 광물입자 사이의 공간에는 유체들이 존재하는데 이때 각 유체가 있는 정도를 유체포화율로 표시한다. 저류층 내에서 석유와 물은 서로 섞이지 않으므로 다공질 암석인 저류암 내에서 이들 유체 사이에는 모세관압이 존재하게 된다. 석유 및 가스를 생산함에 따라 저류층 내에서 유체들은 함께 유동하게 되므로 각 유체의 유동 능력은 저류층이 단일 유체로만 포화되어 있을 때보다 유동능력이 현저하게 떨어진다. 이때 각 유체의 유동능력은 상대투과도로 표시된다. 이 장에서는 위에서 언급한 공극률, 투과도, 유체포화율, 모세관압 및 상대투과도에 대해 알아본다.

3.1 공극률

3.1.1 공극률의 정의

저류암은 광물입자로 구성되어 있으며 광물입자 사이에는 공극이 존재한다. 공극 내에는 유체가 존재하므로 공극은 유체의 저장 공간이 된다. 공극률은 암석의 겉보기부피(bulk volume) 중 유체가 저장되는 공간인 공극이 차지하는 정도를 백분율로 나타내며 다음과 같이 표시된다.

$$\phi = \frac{V_b - V_m}{V_b} \times 100 \tag{3.1}$$

$$= \frac{V_p}{V_b} \times 100$$

여기서, $\phi =$ 공극률

$V_b =$ 암석 겉보기부피(bulk volume)

$V_m =$ 입자부피(matrix volume)

$V_p =$ 공극부피(pore volume)

공극은 공극의 생성시기와 연결성에 따라 분류한다.

첫째, 공극의 생성시기에 따라 공극은 1차 공극률(primary porosity)과 2차 공극률(secondary porosity)로 구분된다. 1차 공극률은 퇴적에 의해 암석이 최초 생성될 당시에 형성된 공극을 기준으로 산출된 공극률을 말하며, 2차 공극률은 퇴적에 의해 형성된 암석이 이후 지각운동, 용해작용, 재결정작용 등에 의해 2차적으로 형성된 공극을 기준으로 산출된 공극률을 말한다.

둘째, 공극의 연결성에 따라 절대공극률(absolute porosity)과 유효공극률(effective porosity)로 구분된다. 절대공극률은 공극 간의 연결 여부와 상관없이 암석 내 존재하는 모든 공극을 기준으로 산출된 공극률을 말하며 총 공극률(total porosity)이라고도 한다. 반면 유효공극률은 암석 내에 존재하는 공극 중 고립되어 있는 공극을 제외하고 연결되어 있는 공극만을 기준으로 산출한 공극률을 말한다.

3.1.2 공극률에 영향을 주는 요소

공극률에 영향을 미치는 요소에는 암석입자의 형상(particle shape) 및 배열형태(arrange of particle), 입도분포(particle size distribution), 압축 정도(degree of compaction), 접합 정도(degree of cementation), 암석 내 공동(vug) 또는 균열(fracture)의 존재 등이 있다.

1) 암석입자의 형상 및 배열형태

자연 상태에서 존재하는 암석입자의 형태는 천차만별하다. 입자의 형상이 둥근 경우는 모난 경우보다 압축의 효과가 커지므로 공극률은 작아진다. 입자의 형상이 납작한 것은 둥근 것보다 압축 시 포개지는 부분이 많으므로 공극률은 작아진다. 암석입자가 구형이며 균일하다고 가정할 경우 암석의 배열형태는 그림 3.1에 나타난 바와 같이 정입방체, 입방체, 사방체 등으로 구분할 수 있다. 공극률은 입방체의 경우에 47.6%로서 최댓값을 갖으며 사방체의 경우에 26.0%로서 최솟값을 갖는다.

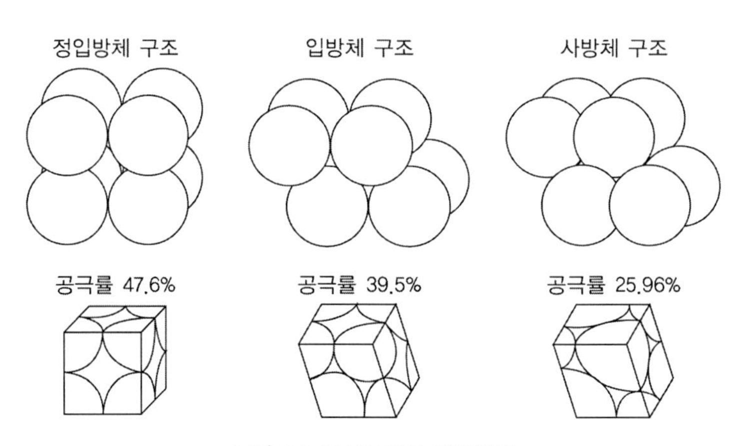

그림 3.1 암석입자의 배열형태

■ 암석입자의 배열형태별 공극부피

(a) 정입방체 구조

$$\frac{\text{정육면체내의 공극부피}}{\text{정육면체의 부피}}\times 100=\frac{\text{정육면체의 부피}-\text{구의 부피}}{\text{정육면체의 부피}}\times 100$$

$$=\frac{8r^3-\left(\frac{4}{3}\right)\pi r^3}{8r^3}\times 100=47.6\%$$

(b) 입방체 구조

$$\frac{\text{육방체내의 공극부피}}{\text{육방체의 부피}}\times 100=\frac{\text{육방체의 부피}-\text{구의 부피}}{\text{육방체의 부피}}\times 100$$

$$=\frac{4\sqrt{3}\,r^3-\left(\frac{4}{3}\right)\pi r^3}{4\sqrt{3}\,r^3}\times 100=39.5\%$$

(c) 사방체 구조

$$\frac{\text{사방체내의 공극부피}}{\text{사방체의 부피}}\times 100=\frac{\text{사방체의 부피}-\text{구의 부피}}{\text{사방체의 부피}}\times 100$$

$$=\frac{4\sqrt{2}\,r^3-\left(\frac{4}{3}\right)\pi r^3}{4\sqrt{2}\,r^3}\times 100=26.0\%$$

2) 암석입자의 입도분포

그림 3.2는 암석을 구성하는 입자의 크기에 따른 구성비를 표시한 것이다. 사암의 경우 모래는 암석의 틀(frame work)을 형성하는 물질이며 진흙(silt)과 점토(clay)는 간극(interstitial) 내에 존재하는 물질이다. 순수한 사암은 대부분 틀을 형성하는 물질인 모래로만 구성되어 있으며 셰일성 사암은 간극 내에 진흙 또는 점토가 많이 존재한다.

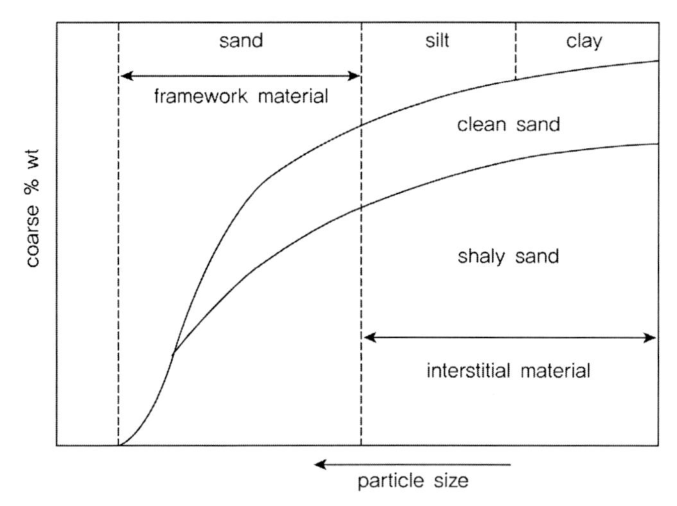

그림 3.2 사암을 구성하는 입자의 크기에 따른 분포도

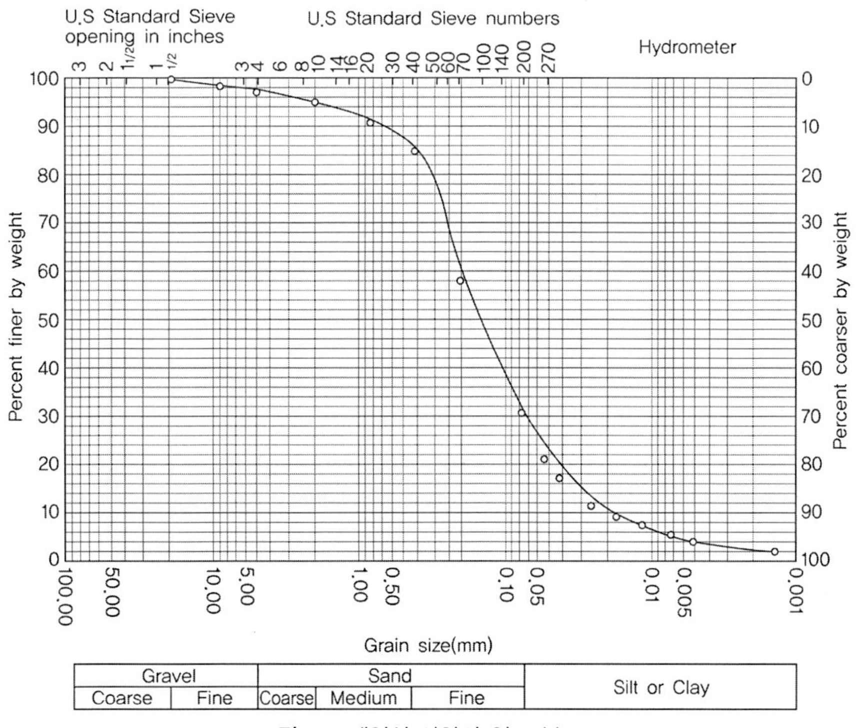

그림 3.3 셰일성 사암의 입도 분포도

암석입자의 입도분포는 세미로그(semi-log) 그래프로 표시된다. 세로축에는 미세한 입자크기 순으로 측정한 누적입자의 중량을 총 입자의 중량으로 나눈 값을 백분율로 표시하며 가로축에는 입자의 크기를 로그 값으로 표시한다. 그림 3.3은 셰일성 사암에 대한 입도분포를 나타낸 것이다. 그림에서 보는 바와 같이 입자의 크기에 따른 분포의 폭이 넓으므로 입도분포는 불량한 경우이며 공극률은 낮아지게 된다.

그림 3.4는 순수한 사암에 대한 입도분포를 나타낸 것이다. 그림에서 보는 바와 같이 입자의 크기가 0.15 ~ 1.0 mm인 모래가 사암의 95% 이상을 차지하고 있으므로 입도분포는 양호한 경우이며 공극률은 높아지게 된다.

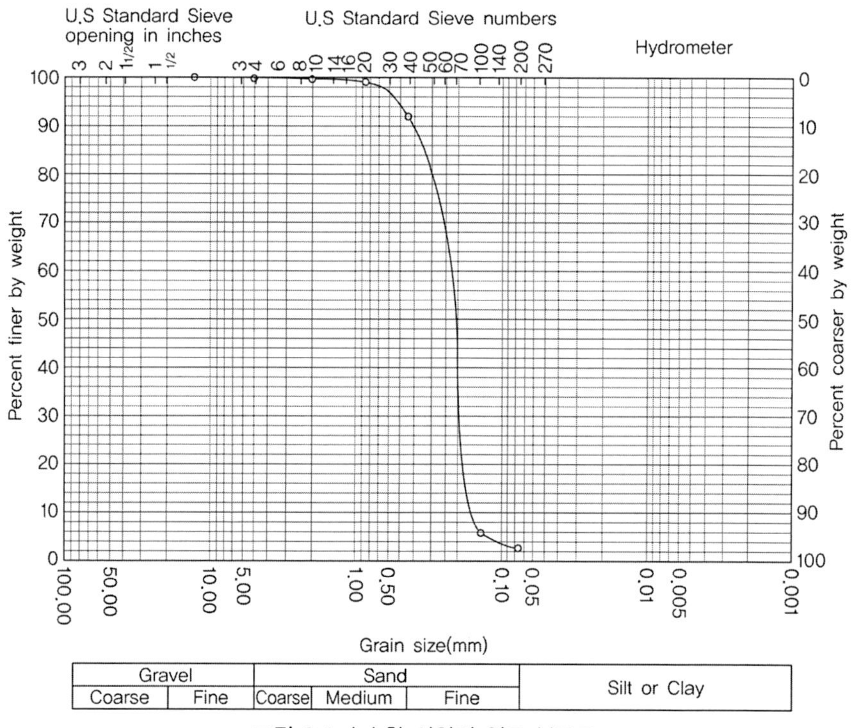

그림 3.4 순수한 사암의 입도 분포도

퇴적암에서 입자의 크기에 따라 분급이 잘 되어 있는지를 나타내는 정도는 균등계수(uniformity coefficient), C_u로 나타낸다.

$$C_u = d_{60} / d_{10} \tag{3.2}$$

여기서, C_u = 균등계수

d_{60} = 중량으로 가벼운 쪽에서 60%에 해당하는 입자 크기

d_{10} = 중량으로 가벼운 쪽에서 10%에 해당하는 입자 크기

C_u가 4보다 작으면 분급상태가 양호한 편이며, 6보다 크면 분급상태가 불량한 편이다. 그림 3.3에 나타난 셰일성 사암의 균등계수는 8.3으로 불량하고 그림 3.4에 나타난 순수한 사암의 균등계수는 1.4로 양호하다.
유효입자크기(effective grain size)는 d_{10}으로 표시하며 입도 분포도에서 10%에 해당하는 입자의 크기를 말한다.

3) 암석입자의 압축정도

퇴적암에서 공극률은 심도가 깊어짐에 따라 감소하게 되는데 이는 심도가 깊어짐에 따라 암석의 압축정도가 커지게 되기 때문이다. 그림 3.5는 사암과 셰일에 대해

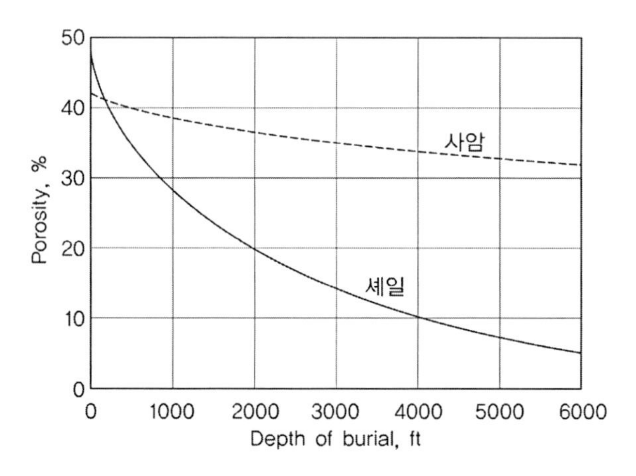

그림 3.5 압축효과에 의한 지하심도에 따른 공극률의 변화

심도에 따른 공극률을 나타낸 것이다. 입자의 크기가 사암보다 상대적으로 작은 셰일의 경우 지표 근처에서는 공극률이 높게 나타나지만 심도가 깊어짐에 따라 압축효과에 의해 사암보다 훨씬 낮은 공극률을 갖게 된다.

퇴적암이 상부지층에 의해 압축을 받게 되면 압축력에 의해 부피의 감소가 일어나게 된다. 단위 압력변화에 따른 체적변화 비율은 다음과 같이 압축계수로 표시된다.

$$C = -\frac{1}{V}\frac{dV}{dp} \tag{3.3}$$

이때 감소하는 대상에 따라 다음과 같이 세 가지 종류의 압축계수로 구별할 수 있다.

- 입자 압축계수(matrix compressibility)

$$C_m = -\frac{1}{V_m}\frac{dV_m}{dp} \tag{3.4}$$

- 체적 압축계수(bulk compressibility)

$$C_b = -\frac{1}{V_b}\frac{dV_b}{dp} \tag{3.5}$$

- 공극 압축계수(pore compressibility)

$$C_p = -\frac{1}{V_p}\frac{dV_p}{dp} \tag{3.6}$$

이 중에 입자 압축계수는 크기가 상대적으로 매우 작으므로 석유공학에서는 일반적으로 고려하지 않는다. 석유 및 가스를 생산함에 따라 공극 내 유체가 감소하면 공극압이 감소하게 되므로 체적 압축계수와 공극 압축계수는 지층 전체의 체적부피 및 공극부피에 영향을 준다. 체적 압축계수는 지반붕괴와 관련이 있으므로 토목 분야에서 주된 관심대상이며, 공극 압축계수는 공극부피와 관련이 있으므로 저류공학 분야에서 주된 관심대상이다.

4) 암석입자의 접합 정도

암석 내 입자들을 접합시켜주는 접착물질은 암석입자 사이의 공간을 상당히 메우게 되므로 절대공극률을 작게 할 뿐 아니라 공극 간의 연결된 통로를 막아 유효공극률도 작게 만든다. 그러므로 접합물질의 양과 성질은 공극률에 영향을 준다.

5) 암석 내 공동 또는 균열의 존재

석회암층에 발달된 공동(vug)과 사암층에 존재하는 균열(fracture)은 퇴적암이 최초 형성된 이후에 형성된 2차 공극에 해당되며 저류층 내에 이러한 것이 존재하면 공극률은 증가하게 된다.

3.1.3 공극률의 측정

다공성 매체인 저류암의 공극률을 결정하는 방법은 실험실에서 암석시료를 이용하는 직접적인 방법과 검층기구를 이용하는 간접적인 방법이 있다. 실험실에서 공극률을 결정하기 위해서는 공극률을 결정하는 데 필요한 세 가지 기본요소, 즉 암석겉보기 부피, 입자부피, 공극부피 가운데 두 가지만 측정하면 된다.

1) 암석 겉보기부피

암석시료의 외형이 규칙적인 형태일 경우에는 외형치수를 측정하여 암석 겉보기부피를 계산할 수 있다. 외형이 불규칙한 형태일 경우에는 암석시료를 유체에 담가 암석시료에 의해 밀려나는 유체의 부피를 측정하거나 공기 중에서의 암석시료 무게와 유체 속에 넣었을 때에 암석시료 무게의 차이를 측정하여 암석겉보기 부피를 계산할 수 있다. 이때 주의해야 할 점은 유체가 암석시료의 공극으로 유입되는 것을 막기 위해 암석시료 외부를 파라핀으로 코팅하거나 암석시료를 유체에 집어 넣기 전에 동일한 유체로 포화시켜야 한다.

2) 입자부피

암석시료의 암상을 알고 있을 경우 건조암석시료의 중량을 입자밀도로 나누어 입자부피를 결정할 수 있다. 부력의 원리를 이용하는 Melcher-Nutting 방법과 용량계를 이용하는 Russell 방법으로 암석의 겉보기부피와 입자부피를 측정할 수 있다. 이 방법으로 결정된 공극률은 절대공극률을 나타낸다.

Boyle 의 법칙을 이용하여 그림 3.6과 같은 장치로부터 입자부피를 측정할 수 있다. 시료실에 암석시료를 넣고 수은이 주입되기 전후의 압력과 주입된 수은의 양을 측정하여 입자부피를 측정한다. 이 방법으로 측정된 공극률은 유효공극률을 나타낸다.

$$p_1(V_c - V_m) = p_2(V_c - V_m - \Delta V) \tag{3.7}$$

여기서, V_c = 시료실 부피

V_m = 입자부피

ΔV = 주입된 수은 부피

p_1 = 수은 주입 전 압력

p_2 = 수은 주입 후 압력

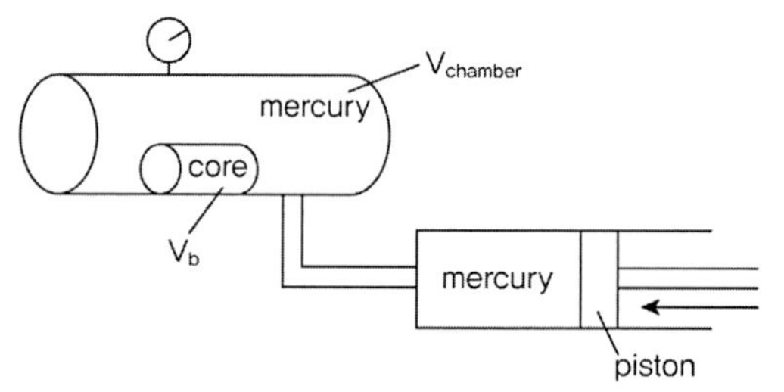

그림 3.6 Boyle 법칙을 이용한 공극률 측정 장치 모식도

가스법칙을 이용하여 입자부피를 측정하는 공극률 측정기 원리가 그림 3.7에 나타나 있다. 건조시료를 넣은 시료실 1과 비어 있는 시료실 2의 연결통로를 차단한 상태에서 각 시료실에 기체를 주입하고 압력을 측정한다. 주입한 기체를 비압축성 기체라 가정하고 각 시료실에 이상기체상태방정식을 적용하면 다음과 같은 식이 성립한다.

$$p_1(V_1 - V_m) = n_1 R T_1 \tag{3.8}$$

$$p_2 V_2 = n_2 R T_2 \tag{3.9}$$

여기서, V_m = 시료의 입자부피

p_1 = 시료실 1의 압력

p_2 = 시료실 2의 압력

V_1 = 시료실 1의 부피

V_2 = 시료실 2의 부피

n_1 = 시료실 1의 몰 수

n_2 = 시료실 2의 몰 수

T_1 = 시료실 1의 온도

T_2 = 시료실 2의 온도

R = 기체상수

시료실 1과 시료실 2 사이의 연결통로 밸브를 연 상태에서 이상기체상태방정식은 다음과 같다.

$$p_f(V_1 + V_2 - V_m) = n_f R T_f \tag{3.10}$$

여기서, p_f = 밸브를 연 후의 압력

n_f = 밸브를 연 후의 기체 몰 수

T_f = 밸브를 연 후의 시료실 온도

$$n_f = n_1 + n_2 \tag{3.11}$$

식 (3.9), (3.9), (3.10)을 식 (3.11)에 대입하면

$$\frac{p_f(V_1 + V_2 - V_m)}{RT_f} = \frac{p_1(V_1 - V_m)}{RT_1} + \frac{p_2 V_2}{RT_2} \tag{3.12}$$

등온조건에서 수행될 경우 $T_1 = T_2 = T_f$이므로 식 (3.12)를 V_m에 대해 정리하면 다음 식과 같다.

$$V_m = \frac{(p_1 - p_f)V_1 + (p_2 - p_f)V_2}{p_1 - p_f} \tag{3.13}$$

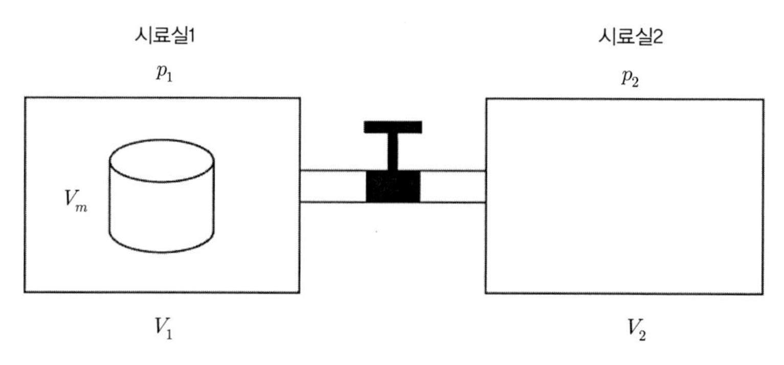

그림 3.7 가스법칙을 이용한 공극률 측정 장치 모식도

3) 공극부피

Washburn-Bunting 공극률 측정기를 이용하여 공극부피를 측정하거나 밀도를 알고 있는 유체에 건조시료를 포화시켜 포화시료의 중량을 측정하는 방법으로 공극부피를 측정한다. 이와 같은 방법으로 구한 공극률은 유효공극률을 나타낸다.

$$V_p = \frac{W_s - W_d}{\rho_f} \tag{3.14}$$

여기서, V_p = 공극부피

W_s = 포화시료 중량

W_d = 건조시료 중량

ρ_f = 유체 밀도

4) 검층기구 이용법

시추공 내에 검층 기구를 투입하여 다공질 매체인 저류암의 공극률을 간접적으로 측정할 수 있다. 공극률을 측정할 수 있는 검층 장비로는 밀도 검층, 음파 검층, 중성자 검층 등이 있으며 검층으로부터 측정한 공극률은 절대 공극률을 나타낸다.

3.2 투과도

3.2.1 절대투과도의 정의

저류암 내에서 유체가 흐를 때 유체가 암석 내부에서 얼마나 잘 흐를 수 있는가는 투과도를 통해 나타내게 된다. 일반적으로 암석의 공극이 크고 공극 간의 통로가 잘 발달되어 있을 경우 투과도는 크게 나타난다. 만일 저류암 내에 하나의 유체로만 포화되어 흐른다고 가정할 경우, 유체 투과도는 동일 저류암 내에서 최대의 투과도를 갖게 되며 이를 절대투과도라고 말한다. 절대투과도는 암석 내에서 어떤 유체로 포화되어 있는지에 상관없이 하나의 유체로만 포화되어 단상으로 흐르게 될 때는 동일한 값을 갖게 되므로 암석 자체의 고유한 성질이다. 석유공학에서는 절대투과도를 단순히 투과도라고도 하며 통상 영문 소문자 k로 표시한다.

3.2.2 Darcy 방정식

다공질 매체인 저류암 내에서의 유체유동연구에 대한 기원은 Henry Darcy로부터 유래한다. 1856년 Henry Darcy는 정화용 장치로부터 음용수의 공급능력을 알아내기 위해 수직으로 설치된 모래관을 사용하였다. 그림 3.8에 나타난 실험을 통해 Darcy는 정화되어 나오는 물의 유량은 모래관의 입구와 출구 사이의 수두차에 비례하고 통과하는 모래관의 길이에 반비례함을 밝혀냈다. 즉,

$$Q \propto h_1 - h_2, \quad Q \propto 1/L$$

물의 유량은 단면적에 비례하므로 비례상수 K를 이용하여 Darcy의 법칙은 다음과 같은 식으로 표시된다.

$$Q = -KA\left(\frac{h_1 - h_2}{L}\right) \tag{3.15}$$

위의 식을 일반적인 형태로 나타내면 다음과 같다.

$$Q = -KA\left(\frac{dh}{dl}\right) \tag{3.16}$$

여기서, Q = 유량

K = 유체전도도

A = 단면적

dh/dl = 수리구배

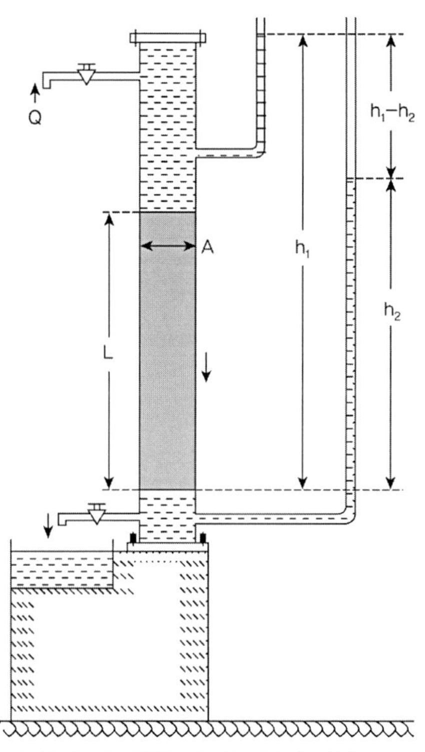

그림 3.8 모래관을 통과하는 물의 흐름에 대한 Darcy의 실험

식 (3.16)로 정의된 Darcy의 법칙은 이론에 근거한 식이 아니라 실험적 관찰을 통해 얻어진 것이다. 여기서 비례상수 K는 다공성 매체인 모래관의 특성뿐만 아니라 유체의 성질과도 관련이 있다.

다공질 매체의 특성인 절대투과도, k는 다음과 같은 식으로 표시될 수 있다.

$$k = Cd^2 \tag{3.17}$$

여기서, C = 형상인자(shape factor)

d = 입자 직경

식 (3.17)에서 알 수 있듯이 k의 차원은 $[L^2]$이며 다공질 매체에서 유체의 유동방향에 수직한 단면상에서 유체가 흐를 수 있는 유효면적을 의미한다. 한편 유동과 관련한 유체의 성질인 밀도와 점성을 이용하여 유체전도도와 절대투과도와의 관계식은 다음과 같이 표시된다.

$$K = \left(\frac{\rho g}{\mu}\right) \tag{3.18}$$

여기서, ρ = 유체의 밀도

g = 중력가속도

μ = 유체의 점성

식 (3.16), (3.17) 및 (3.18)로부터 다음과 같이 Darcy의 일반식이 유도된다.

$$Q = -KA\left(\frac{dh}{dl}\right)$$

$$= -\frac{Cd^2 \rho g A}{\mu}\left(\frac{dh}{dl}\right)$$

$$= -\frac{k\rho g A}{\mu}\left(\frac{dh}{dl}\right)$$

$$Q = -\frac{kA}{\mu}\left(\frac{dp}{dl}\right) \tag{3.19}$$

식 (3.16)은 유량이 단일 유체에 의한 수두차로 표시되지만 식 (3.19)는 유량이 압력차로 표시되므로 외부에서의 다른 압력 조건이 존재할 경우 이와 병합하여 유용하게 사용할 수 있다.

그림 3.9의 좌표계를 이용하여 미국석유협회(American Petroleum Institute) 규정 27조에 표시된 Darcy의 일반방정식은 다음과 같다.

$$v_s = -\frac{k}{\mu}\left[\frac{dp}{ds} - \frac{\rho g}{1.0133\times 10^6}\frac{dz}{ds}\right] \tag{3.20}$$

여기서, s = 유동방향 상으로의 유동길이, cm

v_s = 유동경로 상에서 단위면적당 단위시간의 유동량, cm/sec

z = 수직축 방향, cm

ρ = 유체의 밀도, gm/cc

g = 중력가속도, 980 cm/sec^2

dp/ds = s 방향상으로의 압력구배, atm/cm

μ = 유체의 점성, centipoise

k = 다공성 매체의 절대투과도, darcy

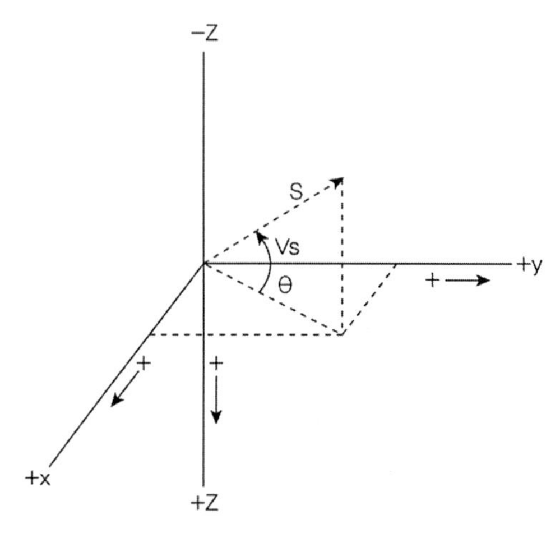

그림 3.9 Darcy 일반식에서의 좌표 시스템

3.2.3 Darcy 방정식의 적용

다공질 매체 내에서의 유동을 나타내는 Darcy 방정식은 다음과 같은 조건에서 사용할 수 있다.

- 비압축성 유동
- 층류유동
- 뉴턴 유체 유동
- 단일 유체로 포화된 유동
- 다공질 매체와 유체 간의 비 반응 유동

다공질 매체 내에서의 유체 유동은 유동방향에 따라 수직유동, 수평선형유동 및 수평구심유동으로 분류한다. 각각의 유동형태에 따른 유동방정식은 Darcy의 일반 방정식으로부터 유도된다.

1) 수직유동

■ 수직자유유동

$$v_s = -\frac{k}{\mu}\left[\frac{dp}{ds} - \frac{\rho g}{1.0133\times 10^6}\frac{dz}{ds}\right] \tag{3.20}$$

Darcy의 일반방정식 식 (3.20)에서

$\frac{dp}{ds} = 0,\ \frac{dz}{ds} = 1\ (\theta = 90^o)$이므로

$$v_z = \frac{k}{\mu}\frac{\rho g}{1.0133\times 10^6},\ v = \frac{Q}{A}$$

$$Q = \frac{kA}{\mu}\frac{\rho g}{1.0133 \times 10^6} \tag{3.21}$$

■ 수두를 갖는 수직하방유동

수두를 갖는 수직하방유동에 대한 모식적인 형태가 그림 3.10에 나타나 있다.

$$v_s = -\frac{k}{\mu}\left[\frac{dp}{ds} - \frac{\rho g}{1.0133 \times 10^6}\frac{dz}{ds}\right] \tag{3.20}$$

Darcy의 일반방정식 식 (3.20)에서

$\frac{dp}{ds} = \frac{dp}{dz} = \frac{-\rho g h}{1.0133 \times 10^6 L}$, $\frac{dz}{ds} = 1 \ (\theta = 90^o)$이므로

$$v_z = -\frac{k}{\mu}\left[-\frac{\rho g h}{1.0133 \times 10^6 L} - \frac{\rho g}{1.0133 \times 10^6}\right],\ v = \frac{Q}{A}$$

$$Q = \frac{kA\rho g}{1.0133 \times 10^6 \mu}\left[\frac{h}{L} + 1\right] \tag{3.22}$$

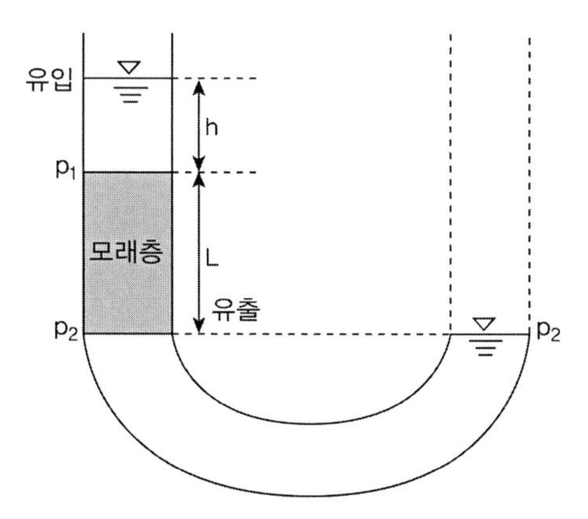

그림 3.10 상부에 수두를 갖는 수직하방 유동 모식도

■ 수두를 갖는 수직상방유동

수두를 갖는 수직상방유동에 대한 모식적인 형태가 그림 3.11에 나타나 있다.

$$v_s = -\frac{k}{\mu}\left[\frac{dp}{ds} - \frac{\rho g}{1.0133\times 10^6}\frac{dz}{ds}\right] \tag{3.20}$$

Darcy의 일반방정식 식 (3.20)에서

$\dfrac{dp}{ds} = \dfrac{dp}{dz} = \dfrac{\rho g h}{1.0133\times 10^6 L}$ 이고 중력항은 상쇄되므로

$$v_z = -\frac{k}{\mu}\left[\frac{\rho g h}{1.0133\times 10^6 L}\right], \quad v = \frac{Q}{A}$$

$$Q = -\frac{kA\rho g h}{1.0133\times 10^6 \mu L} \tag{3.23}$$

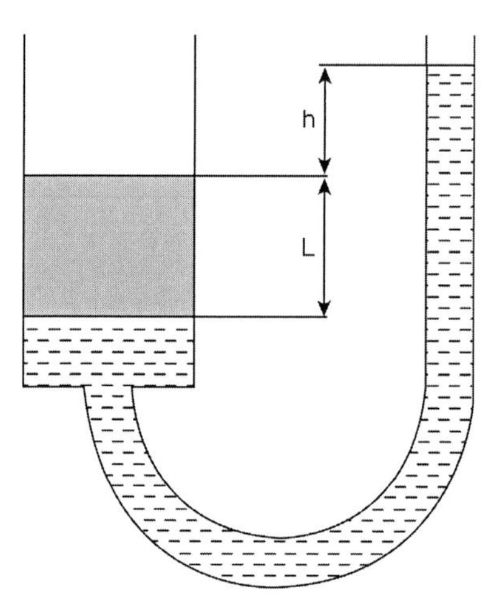

그림 3.11 상부에 수두를 갖는 수직상방 유동 모식도

2) 수평선형 유동

■ 액체유동

$$v_s = -\frac{k}{\mu}\left[\frac{dp}{ds} - \frac{\rho g}{1.0133\times 10^6}\frac{dz}{ds}\right] \tag{3.20}$$

Darcy의 일반방정식 식 (3.20)에서

$\frac{dz}{ds} = 0\ (\theta = 0°)$이므로

$$v_x = -\frac{k}{\mu}\left(\frac{dp}{dx}\right),\ v_x = \frac{Q}{A}$$

$$\frac{Q}{A}\int_0^L dx = -\frac{k}{\mu}\int_{p_1}^{p_2} dp$$

$$Q = \frac{kA(p_1 - p_2)}{\mu L} \tag{3.24}$$

가정: 수평선형유동, 액체유동, 층류유동, 정상상태, 비반응 액체, 단일액체로 포화

■ 가스유동

$$v_s = -\frac{k}{\mu}\left[\frac{dp}{ds} - \frac{\rho g}{1.0133\times 10^6}\frac{dz}{ds}\right] \tag{3.20}$$

Darcy의 일반방정식 식 (3.20)에서

$\frac{dz}{ds} = 0\ (\theta = 0°)$이므로

$$v_x = -\frac{k}{\mu}\left(\frac{dp}{dx}\right), \quad v_x = \frac{Q}{A}$$

$$pQ = p_b Q_b$$

$$v_x = \frac{p_b Q_b}{Ap} = -\frac{k}{\mu}\frac{dp}{dx}$$

$$\frac{p_b Q_b}{A}\int_0^L dx = -\frac{k}{\mu}\int_{p_1}^{p_2} pdp$$

$$\frac{p_b Q_b}{A}(L-0) = -\frac{k}{\mu}\left(\frac{p_2^2 - p_1^2}{2}\right)$$

$$Q_b = \frac{kA(p_1^2 - p_2^2)}{2\mu L p_b} \tag{3.25}$$

가정: 액체의 경우와 동일, 이상가스 유동, 등온조건

여기서 $p = \dfrac{p_1 + p_2}{2}$ 이고 , $\overline{Q}$는 $\overline{p}$ 에서의 유동량이므로

$$\overline{p}\,\overline{Q} = p_b Q_b$$

$$p_b Q_b = \overline{p}\,\overline{Q} = \frac{kA(p_1^2 - p_2^2)}{2\mu L}$$

$$\left(\frac{p_1 + p_2}{2}\right)\overline{Q} = \frac{kA}{\mu L}(p_1 - p_2)\frac{(p_1 + p_2)}{2}$$

$$\overline{Q} = \frac{kA(p_1 - p_2)}{\mu L} \tag{3.26}$$

가스에 대한 유동방정식인 식 (3.25)에 평균압력에서의 평균유량을 대입하면 액체에서의 유동방정식인 식 (3.24)와 동일한 식이 된다.

가정: 수평선형유동, 이상기체유동, 층류유동, 비반응 기체, 단일기체로 포화, 등온조건

3) 수평구심유동

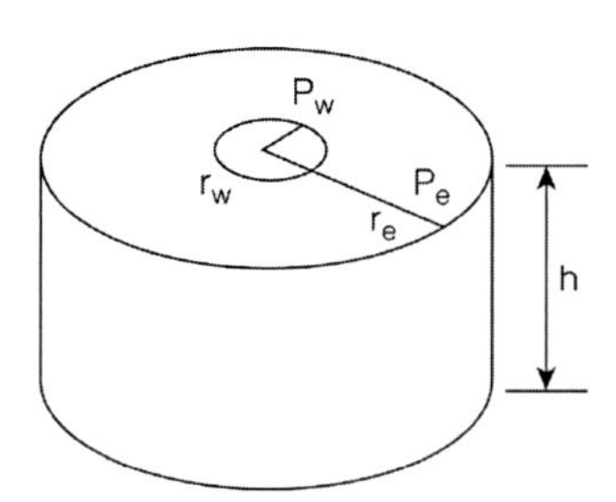

그림 3.12 수평구심유동 시스템에 대한 모식도

수평구심유동에 대한 모식적인 형태가 그림 3.12에 나타나 있다.

$$v_s = -\frac{k}{\mu}\left[\frac{dp}{ds} - \frac{\rho g}{1.0133 \times 10^6}\frac{dz}{ds}\right] \tag{3.20}$$

Darcy의 일반방정식 식 (3.20)에서 $\frac{dz}{ds} = 0 \ (\theta = 0^o)$, $ds = -dr$이므로

$$v_r = \frac{k}{\mu}\frac{dp}{dr}, \ v = \frac{Q}{A}, \ A = 2\pi rh$$

$$\frac{Q}{2\pi h} = \frac{k}{\mu}\frac{dp}{dr}$$

$$\frac{Q}{2\pi h}\int_{r_w}^{r_e}\frac{dr}{r} = \frac{k}{\mu}\int_{p_w}^{p_e}dp$$

$$\frac{Q}{2\pi h}(\ln r_e - \ln r_w) = \frac{k}{\mu}(p_e - p_w)$$

$$Q = \frac{2\pi kh(p_e - p_w)}{\mu \ln(r_e/r_w)} \quad (3.27)$$

가정 : 수평구심유동, 액체유동, 층류유동, 비반응 액체, 단일액체로 포화

3.2.4 투과도의 단위

저류암 내에서 유체의 유동능력을 나타내는 투과도의 차원은 Darcy 방정식에서 면적을 나타내는 $[L^2]$임을 알 수 있다.

$$v_s = -\frac{k}{\mu}\left[\frac{dp}{ds} - \frac{\rho g}{1.0133 \times 10^6}\frac{dz}{ds}\right] \quad (3.20)$$

Darcy의 일반방정식 식 (3.20)에서 각 변수의 차원은 다음과 같다.

$$v_s = \frac{L}{T},\ \mu = \frac{M}{LT},\ \rho = \frac{M}{L^3},\ p = \frac{M}{LT^2},\ g = \frac{L}{T^2}$$

그러므로 Darcy 방정식을 차원으로 나열하면

$$\frac{L}{T} = \frac{kLT}{M}\left(\frac{M}{L^2T^2} - \frac{ML}{L^3T^2}\right)$$

와 같이 표시되므로

$$k = L^2$$

임을 알 수 있다.

투과도의 차원이 면적으로 나타나지만 면적을 표시하는 데 일반적으로 사용되는 ft^2, in^2, cm^2는 저류암의 투과도를 표시하기에는 너무 큰 단위이므로 darcy 또는 milli darcy를 사용한다.

$$1\,\text{darcy} = 9.87 \times 10^{-9}\ \text{cm}^2$$

$$1\,darcy = 1000\,\text{milli darcy}$$

3.2.5 Darcy 방정식의 단위환산

1) 단위환산

$$Q = \frac{kA(p_1 - p_2)}{\mu L}$$

	Darcy 단위	석유개발산업 단위
Q	cm^3/sec	bbl/d or ft^3/d
k	darcy	darcy
A	cm^2	ft^2
p	atm	psia
μ	cp	cp
L	cm	ft

$$Q\left(\frac{\text{bbl}}{\text{day}}\right)\left(\frac{5.615\text{ft}^3}{\text{bbl}}\right)\left(\frac{1728\text{in}^3}{\text{ft}^3}\right)\left(\frac{16.39\text{cm}^3}{\text{in}^3}\right)\left(\frac{\text{day}}{24\text{hrs}}\right)\left(\frac{hr}{3600\text{sec}}\right)$$

$$= \frac{(k)(\mathrm{A\,ft^2})(929\mathrm{cm^2/ft^2})(\Delta \mathrm{p\ psia})(\mathrm{atm}/14.696\,\mathrm{psia})}{(\mu)(\mathrm{L\,ft})(30.48\mathrm{cm/ft})}$$

$$Q\frac{\mathrm{bbl}}{\mathrm{day}}(1.840) = \frac{2.074k(\mathrm{A\,ft^2})(\Delta \mathrm{p\,psia})}{\mu(\mathrm{L\,ft})}$$

$$Q\frac{\mathrm{bbl}}{\mathrm{day}} = 1.1271\frac{kA\Delta p}{\mu L}$$

2) 유동방정식

■ darcy 단위

	선형 단위	구심 유동
액체	$Q = \frac{kA(p_1 - p_2)}{\mu L}$	$Q = \frac{2\pi kh(p_e - p_w)}{\mu \ln(r_e/r_w)}$
기체	$Q_b = \frac{kA(p_1^2 - p_2^2)}{2\mu L p_b}$	$Q_b = \frac{\pi kh(p_e^2 - p_w^2)}{\mu p_b \ln(r_e/r_w)}$
	$\overline{Q} = \frac{kA(p_1 - p_2)}{\mu L}$	$\overline{Q} = \frac{2\pi kh(p_e - p_w)}{\mu \ln(r_e/r_w)}$

Q : cm^3/sec　　k : darcy　　A : cm^2　　P : atm

μ : cp　　L : cm　　r : cm

■ 석유개발 산업단위

	선형 단위	구심 유동
액체	$Q=1.1271\dfrac{kA(p_1-p_2)}{\mu L}$	$Q=7.082\dfrac{kh(p_e-p_w)}{\mu\ln(r_e/r_w)}$
기체	$Q_b=3.1615\dfrac{kA(p_1^2-p_2^2)}{\mu L p_b}$	$Q_b=19.88\dfrac{kh(p_e^2-p_w^2)}{\mu p_b \ln(r_e/r_w)}$
	$\overline{Q}=6.3230\dfrac{kA(p_1-p_2)}{\mu L}$	$\overline{Q}=39.76\dfrac{kh(p_e-p_w)}{\mu\ln(r_e/r_w)}$

$Q_{액체}$: bbl/day　$Q_{기체}$: ft^3/day　k : darcy　A : ft^2

p : psia　μ : cp　L : ft　r : ft

3.2.6 복합층 구조에서의 투과도

균질의 저류층 내에서는 단일 투과도를 갖게 되지만 이런 경우는 실제로 드물고 일반적으로 저류층은 위치에 따라 서로 다른 투과도 값을 갖는다. 이때 투과도의 평균값을 구하는 방법은 지층의 배열구조에 따라 다르다.

1) 층과 평행한 선형유동

그림 3.13은 3개의 층이 수평으로 평행하게 포개져 있는 상태에서 유체가 각 층에 수평방향으로 흐르는 경우를 가정한 것이다. 이러한 경우 평균 투과도는 다음과 같이 구한다.

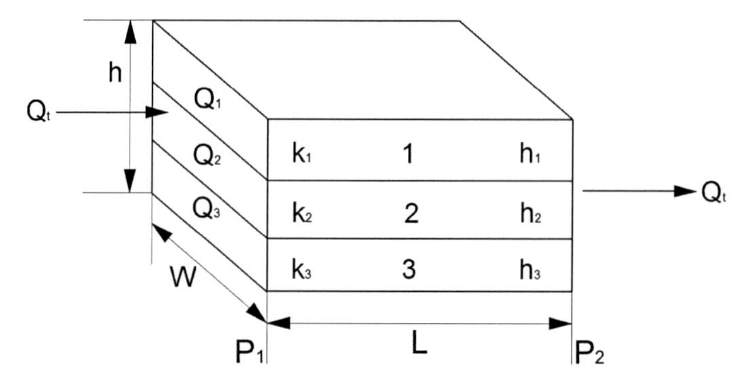

그림 3.13 층과 평행한 선형유동에 대한 모식도

$$Q_t = Q_1 + Q_2 + Q_3$$

$$h_t = h_1 + h_2 + h_3$$

$$\Delta p_t = \Delta p_1 = \Delta p_2 = \Delta p_3$$

$$Q_t = \frac{\bar{k}\, W h_t \Delta p}{\mu L} = \frac{k_1 W h_1 \Delta p}{\mu L} + \frac{k_2 W h_2 \Delta p}{\mu L} + \frac{k_3 W h_3 \Delta p}{\mu L}$$

$$\bar{k} h_t = k_1 h_1 + k_2 h_2 + k_3 h_3$$

$$\bar{k} = \frac{\sum_{j=1}^{n} k_j h_j}{h_t} \tag{3.28}$$

2) 층과 수직한 선형유동

그림 3.14은 3개의 층이 수직으로 평행하게 포개져 있는 상태에서 유체가 각 층에 수직방향으로 흐르는 경우를 가정한 것이다. 이러한 경우 평균 투과도는 다음과 같이 구한다.

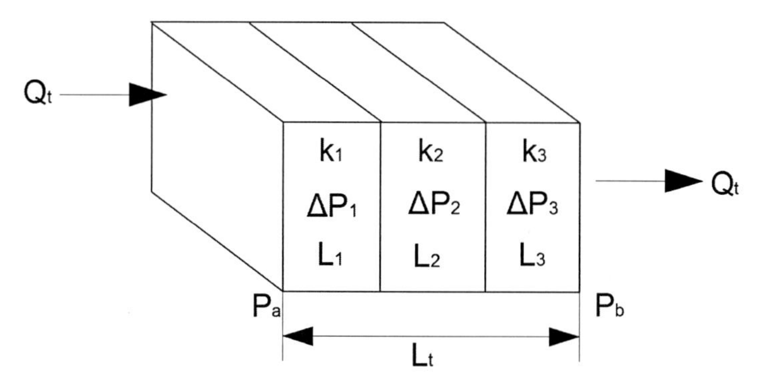

그림 3.14 층과 수직한 선형유동 모식도

$$Q_t = Q_1 = Q_2 = Q_3$$

$$p_a - p_b = \Delta p_1 + \Delta p_2 + \Delta p_3$$

$$L_t = L_1 + L_2 + L_3$$

$$Q_t = \frac{\bar{k} A \Delta p}{\mu L_t}$$

$$\Delta p_t = \frac{Q_t \mu L_t}{\bar{k} A} + \frac{Q_1 \mu L_1}{k_1 A} + \frac{Q_2 \mu L_2}{k_2 A} + \frac{Q_3 \mu L_3}{k_3 A}$$

$$\frac{L_t}{\bar{k}} = \frac{L_1}{k_1} + \frac{L_2}{k_2} + \frac{L_3}{k_3}$$

$$\frac{L}{k} = \sum_{j=1}^{n} \frac{L_j}{k_j}$$

$$\bar{k} = \frac{L}{\sum_{j=1}^{n} \frac{L_j}{k_j}} \tag{3.29}$$

3) 층과 수직한 구심유동

그림 3.15은 원통형으로 세워진 2개의 층이 수직으로 평행하게 포개져 있는 상태

에서 유체가 각 층에 수직방향으로 흐르는 경우를 가정한 것이다. 이러한 경우 평균 투과도는 다음과 같이 구한다.

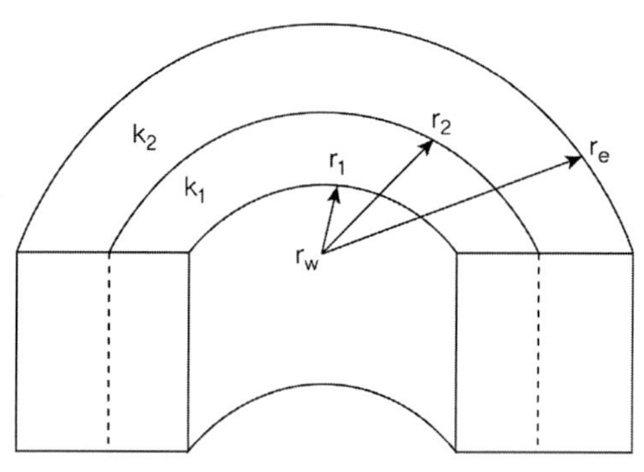

그림 3.15 층과 수직한 구심유동 모식도

$$\bar{k} = \frac{\ln(r_e/r_w)}{\sum_{j=1}^{n}\frac{\ln(r_i/r_{j-1})}{k_j}} \tag{3.30}$$

3.2.7 투과도 측정

현장에서 채취한 시추코어를 이용하여 실험실에서 투과도를 측정할 경우, 시추코어를 수평으로 놓고 수직방향으로 직경 1인치 정도의 원통형 플러그를 암석시료로 제작한다. 암석시료인 플러그의 직경과 길이는 플러그가 투과도측정기의 코어홀더 내부에 장착될 수 있도록 정해야 한다. 준비한 암석시료 내에는 석유와 물이 함유되어 있으므로 투과도를 측정하기 전에 시료 내부에 있는 잔류물질들을 완전히 세척해야 한다.

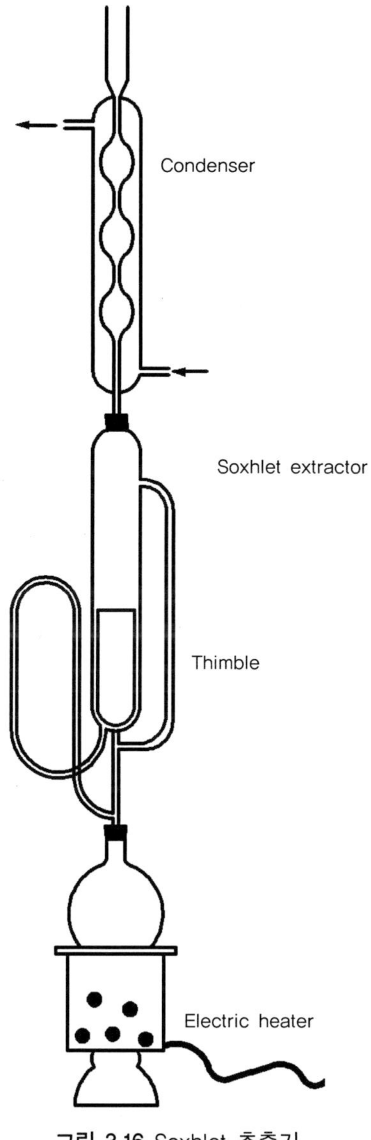

그림 3.16 Soxhlet 추출기

암석시료를 그림 3.16의 Soxhlet 추출기를 이용하여 내부를 세척한 후 오븐에 넣어 건조시킨다. 건조된 암석시료를 그림 3.17과 같은 투과도 측정기에 넣어 상부압력과 하부압력을 조절하며 유량을 측정한다.

$$Q_b = \frac{kA(p_1^2 - p_2^2)}{2\mu L p_b} \tag{3.31}$$

$$\frac{k}{\mu} = \frac{Q_b p_b}{A} \frac{2L}{(p_1^2 - p_2^2)} \tag{3.32}$$

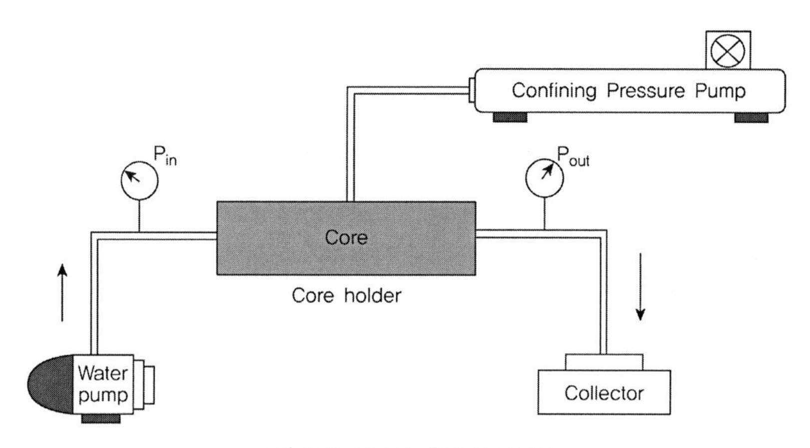

그림 3.17 투과도 측정기 모식도

기체를 이용하여 투과도를 측정할 경우 기체입자에 의한 공극 내부에서의 구륜현상(slippage)인 Klinkenberg 효과를 고려해야 한다. 그림 3.18에 나타난 바와 같이 압력이 매우 클 경우에 각 기체에 의해 측정된 투과도 값은 투과도에 수렴하게 된다. 이를 등가 투과도(liquid equivalent permeability)라 한다. Klinkenberg 효과는 투과도가 낮은 암석을 대상으로 측정할 경우이거나 낮은 평균 압력을 사용하여 투과도를 측정할 경우 크게 나타난다.

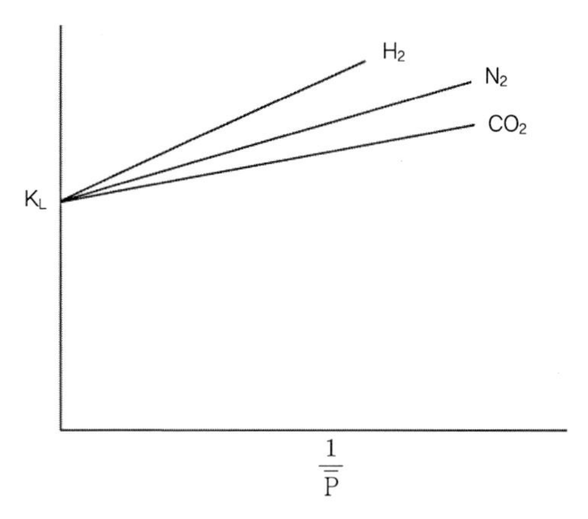

그림 3.18 Klinkenberg 효과에 의한 등가 투과도

3.3 유체포화율

석유를 함유하고 있는 저류층 내부에 존재하는 유체에 대해서는 다음과 같은 이론이 유력하다. 최초 저류층은 퇴적작용에 의해 형성되었으므로 공극 내부에는 물로 100% 포화되어 있었다. 이후 근원암으로부터 생성된 석유는 중력과 모세관압의 지배를 받으며 지층 내에서 이동을 하다 석유 및 가스가 집적하기에 적당한 저류층에 모이게 된다. 이때 밀도가 낮은 석유 및 가스는 중력에 의해 저류층 내에 존재하는 기존의 물을 대체해 나간다. 친수성의 저류암에서 공극의 크기가 작은 부분에는 물에 의한 모세관압이 크므로 석유와 가스는 공극의 크기가 큰 부분부터 물을 대체해 나간다. 저류층 내에서는 각 유체의 밀도 차에 의해 위로부터 가스, 석유, 물 순으로 자리를 차지하게 된다. 하지만 저류층 내에서 공극의 크기가 아주 작은 부분에는 모세관압으로 인해 여전히 기존의 물이 존재한다. 이 물을 원생수(connate water)라고 한다. 따라서 저류층 내에 존재하는 석유 및 가스의 양을 올바르게 측정하기 위해서는 다공질 암석 내에 존재하는 각 유체들의 분포 특성을 이해해야 한다.

3.3.1 유체포화율의 정의

유체포화율은 공극 내에 존재하는 유체인 물, 석유 및 가스에 대해 각 유체의 함유 정도를 공극부피 대비 백분율로 나타낸 것이다.

오일포화율(oil saturation)은 저류층 전체의 공극부피에서 오일이 차지하는 부피비를 백분율로 표시한 것을 말한다.

$$오일포화율 = \frac{공극\ 내\ 오일이\ 차지하는\ 부피}{공극부피} \times 100$$

가스포화율(gas saturation)은 저류층 전체의 공극부피에서 가스가 차지하는 부피비를 백분율로 표시한 것을 말한다.

$$가스포화율 = \frac{공극\ 내\ 가스가\ 차지하는\ 부피}{공극부피} \times 100$$

수포화율(water saturation)은 저류층 전체의 공극부피에서 물이 차지하는 부피 비를 백분율로 표시한 것을 말한다.

$$수포화율 = \frac{공극\ 내\ 물이\ 차지하는\ 부피}{공극부피} \times 100$$

3.3.2 유체포화율의 측정

유체포화율을 측정하는 방법에는 저류층으로부터 채취한 시추코어를 이용하는 직접적인 방법과 검층 또는 삼투압 곡선을 이용하는 간접적인 방법이 있다.

1) 증류법

증류법(evaporation, retort)은 시추코어를 이용하여 신속하게 유체포화율을 측정할 수 있는 방법이다. 그림 3.19에 나타난 바와 같이 시추코어로부터 규격에 맞게 제작한 시료를 실험장치 안에 넣은 다음 전기코일에 1000~1100°F 가량의 높은 열을 가하여 플러그 안에 들어 있는 모든 오일과 물을 증발시키고 냉각수를 이용해 다시 응축시켜 시료로부터 배출된 오일과 물의 양을 측정한다.

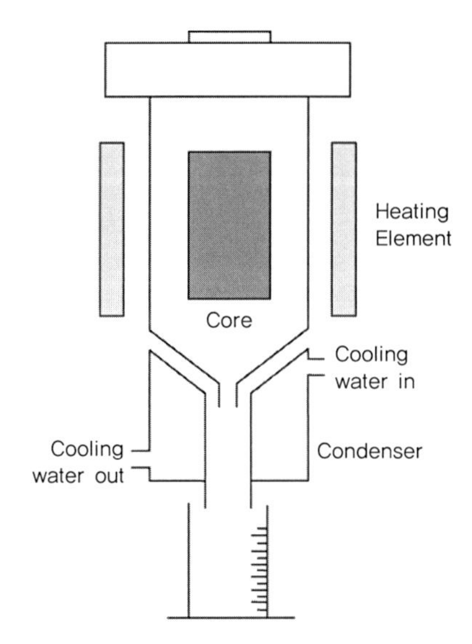

그림 3.19 증류기를 이용한 유체포화율 측정

증류기를 이용해 유체포화율을 측정하는 방법의 장점은 신속하게 시료 내에 들어 있는 유체포화율을 측정할 수 있고 그림 3.20에 나타난 바와 같이 보정할 경우 허용오차 범위에서의 결과치를 얻을 수 있다는 점이다.

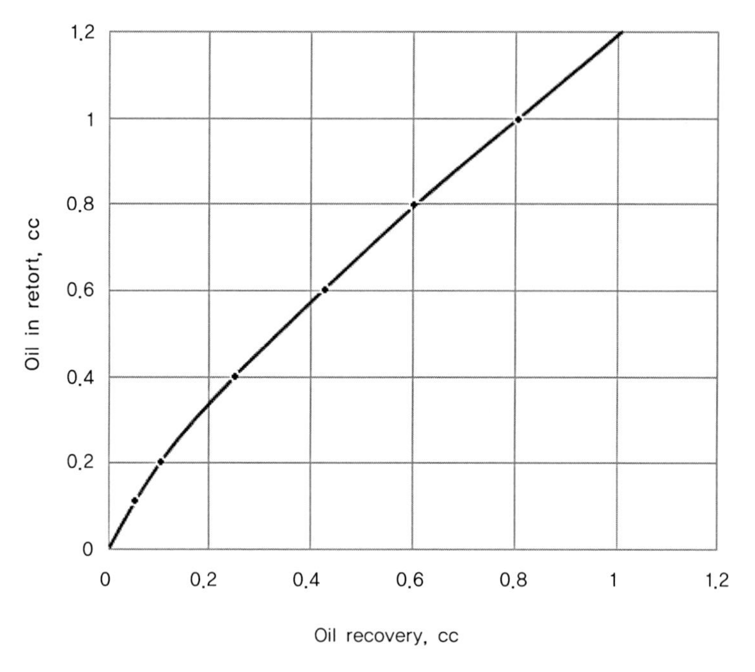

그림 3.20 오일포화율 결정을 위한 전형적인 보정곡선

하지만 1000~1100°F 정도의 높은 온도로 열을 가해야 하는 점과 이로 인해 그림 3.21에 나타난 바와 같이 암석시료 내에 존재하는 점토의 결정수가 배출되는 있는 단점이 있다. 또한 고열을 가함으로 인해 암석시료 내에 존재하는 석유가 열분해 되는 현상과 실험 후 암석시료가 손상되는 단점이 있다.

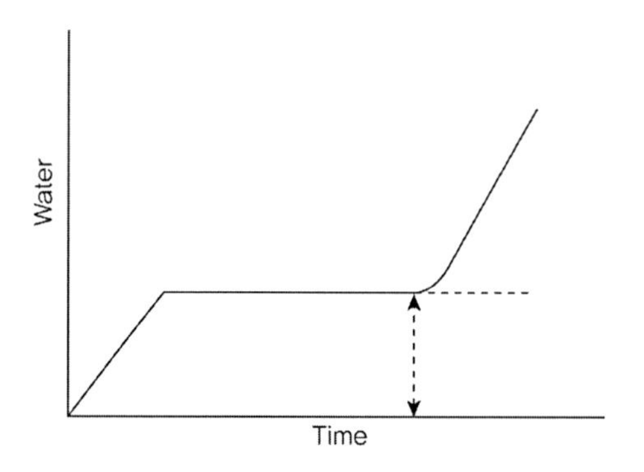

그림 3.21 증류법에 의한 암석시료의 점토 내 결정수의 배출곡선

증류법에 의한 각 유체의 포화율은 다음 방법으로 구한다.

$$S_w = \frac{\text{물 부피}}{\text{공극부피}}$$

$$S_o = \frac{\text{오일부피}}{\text{공극부피}}$$

$$S_g = 1 - S_w - S_o$$

2) 추출법

추출법(leaching) 역시 시추코어를 이용하여 유체포화율을 직접 구하는 방법이다. 그림 3.22에 보는 바와 같이 톨루엔과 메탄올을 혼합한 용기 안에 암석시료를 집어넣고 가열하게 되면 기화된 톨루엔과 메탄올이 암석시료 안에 들어 있는 오일 및 물과 혼합되어 기화된 상태로 상승하게 된다. 혼합된 기체는 냉각수에 의해 응축된 후 비중 차에 의해 물은 집적관의 하부에 모이게 되고 톨루엔과 메탄올에 의해 용해된 석유는 집적관의 상부에 모이게 되며 넘치는 용액은 용기 안으로 되돌아가게 된다. 실험과정은 집적관에 물이 더 이상 모이지 않을 때까지 계속한다.

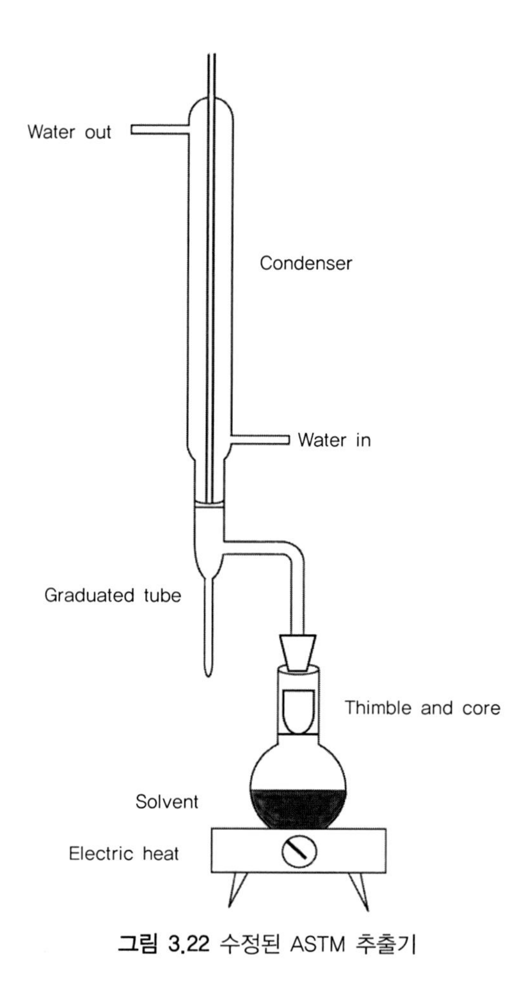

그림 3.22 수정된 ASTM 추출기

각 유체의 포화율은 다음 방법으로 구한다.

$$S_w = \frac{\text{물 부피}}{\text{공극부피}}$$

$$S_o = \frac{(\text{추출 전 시료무게} - \text{추출 후 시료무게} - \text{물의 무게})/\text{석유의 밀도}}{\text{공극부피}}$$

3) 유체포화율의 변화

현장에서 채취한 시추코어의 유체포화율은 시추 전 저류암 상태에서의 유체포화율과 다음과 같은 이유로 다르게 나타난다. 첫째, 안전한 시추를 위해 시추 중 공내의 이수압력을 지층압력보다 높게 유지하기 때문에 시추이수가 지층 내로 침투하게 되어 저류층의 유체포화율을 변화시킨다. 둘째, 저류층으로부터 채취된 시추코어가 지상으로 인양되는 과정에서 압력이 감소하게 되므로 코어 내부에 있는 유체가 팽창하게 된다. 이때 팽창계수가 큰 가스는 물과 오일을 코어 밖으로 밀어내기 때문에 지상으로 인양된 시추코어의 유체포화율은 시추코어가 저류층 내에 존재했을 때 가졌던 본래의 유체포화율과 다르게 된다.

시추 중 사용하는 이수에 따라 시추코어 내에서의 유체포화율 변화는 다르게 나타나며 이로 인해 얻을 수 있는 정보도 서로 다르다. 수성이수를 사용할 경우 유체포화율에 대한 정량적인 값을 기대하기는 어렵다. 다만 지층 내의 석유부존 여부, 함유층과 함수층의 경계면, 가스층과 함유층의 경계면 등에 대한 정보를 얻을 수는 있다. 유성이수를 사용할 경우 시추코어로부터 얻을 수 있는 정보에는 최소함수율, 석유 및 가스의 포화율, 함유층과 함수층의 경계면 등이 있다.

3.4 모세관압

3.4.1 계면장력과 습윤도

계면장력이란 서로 혼합될 수 없는 두 유체의 경계면에서 분자력에 의해 표면적을 최소로 수축하고자 하는 힘을 말한다. 계면장력의 단위는 단위 길이당의 힘으로 표시된다. 그림 3.23에서 보는 바와 같이 물과 오일이 서로 접하고 있을 경우 물 내부에서는 물 분자 간의 인력에 의해 평형을 이루고 있고, 오일 내부에서도 역시 오일 분자들 간의 인력에 의해 평형을 이루고 있다. 하지만 경계면에서는 계면 아래에 있는 물 분자로부터 받는 힘과 계면 위에 있는 오일 분자로부터 받는 힘이 다르게 되어 힘의 균형이 깨지게 된다. 이때 경계면에서 발생하는 힘의 차이에 의해 계면장력이 발생하게 된다. 이렇게 생성된 장력은 얇은 막과 같은 표면을 형성하게 되어 액체가 이 막을 통과하려면 일정량의 에너지가 필요하다. 이 에너지를 자유표면 에너지라고 한다.

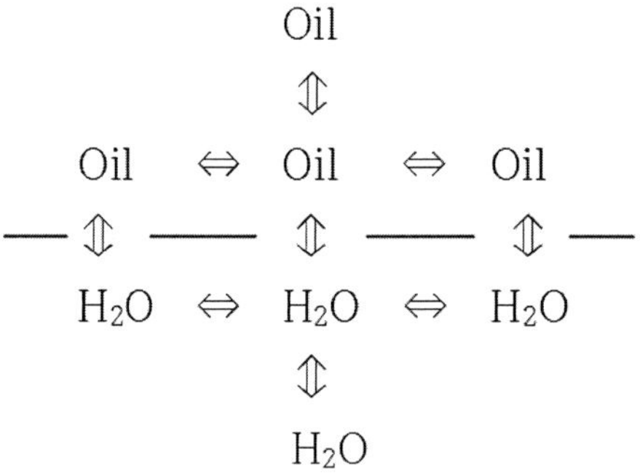

Oil

⇕

Oil ⇔ Oil ⇔ Oil

— ⇕ —— ⇕ —— ⇕ —

H_2O ⇔ H_2O ⇔ H_2O

⇕

H_2O

그림 3.23 물과 오일 경계면에서 인력에 의한 힘의 분포

서로 혼합될 수 없는 두 유체가 고체면 위에 놓여 있을 때 점착력(adhesion tension)은 각 유체와 고체면 사이에 존재하는 계면장력의 차로 표시되며 두 유체 중 상대적으로 어느 유체가 고체 면에 상대적으로 잘 유착되는지를 나타낸다.

물과 오일이 고체면 위에 놓이게 될 때 두 유체가 고체와 접촉한 모양이 그림 3.24에 도시되어 있다. 접촉각은 접촉면에서 비중이 큰 액체를 통과하며 측정한 각으로 정의된다. 점착력과 접촉각의 관계는 다음 식으로 표시된다.

$$A_t = \sigma_{so} - \sigma_{sw} = \sigma_{wo} \cos\theta \tag{3.33}$$

$$\cos\theta = \frac{\sigma_{sw} - \sigma_{so}}{\sigma_{wo}} \tag{3.34}$$

여기서, A_t = 점착력(adhesion tension)

σ_{sw} = 물과 고체 사이에 작용하는 계면장력

σ_{so} = 오일과 고체 사이에 작용하는 계면장력

σ_{wo} = 물과 오일 사이에 작용하는 계면장력

θ = 접촉면에서 비중이 큰 액체를 통과하며 측정한 각

식 (3.33)에 의해 점착력이 양수이면 비중이 큰 유체인 물이 고체면에 상대적으로 잘 유착되므로 물이 습윤상이 되고 오일은 비습윤상이 된다. 반대로 점착력이 음수이면 비중이 작은 유체인 오일이 상대적으로 고체면에 잘 유착되므로 오일이 습윤상이 되고 물은 비습윤상이 된다. 만일 점착력인 0이 되면 두 유체의 고체면에 대한 습윤성은 같으며 접촉각은 90°이므로 물과 오일 사이의 계면이 고체면에 대해 수직으로 중립형태가 된다.

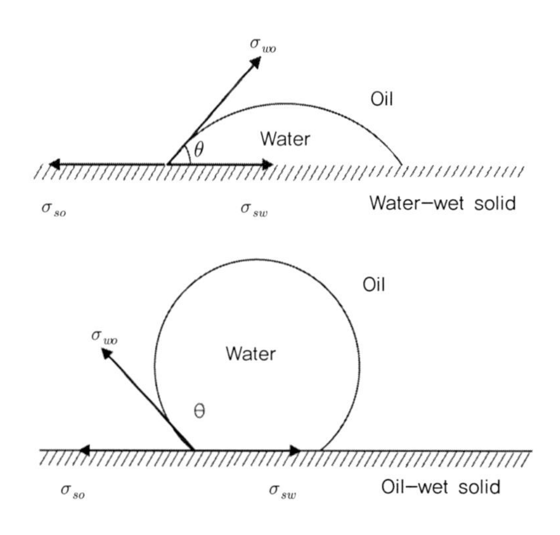

그림 3.24 고체면에서 물과 오일의 계면장력에 의한 점착력

3.4.2 모세관압의 정의

그림 3.25에 보는 바와 같이 직경이 아주 작은 유리관을 물이 담긴 용기 위에 세워 놓게 되면 물은 가는 유리관의 내부을 타고 올라가게 된다. 이와 같은 현상은 고체

면인 유리관 내부에서 점착력이 양의 값을 가지므로 물이 공기에 비해 상대적으로 유리관 내부 표면을 잘 적시기 때문이다. 이때 점착력에 의해 상승하려는 물의 힘과 유리관 내에 있는 물기둥이 중력에 의해 내려가고자 하는 힘이 같아질 때까지 물은 상승하게 된다. 이와 같은 현상을 모세관현상이라고 한다.

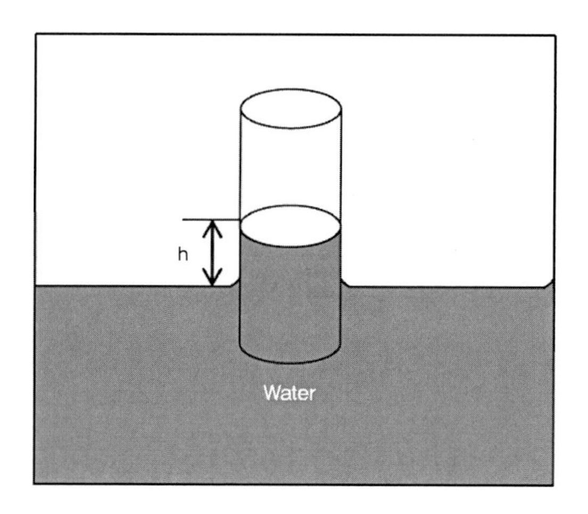

그림 3.25 수조 위에 세워진 모세관 내 물의 상승현상

$$A_t \times 2\pi r = \pi r^2 \rho g h \tag{3.35}$$

점착력에 의한 상승력 = 중력에 의한 물기둥의 하강력

여기서, $A_t =$ 점착력(dyne/cm)

$r =$ 관의 직경(cm)

$h =$ 액체 기둥의 높이(cm)

$\rho =$ 물의 밀도(g/cc)

$g =$ 중력가속도(980 cm/sec^2)

식 (3.35)을 h에 대해 정리하여 상승하는 물의 높이를 구할 수 있다.

$$h = \frac{2A_t}{\rho_w g r} \tag{3.36}$$

$$h = \frac{2\sigma_{wa}\cos\theta_{wa}}{\rho_w g r} \tag{3.37}$$

여기서, $\sigma_{wa} =$ 물과 공기 사이의 계면장력

$\theta =$ 접촉면에서 비중이 큰 액체를 통과하며 측정한 각

모세관현상에 의해 모세관 안에서 두 유체가 만나는 경계면에서는 압력차가 발생하게 된다. 이와 같이 모세관 내에서 서로 혼합될 수 없는 두 유체가 만나서 경계면을 형성하게 될 때 경계면에서 발생하는 압력차를 모세관압이라고 한다.

그림 3.26에서 보는 바와 같이 물과 오일이 모세관 내에서 만나게 될 때 두 유체의 경계면에서 형성되는 압력 중 경계면 바로 밑물이 있는 쪽의 압력을 p_{W_2}라 하고 경계면 바로 위 오일이 있는 쪽의 압력을 p_{O_2}라 하면 모세관압은 비습윤상인 오일 쪽의 압력인 p_{O_2}에서 습윤상인 물 쪽의 압력인 p_{W_2}를 뺀 값으로 정의된다.

$$p_c = p_{nwp} - p_{wp} = p_{O_2} - p_{W_2} \tag{3.38}$$

여기서, $p_c =$ 모세관압

$p_{nwp} =$ 비습윤상의 압력

$p_{wp} =$ 습윤상의 압력

반면, 용기 안에서 물과 오일이 만나는 경계면에서는 경계면 바로 위와 아래 사이의 압력차가 거의 존재하지 않는다. 그 이유는 식 (3.36), (3.37)에서 보는 바와 같

이 삼투압은 두 유체가 만나게 되는 관 내부의 직경에 반비례하게 되는데, 용기의 직경은 모세관의 직경에 비해 무한히 크기 때문이다.

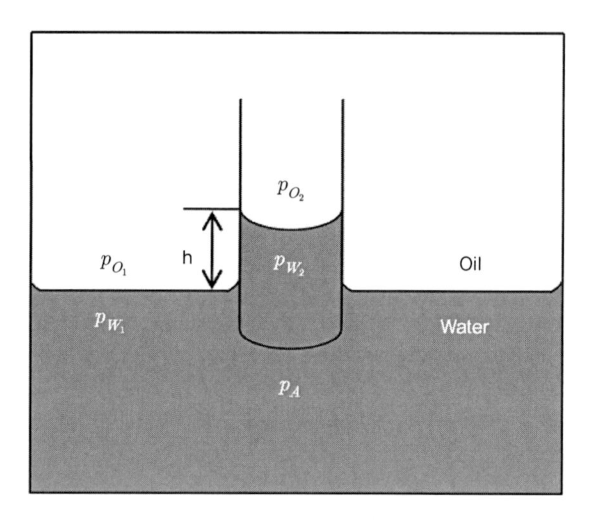

그림 3.26 모세관내 물과 오일 사이의 압력관계

그러므로 용기 내에서는 다음과 같은 식이 성립된다.

$$p_{O_1} \simeq p_{W_1} \simeq p_A \tag{3.39}$$

$$p_{O_2} = p_{O_1} - \rho_o gh \tag{3.40}$$

$$p_{W_2} = p_{W_1} - \rho_w gh \tag{3.41}$$

식 (3.39), (3.40), (3.41)을 식 (3.38)에 대입하면 모세관압은 다음과 같은 식으로 표시된다.

$$p_c = p_{O_2} - p_{W_2} = \left(p_{O_1} - \rho_o gh\right) - \left(p_{W_1} - \rho_w gh\right)$$

$$p = (\rho_w - \rho_o)gh \tag{3.42}$$

모세관 내에서 힘의 평형에 관한 식 (3.35)으로부터 다음 식이 얻어진다.

$$(2\pi r)\sigma_{wo}\cos\theta = \left(\pi r^2\right)(\rho_w - \rho_o)gh \tag{3.43}$$

식 (3.37)을 물과 오일에 대한 관계식으로 정리하면 다음과 같다.

$$h = \frac{2\sigma_{wo}\cos\theta}{(\rho_w - \rho_o)gr} \tag{3.44}$$

식 (3.43)과 식 (3.44)로부터 저류층 내에서 물과 오일 사이에 존재하는 모세관압은 다음과 같은 식으로 나타낼 수 있다.

$$p_c = \frac{2\sigma_{wo}\cos\theta_{wo}}{r} \tag{3.45}$$

식 (3.45)을 살펴보면 모세관압은 계면장력, 접촉각 및 모세관 직경에 대한 함수로 표시됨을 알 수 있다.

3.4.3 모세관압 측정

모세관압을 측정하는 방법에는 다공성격막법, 수은주입법 및 원심분리기법 등이 있다.

1) 다공성격막법

다공성격막법(porous diaphram method)은 다공성격막의 습윤도에 따른 유체의 선별적 투과성을 이용한 것이다. 그림 3.27에 나타난 바와 같이 다공성격막 위에 물로 100% 포화된 코어를 올려놓고 일정한 압력을 단계별로 증가시키며 오일에 압력을 가한다. 다공성격막은 친수성의 반투막이므로 물은 통과시키지만 오일은 통과시키지 않는다. 압력이 가해짐에 따라 다공성격막을 통해 코어 내의 물이 밑으로 배출될 때 오른쪽에 있는 튜브에서 상승된 눈금을 읽어 각 단계별 주입압력에 대한 물의 배출량을 확인할 수 있다. 이 결과를 토대로 그림 3.28에 보이는 바와 같은 물 포화율에 따른 모세관압 곡선을 얻을 수 있다.

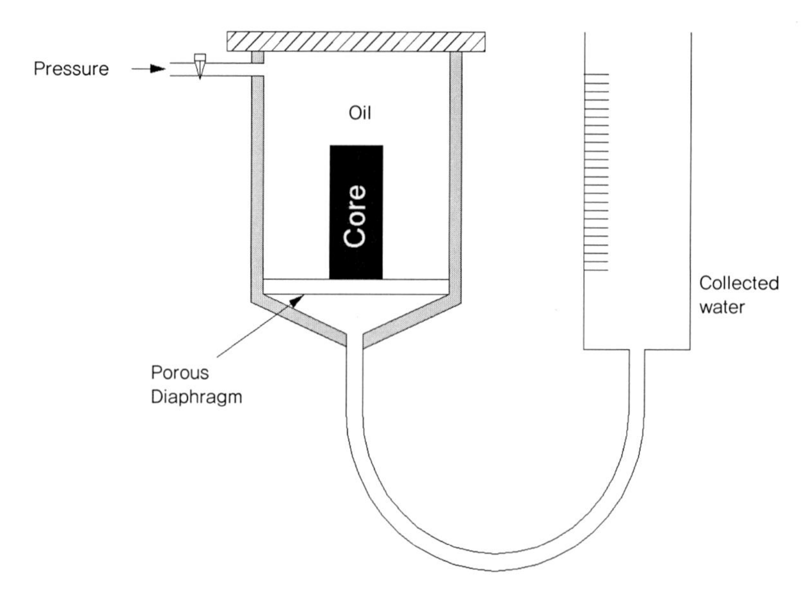

그림 3.27 다공성격막법에 의한 모세관압 측정 모식도

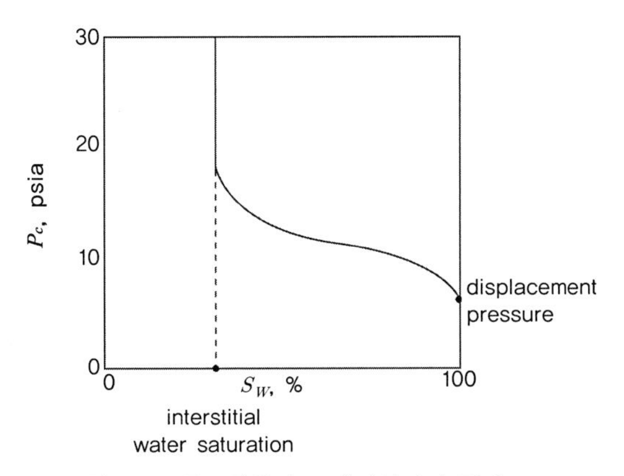

그림 3.28 물포화율과 모세관압과의 관계

다공성격막법은 저류층 유체를 사용할 수 있고, 매우 정확한 결과를 얻을 수 있으며, 코어의 재사용이 가능한 장점이 있는 반면, 주어진 각 압력 단계에서 평형상태에 도달하는 시간이 길므로 측정시간이 오래 걸리는 단점을 갖고 있다.

2) 수은주입법

수은주입법은 신속하게 모세관압을 측정하기 위해 고안한 방법이다. 그림 3.29에 보는 바와 같이 건조된 코어를 수은챔버에 넣고 일정한 압력을 단계별로 증가시키며 수은을 밀어 넣는다. 각 압력단계에서 평형상태에 도달했을 때 가한 압력에 대한 주입된 수은의 양을 토대로 모세관압 곡선을 얻을 수 있다. 수은주입법은 신속한 결과를 얻을 수 있는 장점이 있는 반면에 코어를 재사용할 수 없고 해석에 어려움이 따른다는 단점을 갖고 있다.

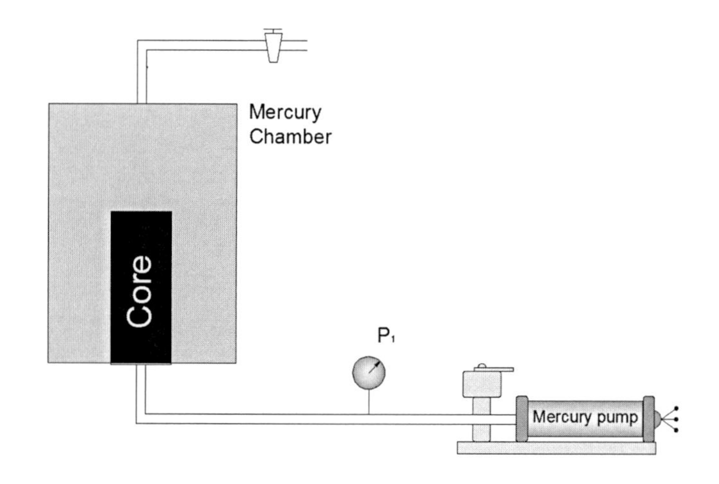

그림 3.29 수은주입법에 의한 모세관압 측정장치 모식도

3) 원심분리기법

원심분리기법은 원심분리기를 사용하여 각속도에 따른 회전력을 이용해 모세관압을 측정하는 방법이다. 그림 3.30에 나타난 바와 같이 원심분리기 축을 중심으로 네 개의 회전체가 달려 있다. 회전체의 바깥에는 코어를 집어넣을 수 있는 코어홀더와 눈금이 새겨진 튜브가 달려 있다. 물로 100% 포화된 코어를 오일로 채워진 코어홀더 안에 집어넣고 회전체를 돌리게 되면 물과 오일의 비중 차에 따른 원심력에 의해 코어 안에 물은 코어홀더 안에 있던 오일로 대체되며 코어로부터 배출된 물은 튜브의 끝에 모이게 된다. 일정한 각속도를 단계별로 증가시키며 각 단계별로 평형상태에 도달하였을 때 튜브에 모인 물의 양을 읽어 코어 내 물 포화율에 따른 모세관압을 측정할 수 있다. 각속도에 의한 회전력을 이용하여 압력을 구하는 방법은 다음과 같다.

$$p = \frac{\rho g h}{g_c}, \ g = r\omega^2$$

여기서, $\omega =$각속도, rad/sec

$$p = \frac{\rho r \omega^2 h}{g_c} = \frac{\rho(r_2 + r_1)\omega^2(r_2 - r_1)}{2g_c}$$

$$p = \frac{\rho \omega^2 (r_2^2 - r_1^2)}{2g_c}$$

$$p_{Cpsi} = \frac{\rho \text{lb/ft}^3 (\omega \text{rad/sec})^2 \left(r_2^2 - r_1^2 ft^2\right)}{2(32\text{ft/sec}^2)(144\text{in}^2/\text{ft}^2)} \tag{3.46}$$

$$S_w = \overline{S_w} + p_c \frac{d\overline{S_w}}{dp_c} \tag{3.47}$$

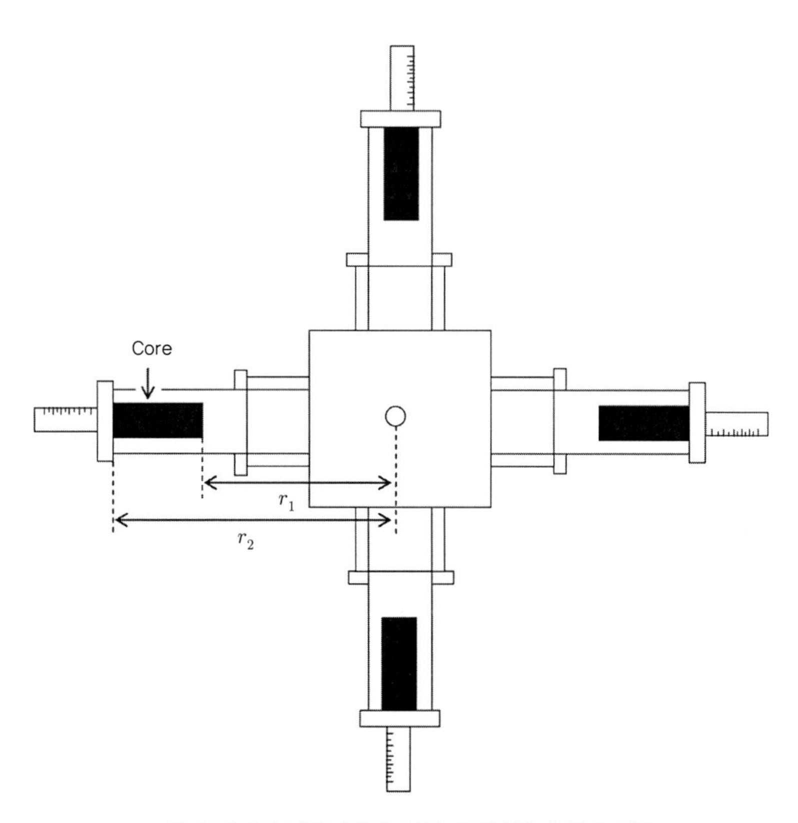

그림 3.30 원심분리기법에 의한 모세관압 측정 모식도

원심분리기법은 다공성격막법의 단점인 시간이 오래 걸리는 점과 수은주입법의 단점인 코어의 재사용이 불가능한 점을 모두 극복할 수 있는 좋은 측정방법이다.

3.4.4 저류층의 모세관압

저류층 내에서 물과 오일 접촉면 상부에는 모세관압이 존재한다. 그림 3.31에 보는 바와 같이 물과 오일 접촉면에서 h만큼 위에 있는 모세관 내에서 물과 오일이 만난다고 가정하면 이곳에서의 모세관압은 아래의 식과 같이 표시된다.

$$p_c = p_o - p_w = \frac{h}{144}(\rho_w - \rho_o) \tag{3.48}$$

여기서, $h=$ 높이, ft

$\rho=$ 비중, lb/ft^3

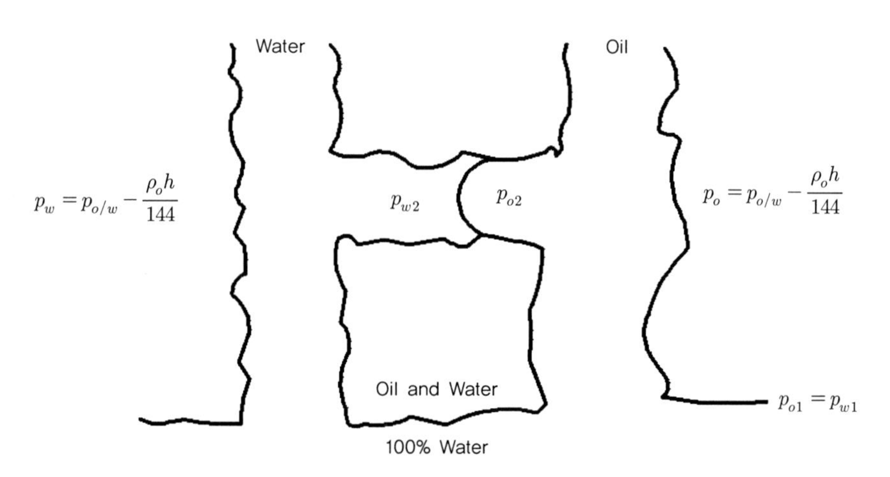

그림 3.31 저류층 내 물과 오일 접촉면 위에서의 모세관압

식 (3.48)에서 보는 바와 같이 물과 오일 접촉면 상부에서는 물과 오일의 비중 차에 의해 오일 압력이 물 압력보다 크므로 모세관압이 존재하게 된다. 모세관압은 물과 오일 접촉면 위로 올라갈수록 더욱 커진다는 것을 식을 통해 알 수 있다.

저류층으로부터 채취한 코어를 이용하여 저류층 내 물과 오일 접촉면 상부에 존재하는 모세관압을 구하기 위해서는 저류층에 대한 포화율 내력을 알아야 하며 실험실에서 측정한 자료는 저류층의 물성에 맞는 자료로 환산해주어야 한다. 다공성 매체 내에서 습윤상의 포화율이 증가하는 것을 흡입(imbibition)라 하고 반대로 습윤상의 포화율이 감소하는 것을 배출(drainage)이라고 한다. 그림 3.32은 습윤상인 물이 최초에 100% 포화상태에 있었다가 배출과정을 통해 점차 줄어 0%까지 된 다음 다시 흡입과정을 통하여 80%까지 증가하는 모습을 나타낸 그림이다. 물론 습윤상인 물이 배출과정으로 진행되기 위해서는 외부로부터 주입하는 압력을 계속적으로 증가시켜주어야 하고 반대로 흡입과정으로 진행하기 위해서는 압력을 계속적으로 감소시켜주어야 한다.

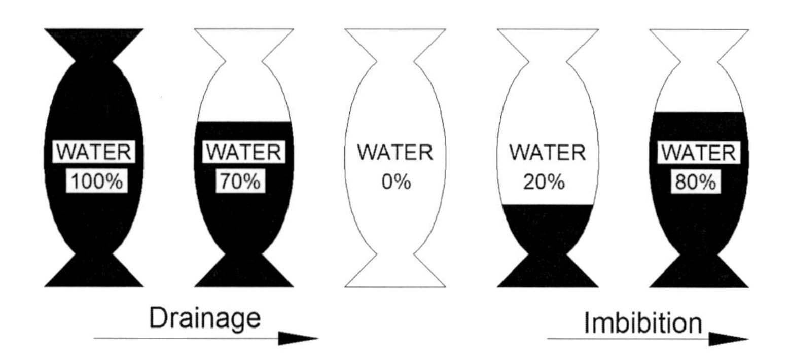

그림 3.32 습윤상인 물의 배출 및 흡입과정

이론적으로 동일한 다공질 암석에서는 포화율에 따라 모세관압이 일정한 값을 가져야 하지만 실제로 배출과정과 흡입과정에서 얻은 모세관압 곡선은 서로 다른 모습을 보인다. 그림 3.33은 물포화율에 따른 모세관압 곡선을 나타낸 것이다. 그림에서 보는 바와 같이 시료가 물에 의해 100% 포화된 상태에서 최소물포화율 상태까지 물이 오일에 의해 배출되는 과정을 나타내는 배출곡선과 최소물포화율 상태로부터 잔류오일포화율까지 물이 다시 흡수되는 과정을 나타내는 흡입곡선이 서로 다른 형태임을 알 수 있다. 이와 같이 동일한 포화율이지만 진행하는 과정에 따라 서로 다른 모세관압을 갖게 되는 것을 이력현상(hysteresis)이라고 하며 포화율에 따른 모세관압 곡선을 적용하는 데 있어 매우 중요한 사항이다. 즉, 저류층의 상태가 배출과정 중에 있는지 또는 흡입과정에 있는지를 먼저 확인하고 포화율에 따른 모세관압 곡선을 이용해야 한다.

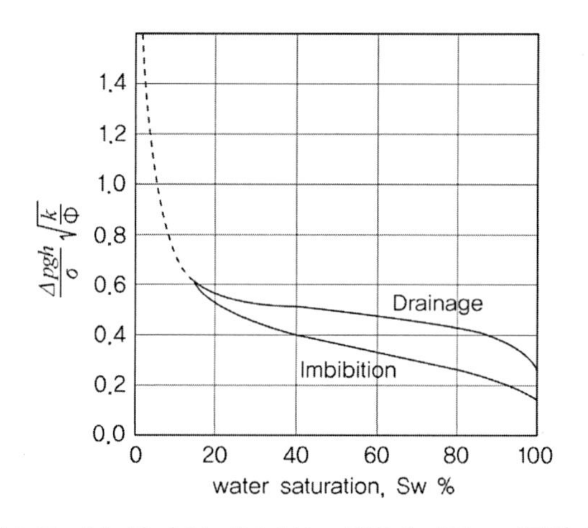

그림 3.33 배출 및 흡입 과정에서 포화율에 따른 모세관압 곡선

실험실에서 모세관압을 측정하기 위해 사용하는 유체가 저류층 내의 유체와 다를 경우 실험실에서 측정한 모세관압 자료를 저류층 유체를 사용했을 경우와 동일한 조건으로 환산시켜주어야 한다. 다음 관계식을 사용하여 실험실 자료를 저류층 자료로 환산시킨다.

$$p_{clab} = \frac{2\sigma_{lab}\cos\theta_{lab}}{r}$$

$$p_{cres} = \frac{2\sigma_{res}\cos\theta_{res}}{r}$$

$$\frac{2\sigma_{lab}\cos\theta_{lab}}{p_{clab}} = \frac{2\sigma_{res}\cos\theta_{res}}{p_{cres}}$$

$$p_{cres} = \frac{\sigma_{res}\cos\theta_{res}}{\sigma_{lab}\cos\theta_{lab}} p_{clab} \tag{3.49}$$

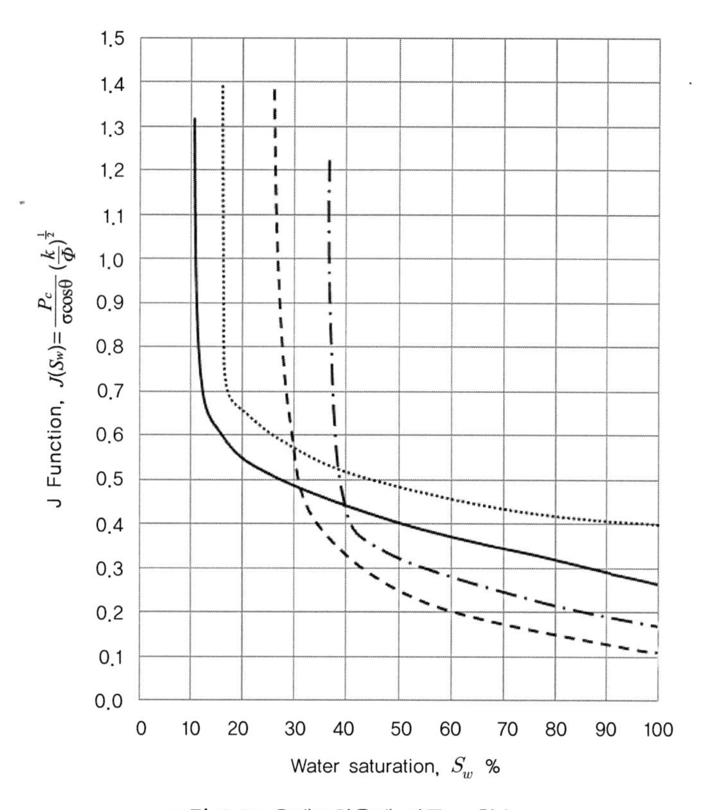

그림 3.34 유체포화율에 따른 J 함수

어느 저류층에서나 사용할 수 있는 모세관압 곡선을 얻기 위해 모든 모세관압 자료가 한 곡선에 적용되도록 'J 함수'가 제안되었다. 그림 3.34는 포화율에 대한 J

값을 나타낸 것이다. 그러나 그림에서 보는 바와 같이 각 자료들은 각 저류층 간에 큰 격차를 보여 한 곡선으로 표시되지 않으므로 정확한 결과를 얻을 수 없다. J 함수식은 다음과 같이 표시된다.

$$J(S_w) = \frac{p_c}{\sigma \cos\theta}\left(\frac{k}{\Phi}\right)^{\frac{1}{2}} \tag{3.50}$$

모세관압 곡선은 다공성 매체의 특성에 따라 다양한 형태로 나타난다. 그림 3.35는 투과도가 서로 다른 저류층에서의 모세관압 곡선을 나타낸 것으로 곡선 A는 투과도가 높은 경우이고, 곡선 B는 투과도가 낮은 경우이다. 그림에서 보듯이 투과도가 감소함에 따라 최초방출압력(displacement pressure)이 증가하며 최소함수율 또한 증가하게 된다.

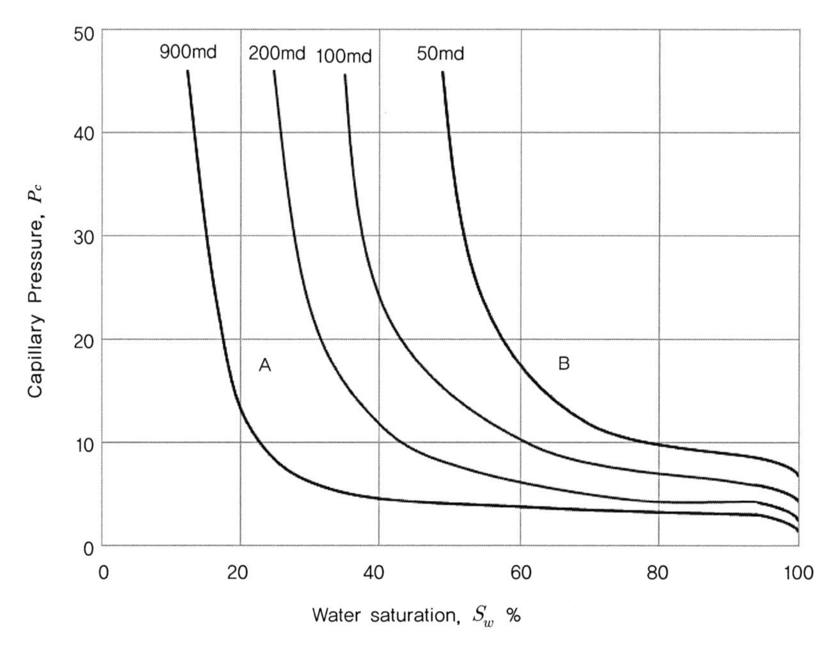

그림 3.35 투과도 변화에 따른 모세관압 곡선

공극 및 입자의 크기와 분포 상태에 따라서도 모세관압 곡선은 서로 다르게 나타난다. 그림 3.36에서 곡선 A는 공극 및 입자의 크기가 비슷하며 입자의 크기에 따른 분포가 고른 경우이고, 곡선 B는 공극 및 입자의 크기에 따른 분포가 고르지 못한 경우이다.

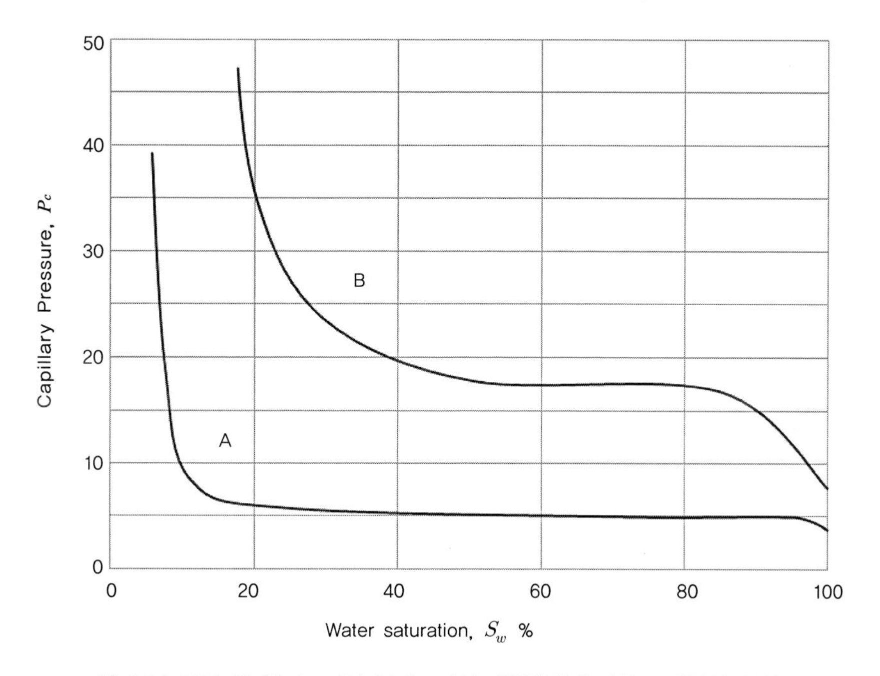

그림 3.36 공극 및 입자크기와 입자크기의 배열상태에 따른 모세관압 곡선

3.5 상대투과도

다공성 매체인 저류층의 공극 내에 단일 유체가 단일 상으로만 존재하고 유동한다고 가정할 경우에는 절대투과도만으로 유체의 유동에 관한 Darcy 방정식을 사용할 수 있다. 하지만 불포화(under saturated) 상태로 존재하는 저류층에서의 초기 유동 상태를 제외하고는 이런 유동을 기대할 수 없다. 저류층의 압력이 기포점 압력보다 낮아지게 되면 오일 내에 용해되어 있던 가스가 용출되어 2개상의 유체가

동시에 유동하게 된다. 만일 오일함유층 내부에 있는 물이나 또는 오일함유층 밑에 있는 대수층으로부터 물이 생산되기 시작하면 3개의 상이 동시에 유동하는 3상의 유동상태가 된다. 이 경우에는 단일 유체가 단일 상으로 존재하고 유동한다는 전제하에 사용되는 절대투과도만으로는 저류층 유체의 거동을 표현할 수 없다.

3.5.1 상대투과도의 정의

2개 이상의 상으로 구성되어 있는 유체가 저류층 내에서 동시에 흐를 때 사용되는 상대투과도에 대한 개념을 이해하기 위해서는 먼저 유효투과도에 대한 이해가 필요하다. 유효투과도란 저류층 내에서 다상의 유체가 유동할 경우 각 유체의 포화율에 대한 투과도을 말한다. 그러므로 유효투과도는 저류암의 특성인 공극의 구조와 습윤성뿐만 아니라 각 유체의 포화율에 대한 함수이다. 물, 오일 및 가스에 대한 각각의 유효투과도를 k_w , k_o, k_g라 하면 물, 오일 및 가스의 유동에 관한 Darcy의 식은 다음과 같이 표시된다.

$$Q_w = \frac{k_w A \Delta p_w}{\mu_w L} \tag{3.51}$$

$$Q_o = \frac{k_o A \Delta p_o}{\mu_o L} \tag{3.52}$$

$$Q_g = \frac{k_g A \Delta p_g}{\mu_g L} \tag{3.53}$$

상대투과도는 절대투과도에 대한 유효투과도의 비로 정의된다. 그러므로 상대투과도도 유효투과도와 마찬가지로 물, 오일 및 가스에 대한 상대투과도가 각기 존재하며, 이를 k_{rw} , k_{ro}, k_{rg}로 표시하면 다음과 같은 식으로 나타낼 수 있다.

$$k_{rw} = \frac{k_w}{k}, \quad k_{ro} = \frac{k_o}{k}, \quad k_{rg} = \frac{k_g}{k} \tag{3.54}$$

여기서, k_{rw} = 상대물투과도

k_{ro} = 상대오일투과도

k_{rg} = 상대가스투과도

k_w = 유효물투과도

k_o = 유효오일투과도

k_g = 유효가스투과도

k = 절대투과도

3.5.2 상대투과도 곡선

다공성 매체 안에 물과 오일과 같은 두 종류의 유체가 동시에 흐르게 될 경우 각 유체는 포화율에 따라 상이한 투과도를 갖는다. 동시에 어떠한 포화율에서도 각 투과도의 합은 항상 절대투과도보다 작다. 그림 3.36는 유체 포화율에 따른 상대투과도 곡선을 나타낸 것이다. 가로축은 다공성 매체 내의 수포화율을 나타낸 것이고, 세로축은 상대투과도를 나타낸 것이다. 그림에서 $S_w = 1.0$일 경우에는 다공성 매체 내에 완전히 물로만 포화되어 있고 물만 흐르는 상태이므로 유효물투과도는 절대투과도와 같게 된다. $S_w = S_{wc}$인 경우 물이 전혀 흐르지 못하므로 유효물투과도는 0이 된다. 오일의 경우에도 마찬가지로 $S_w = 0$인 경우 유효오일투과도는 절대투과도와 같고, $S_w = 1 - S_{\mathrm{or}}$인 경우 오일은 전혀 흐르지 못한다. $S_w = 1.0$에서 배출과정으로 진행함에 따라 수포화율이 감소하므로 유효물투과도는 급격히 감소하게 되며 반면 유효오일투과도는 서서히 증가하게 된다. 반대로 $S_w = S_{wc}$에서 흡입과정으로 진행함에 따라 수포화율이 증가하므로 유효물투과도는 서서히 증가하고 유효오일투과도는 급격히 감소하게 된다. 그림에서 점선으로 표시된 부분은 저류층에서 실제로 유동이 일어나지 않는 경우를 나타낸다.

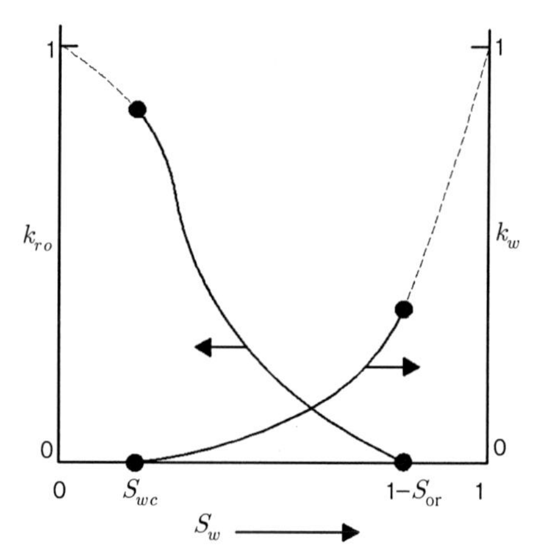

그림 3.37 수포화율에 따른 상대투과도 곡선

그림 3.38은 다공성 매체 내에 3상의 유체가 존재할 경우 각 유체의 포화율과 3상의 상대투과도를 동시에 나타낼 수 있는 삼각 다이어그램이다. 삼각 다이어그램의 각 꼭지점은 단일상이 100% 로 존재하는 위치를 나타내고 각 변은 2개상이 존재하는 위치를 나타내고 삼각형 내부는 3개의 상이 동시에 존재하는 위치를 나타낸다. 예를 들면 점 A는 물이 100% 포화된 위치를 나타내고, 점 B는 오일포화율이 40%이고 가스포화율이 60%인 위치를 나타내고, 점 C는 물포화율이 40%, 오일 포화율이 40%, 가스포화율이 20%인 위치를 나타낸다.

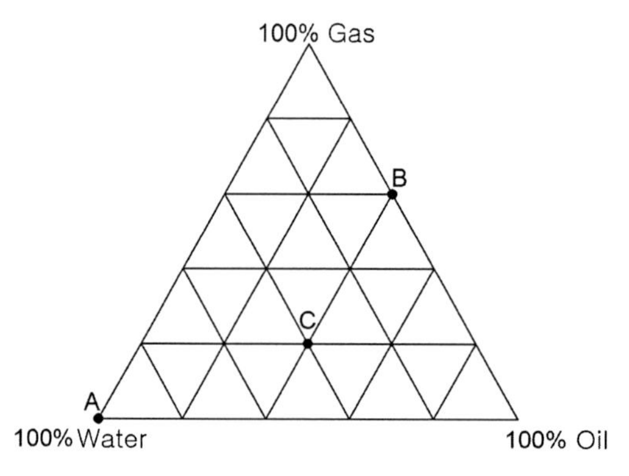

그림 3.38 3상이 존재할 경우 유체포화율에 대한 삼각 다이어그램

다공성 매체 내에 3상의 유체가 존재할 경우에도 2상의 유체가 존재하는 경우와 마찬가지로 상대투과도는 각 유체의 포화율에 영향을 받지만 다공성매체 내에서 각 유체의 계면장력과 점착력이 상이하므로 각 유체에 대한 상대투과도곡선은 서로 다른 모양을 나타낸다. 친수성의 암석에서는 입자표면에 대한 점착력이 물, 오일, 가스의 순으로 크기 때문에 공극의 크기가 작은 부분에는 물이 오일이나 가스보다 상대적으로 자리 잡기 쉽고 공극의 크기가 큰 부분에는 가스가 물이나 오일보다 자리 잡기가 쉽다. 결과적으로 오일은 공극의 크기가 중간인 곳에 자리 잡게 된다. 그러므로 $k_{rw} = f(S_w)$, $k_{rg} = f(S_g)$, $k_{ro} = f(S_w, S_o, S_g)$와 같은 식이 성립된다.

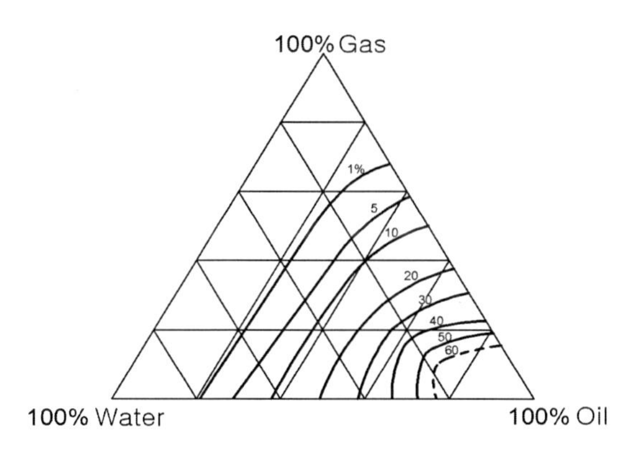

그림 3.39 3상 유체포화율에 따른 상대오일투과도 곡선

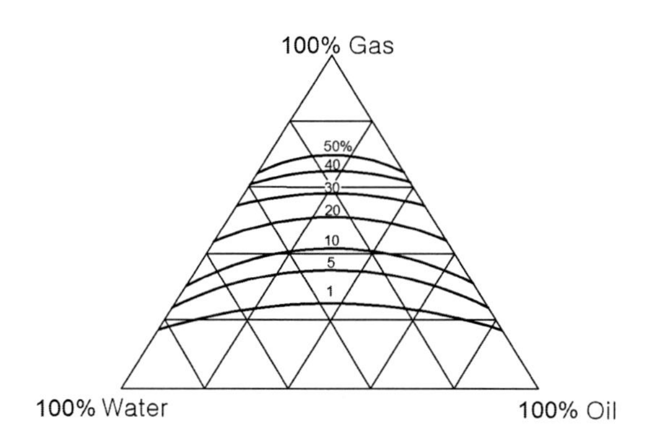

그림 3.40 3상 유체포화율에 따른 상대가스투과도 곡선

그림 3.39과 그림 3.40는 3상 유체포화율에 따른 상대오일투과도와 상대가스투과도를 나타낸 그림으로 서로 상이한 형태로 나타나는 것을 알 수 있다.

3.5.3 상대투과도 측정

상대투과도를 측정하는 방법에는 다음과 같은 4가지가 있다.

- 정상유동법
- 비정상유동법
- 현장자료 사용법
- 모세관압으로부터 계산법

1) 정상유동법

정상유동법(steady state flow method)은 실험실에서 코어를 이용하여 측정하는 방법으로 다음 순서에 따라 진행한다.

① 습윤상의 유체로 코어를 포화시킨 후 절대유체투과를 측정한다.

② 적은 양의 비습윤상 유체와 많은 양의 습윤상 유체를 동시에 코어 내로 주입시킨다. 각 유체의 주입량과 배출량이 같아질 때까지 계속 주입하여 평형상태에 도달하도록 한다.

③ 평형상태에서 압력과 유량을 기록하여 각 유체에 대한 유효투과도를 구한다.

$$k_o = \frac{Q_o \mu_o L}{A \Delta p} \tag{3.55}$$

$$k_w = \frac{Q_w \mu_w L}{A \Delta p} \tag{3.56}$$

④ 코어 내 유체함유율을 구한다.

코어 내 유체함유율을 구하는 방법은 다음의 3가지 방법이 있다. 이 중에서 각 유체의 주입 비율을 변해가는 과정에서 측정값을 연속적으로 얻기 위해서는 비저항법이 선호된다.

■ 비저항법

$$S_w = \left(\frac{R_o}{R_t}\right)^{\frac{1}{n}} \tag{3.57}$$

■ 물질수지법

주입한 유체의 양과 배출된 유체의 양으로부터 코어 내 유체함유량을 산출한다.

■ 코어무게 측정법

$$V_t = V_o + V_w$$

$$W_t = W_o + W_w$$

$$W_t = V_o \rho_o + V_w \rho_w$$

$$V_w = \frac{W_t - V_o \rho_o}{\rho_w}$$

$$V_w = \frac{W_t - \rho_o (V_t - V_w)}{\rho_w}$$

$$V_w = \frac{W_t - \rho_o V_t}{\rho_w - \rho_o}$$

$$S_w = \frac{\frac{W_t}{V_t} - \rho_o}{\rho_w - \rho_o} \tag{3.58}$$

⑤ 총 주입량 중에서 비 습윤상의 유체를 일정량 증가시키고 습윤상의 유체는 반대로 감소시켜 평형상태에서 ③~④의 과정을 되풀이한다.

⑥ ⑤번 과정을 여러 번 반복 시행하여 얻은 결과로 그림 3.37에 나타난 형태의 포화율에 따른 상대투과도 곡선을 얻는다.

비저항법을 이용하여 유체함유율을 구할 경우 코어의 양쪽 끝부분에서는 모세관압 현상으로 습윤상의 포화율이 100%가 되므로 코어 양끝에서 비저항을 측정할 경우 측정값은 왜곡된 결과를 나타낸다. 이와 같은 양끝점효과(end effect)를 차단시키기 위하여 그림 3.41과 같이 코어 양끝에서 1 cm 정도 안쪽에서 비저항값을 측정해야 하고 압력구배를 2 psi/in 이상 유지하여 양끝점효과가 나타나지 않도록 주입압력을 조절해야 한다.

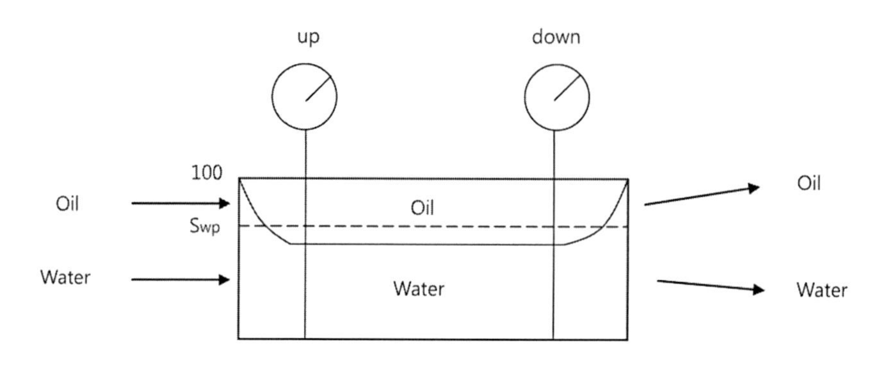

그림 3.41 양끝점효과를 제거하기 위한 코어장치

2) 비정상유동법

비정상유동법(unsteady state flow method) 역시 실험실에서 코어를 이용하여 측정하는 방법으로 습윤상 유체로 코어를 포화시킨 후 비습윤상 유체를 코어의 한쪽 면으로 일정한 유량으로 주입시키면서 평형상태에 도달할 때까지의 천이유동기간에 발생한 누적 유체 주입량 및 누적 유체 방출량과 상부 및 하부 압력을 측정하여

상대투과도를 구하는 방법이다.

Welge가 제안한 방법은 습윤상인 오일로 포화된 코어의 한쪽 면으로 비습윤상인 가스를 주입하여 반대편 쪽 면으로 오일을 방출시키는 것이며 다음과 같은 순서로 진행한다.

① 코어를 오일로 100% 포화시킨다.

② 코어의 한쪽 면으로 가스를 일정한 유량으로 주입시킨다.

③ 시간에 따른 누적 가스주입량과 누적 오일방출량을 기록한다.

④ 그림 3.42에 나타난 바와 같이 G_{ipv}에 대한 $\overline{S_g}$ 그래프로부터 f_o를 구한다.

$$G_{ipv} = \frac{G_i p_i}{L A \varnothing \overline{p}} \tag{3.59}$$

여기서, G_{ipv} = 압력 $\overline{p}$에서 가스 누적가스주입량을 공극부피로 나눈 값

G_i = 압력 p_i에서 누적 가스주입량

p_i = 주입압력

$$\overline{S_g} = \frac{\text{누적 오일 생산량}}{\text{공극부피}}$$

$$f_o = \frac{d\,\overline{S_g}}{d\,G_{ipv}} \tag{3.60}$$

여기서, f_o는 총 생산량에서 오일이 차지하는 비를 나타내며 그림 3.42에 나타난 그래프의 기울기로부터 구한다.

$$f_o = \frac{Q_o}{Q_o + Q_g} = \frac{\dfrac{k_o A \Delta p}{\mu_o L}}{\dfrac{k_o A \Delta p}{\mu_o L} + \dfrac{k_g A \Delta p}{\mu_g L}}$$

$$= \frac{\dfrac{k_o}{\mu_o}}{\dfrac{k_o}{\mu_o} + \dfrac{k_g}{\mu_g}} = \frac{1}{1 + \dfrac{k_g}{k_o}\dfrac{\mu_o}{\mu_g}}$$

$$\frac{k_g}{k_o} = \frac{1 - f_o}{f_o \dfrac{\mu_o}{\mu_g}} \tag{3.61}$$

여기서, $\dfrac{k_g}{k_o}$는 코어 방출면에서 측정된 값이며 $\overline{S_g}$는 평균 가스포화율이므로 가스 포화율도 같은 위치인 코어 방출면에서의 값으로 전환시켜주어야 한다.

$$S_{go} = \overline{S_g} - f_o G_{ipv} \tag{3.62}$$

여기서, S_{go} = 코어 방출면에서의 가스포화율

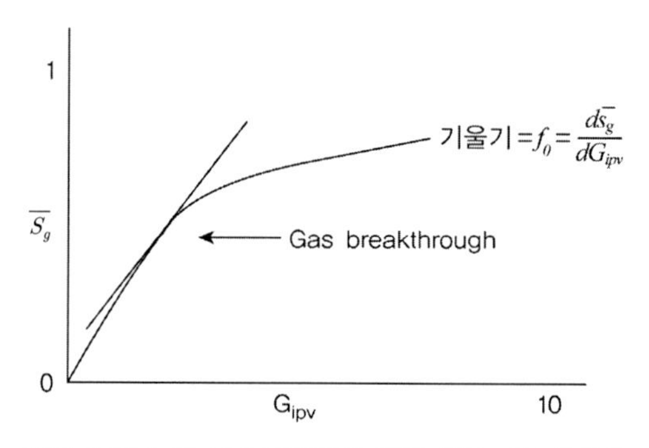

그림 3.42 누적 가스주입량에 대한 평균 가스포화율

3) 현장자료사용법

현장에서 얻은 생산 가스-오일비(producing gas-oil ratio)와 PVT 실험자료로부터 얻은 용해 가스-오일비(solution gas-oil ratio)를 이용하여 자유 가스-오일비(free gas-oil ratio)를 계산하고 상대투과도 곡선을 구한다.

$$\frac{q_g}{q_o}\frac{B_g}{B_o 5.615} = \frac{\dfrac{k_g A\,\Delta p}{\mu_g L}}{\dfrac{k_o A\,\Delta p}{\mu_o L}} = \frac{k_g \mu_o}{k_o \mu_o}$$

$$\frac{q_g}{q_o} = 5.615\frac{k_g \mu_g B_o}{k_o \mu_o B_g}$$

$$\frac{k_g}{k_o} = \frac{\mu_g B_g q_g}{\mu_o B_o 5.615 q_o}$$

$$\frac{k_g}{k_o} = \frac{\mu_g B_g}{\mu_o B_o 5.615}(R_p - R_s)$$

여기서, R_p = 생산 가스-오일비

R_s = 용해 가스-오일비

4) 모세관압으로부터 계산법

모세관압으로부터 상대투과도를 구하는 방법은 Purcell 방정식으로부터 유도된 다음의 식으로부터 구한다.

$$k_{r_{wp}} = \frac{\displaystyle\int_{S=0}^{S=S_w}\frac{dS}{(p_c)^2}}{\displaystyle\int_{S=0}^{S=1}\frac{dS}{(p_c)^2}}$$

$$k_{r_{nwp}} = \frac{\int_{S=S_w}^{S=1} \frac{dS}{(p_c)^2}}{\int_{S=0}^{S=1} \frac{dS}{(p_c)^2}}$$

여기서, $k_{r_{wp}}$ = 습윤상의 상대투과도

$k_{r_{nwp}}$ = 비습윤상의 상대투과도

S_w = 습윤상의 유체 포화율

P_c = 모세관압

· 참고문헌 ·

강주명, 2009, *석유공학개론*, 서울대학교 출판부, 서울.

성원모, 2009, *석유가스공학*, 구미서관, 서울.

이근상, 2002, *지하수 수리와 환경*, 구미서관, 서울.

전보현, 1994, *석유물리검층*, 인하대학교 출판부, 인천.

전보현, 2010, *저류공학 강의노트*, 인하대학교, 인천.

Amyx, J.W., Bass, D.L., and Whiting, R.L., 1988, *Petroleum Reservoir Engineering*, McGraw Hill Book Company, New York, U.S.A.

Archer, J.S. and Wall, C.G., 1986, *Petroleum Engineering Principle and Practice*, Graham & Trotman, London, U.K.

Dake, L.P., 1978, *Fundamentals of Reservoir Engineering*, Elsevier Scientific Publishing Company, Amsterdam, The Netherlands.

Fetter, C.W., 1994, *Applied Hydrogeology,* 3rd Ed., Prentice Hall, New Jersey, U.S.A.

McCain, W.D. Jr., 1988, *The Properties of Petroleum Fluids,* 2nd Ed., PennWell Publishing Co, Tulsa, Oklahoma, U.S.A.

Willhite, G.P., 1986, *Waterflooding*, SPE Textbook Series, Vol 3, Richardson, Texas, U.S.A.

04

저류유체의 특성

04 저류유체의 특성

4.1 필요성

석유가스의 생산 메커니즘을 이해하기 위해서는 저류층 내에 존재하는 원유, 가스, 물, 그리고 회수증진법 적용 시 주입되는 물질의 상 거동 특성을 명확하게 파악해야 한다. 석유가스는 생산에 따라 온도 및 압력의 변화과정을 거치게 된다. 저류층에 부존하고 있을 때의 고온 고압상태(T_{res}, p_{res})에서 생산관을 거쳐 정두(T_{wh}, p_{wh})로 이동하는 동안 압력강하와 온도 하강이 발생하며, 생산시설의 분리기(T_{sep}, p_{sep})에서도 온도 압력 변화가 일어난다. 이후 수송선이나 파이프라인(T_{trans}, p_{trans})을 통해 수송되는 과정에서도 온도 압력 변화가 발생한다(그림 4.1).

석유가스 생산 분야에서 시스템(System)이란 다공성 매체와 다공성 매체 내 존재하는 유체를 의미한다. 그림 4.1에서 보듯이 저류층은 석유가스가 부존되어 있는 퇴적 암석과 이에 부존되어 있는 유체(원유, 가스, 물)로 구성되어 있다. 일반적으로 저류층의 물성은 암석의 표면장력을 변화시키는 화학첨가제 주입이나 온도를 변화시키는 증기주입법 등의 증진회수법 적용 시를 제외하고 크게 변화하지 않는다. 그러나 생산의 대상이 되는 석유가스는 생산 전 과정에서 온도 및 압력, 혹은 성분 변화가 발생하며, 이에 따른 상(phase), 성분(component) 및 물성(properties) 변화를 겪게 된다. 이 장에서 언급되는 시스템은 저류유체의 특성을 살펴보기 위하여 저류유체만의 시스템을 의미한다.

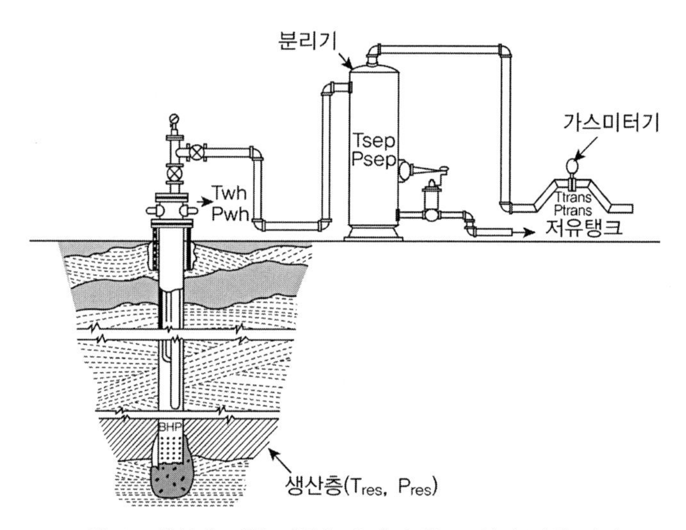

그림 4.1 생산에 따른 저류층 유체의 온도, 압력 변화 과정

저류유체는 온도 및 압력 변화에 따라 상변화 및 성분변화가 발생하며, 이에 따른 각종 물성변화가 급격히 발생한다. 상 거동에 있어서 상과 성분의 정의를 명확히 구분하는 것은 매우 중요하다. 상이란 화학적 조성과 물리적 상태가 전체적으로 균일한 물질의 영역(region)을 말하며, 두 영역 사이(interface)를 통과할 경우 상변화가 발생하게 된다. 반면, 성분이란 시스템에 존재하는 서로 다른 종류의 화합물을 의미한다. 예를 들어, 저압상태에서 단일 기체상으로 존재하고 있던 혼합가스가 압력이 증가함에 따라, 액(liquid)상으로 변하게 되는 것이 상변화이고, 이때 해당 조성 중 특정 성분이 액화되어 2상으로 분리된다면 상변화와 조성변화가 발생한다는 것을 의미한다. 우리가 자주 사용하는 부탄가스가 불순물이 없는 순수한 부탄으로 이루어져 있다면 상온, 상압에서 기체상으로 존재하여 단성분 단상이지만 압력을 약 2.2기압으로 올리면 기체상과 액체상이 공존하는 단성분 2상이 된다. 그러나 프로판 가스나 부탄가스 모두 다른 탄화수소와 불순물이 들어 있어 다성분으로 구성되어 있다. 특히, 석유가스 같은 저류유체는 복합성분으로 이루어져 있기 때문에 온도 압력 변화에 따라 상 및 조성 변화가 동시에 발생하는 경우가 많다.

이와 같이, 유체의 상 및 조성 변화에 따라 해당 복합유체의 물성은 변화하게 되어 저류유체 생산거동에 매우 큰 영향을 미친다. 따라서 생산에 따른 온도, 압력, 성분의 변화에 의한 저류유체의 상 및 조성, 그리고 그에 따른 상들의 물성 변화를 예측하고 해당정보를 확보하는 것은 석유가스전의 경제성 평가 및 생산계획 수립 등에 필수불가결한 과정이라 할 수 있다.

4.2 저류유체의 구성과 종류

자연 상태의 저류층에 존재하는 유체는 석유(petroleum oil) 또는 원유(crude oil), 천연가스(natural gas), 그리고 지층수(water) 등 크게 3종류로 구분된다. 천연가스 및 원유는 수많은 구조를 갖는 분자들의 복합체로, 천연가스는 주로 헵탄(Heptans; C7) 이하의 가벼운 탄화수소로 구성되어 있어 상온, 상압 조건에서 기체상으로 존재하며, 탄화수소 이외의 질소, 이산화탄소, 황화수소, 헬륨 등의 자연발생적 성분을 불순물로 포함하고 있다.

원유는 C80 이상의 무거운 분자까지 포함하고 있어 상온, 상압에서는 액체상으로 존재하며, 천연가스에 들어 있는 불순물과 비슷한 성분을 포함하고 있는 복합성분이다. 원유의 경우, 수많은 분자들의 복합체로 보통 끓는점(boiling point)에 따라 성분을 분류한다(표 4.1). 특히, 원유는 생산 저류층 별로 서로 다른 조성을 지니고 있는 것이 보통이며, 경질유부터 중질유까지 다양한 특성을 보인다. 일반적으로 관찰되는 자연 상태의 천연가스 및 원유 성분이 표 4.2와 표 4.3에 각각 나와 있다.

표 4.1 끓는점에 따른 원유의 성분

원유 성분	끓는점(℃)	화학적 조성	용도
가스	~ 20	C1 - C4	천연가스
석유에테르	20 ~ 70	C5 - C6	용매, 페인트 용매
휘발유	70 ~ 200	C7 - C8	휘발유
등유	200 ~ 300	C10 - C16	디젤유, 제트유
경유	300 ~ 450	C16 - C30	윤활유
중유	450 ~ 600	C30 - C50	윤활유, 벙커유
잔사유	650 ~	C80+	타르, 아스팔트

표 4.2 전형적인 자연상태 천연가스의 성분(after McCain Jr.)

탄화수소	몰%
메탄	70~90%
에탄	1~10%
프로판	미량~5%
부탄	미량~2%
펜탄	미량~1%
헥산	미량~0.5%
헵탄 이상	미량 이하
비탄화수소	**몰%**
질소	미량~15%
이산화탄소	미량~1%
황화수소	간혹 미량
헬륨	최대 5%, 통상 미량

표 4.3 전형적인 자연상태 원유의 성분(after McCain Jr.)

성분	중량%
탄소	84~87
수소	11~14
황	0.06~2.0
질소	0.1~2.0
산소	0.1~2.0

석유가스를 구성하고 있는 탄화수소 등의 유기물질은 동일한 분자 개수라 하더라도 각 분자의 연결 형태에 따라 서로 다른 특성을 보인다. 연결형태에 따른 일반적인 탄화수소는 알칸족(Alkanes; C_nH_{2n+2}), 알켄족(Alkenes; C_nH_{2n}), 알킨족(Alkynes; C_nH_{2n-2}, 3중 결합), 알카디엔(Alkadienes; C_nH_{2n-2}, 2중 결합), Cyclo-(고리형태), 방향족(Aromatics; 벤젠형태 구조) 등 매우 복잡한 구성 및 해당 구조에 따른 독특한 특성을 보인다.

가장 많이 알려진 원유로는 유가의 기준이 되는 서부텍사스유(WTI), 북해의 브렌트유, 중동의 두바이유를 들 수 있다. 이들의 성분은 서로 다르며 황화합물 등 불순물이 많아 원유정제에 경비가 많이 드는 원유가 가격이 저렴하다. 저류층 생산

시 생산되는 석유가스의 질과 관련된 중요한 성분으로는 황(sulfur)을 들 수 있다. 특히 황은 석유가스 생산 시 관내유동의 부식(corrosion)문제나 대기오염문제를 일으키므로 대부분 소비자에게 전달되기 이전에 정제과정을 거치도록 엄격히 규제되고 있다. 자연적으로 석유가스 내에 존재하는 대표적인 황화합물은 가스전에서 주로 발견되는 독성물질인 황화수소, Mercaptans, Alkyl sulfides 등이 있으며 이들이 포함된 원유를 산성원유라 한다.

4.3 상거동

일반적으로 저류유체의 특성은 크기 성질(Extensive properties)과 세기 성질(Intensive properties)로 구분할 수 있다. 크기 성질이란 시스템에 존재하는 물질의 양에 의존하는 성질로 부피, 엔트로피, 에너지 등이 있다. 반면 세기 성질은 시스템에 존재하는 물질에 의존하지 않는 성질로 온도, 압력, 밀도(ρ), 비체적($\overline{V}$; 단위 질량당 체적), 상, 조성 등을 예로 들 수 있다. 열역학적 법칙이나 물리적 특성은 주로 세기 성질로 표시된다.

앞서 설명한 상과 성분의 관계는 깁스의 상법칙(Gibbs phase rule)으로 표현할 수 있으며, 저류유체에 다성분이 평형상태로 존재할 때, 상의 수와 자유도 간에는 다음의 관계가 성립한다.

$$N_F = N_C - N_P + 2 - N_R \tag{4.1}$$

여기서 N_F = 자유도 　　　N_C = 성분의 수

N_P = 상의 수 　　　2 = 압력과 온도

N_R = 화학반응의 수

상 법칙에서 자유도란 평형을 이루고 있는 상들의 수를 변화시키지 않으면서 독립

적으로 변할 수 있는 세기 성질의 수를 말한다.

4.3.1 단성분의 상거동

그림 4.2는 압력, 온도에 따른 단성분의 상거동을 나타낸 것이다. 그래프에서 각각의 곡선은 상변화가 발생하는 온도, 압력을 의미한다. 일반적으로 고체와 액체를 구분하는 상의 경계를 녹는곡선(melting line)이라 하며, 고체와 가스를 구분하는 상의 경계를 승화곡선(sublimation line)이라 한다. 마지막으로 액체와 가스를 구분하는 상의 경계를 기화곡선(vapor pressure line)이라 하며, 온도 압력이 변화하여 상의 경계를 통과할 경우 저류유체의 상변화가 발생하며, 이에 따라 유체의 불연속적인 특성 변화가 발생하게 된다. 예를 들어, 물이 액체상에서 기체상으로 변화하면 밀도 및 점성도 등 대부분의 물성이 급격한 변화를 일으키는 것과 같다.

깁스의 상 법칙에 의하면 단성분에서 2상이 공존하게 될 경우, N_F=1-2+2-0=1이 되어 압력-온도 좌표계에서 1차원 직선으로 나타나게 된다. 마찬가지로 3개 상이 공존하게 되면 N_F 값이 0이 되어 그래프에서 0차원의 점으로 표시된다. 이 점을 삼중점(triple point)이라 하며, 여기서 3개의 곡선이 교차하게 된다. 이 온도, 압력 조건은 고체, 액체, 그리고 기체가 평형을 이루어 공존할 수 있는 조건으로 3상이 평형을 이룬다 하여 삼중점이라 부른다.

각각 상의 경계는 임계점(critical point)에서 종료된다. 임계점에 해당하는 온도와 압력을 각각 임계온도(critical temperature; T_c), 임계압력(critical pressure; p_c)이라 한다. 임계온도란 압력에 관계없이 기체가 액체로의 상변화가 일어나지 않는 일정 이상의 온도를 의미하며, 같은 방법으로 임계압력이란 온도에 관계없이 액체가 기체로의 상변화가 일어나지 않는 일정 이상의 압력을 말한다. 임계점에서는 액체와 기체의 특성이 동일하게 나타나지만 임계점 이상에서는 불연속적인 특성 변화 없이 액체가 기체로의 상변화를 일으키게 된다. 이를 초임계유체(supercritical fluid)라 한다. 초임계상태의 유체는 기체상과 액체상의 혼합된 물성 특성을 가진다.

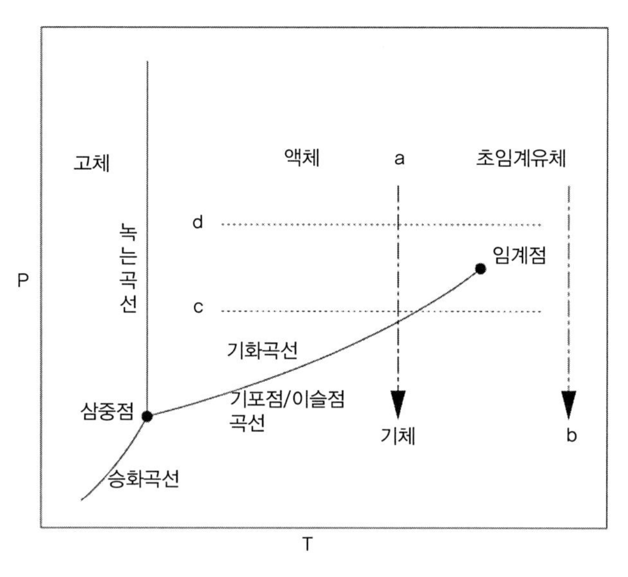

그림 4.2 단성분의 압력-온도 좌표계

이러한 상변화 및 임계점 이상에서의 유체특성 변화는 등온팽창(isothermal expansion)이나 등압변화(isobaric thermal change) 과정을 통해 비교할 수 있다. 먼저 등온팽창의 경우, 임계온도 이하의 일정 온도에서 압력을 감소시키면(그림 4.2의 a) 끓는점까지는 일정하게 액체의 부피 팽창이 일어나고, 끓는점에 도달하면 기체상이 발생하면서 각 상의 물성변화가 급격히 일어나게 된다. 하지만 임계온도 이상에서 압력을 감소시키면(그림 4.2의 b) 상변화 없이 부피가 팽창하고 물성 역시 점진적으로 변화하게 된다. 압력을 일정하게 유지한 상태에서 온도를 변화시켰을 때 일어나는 현상을 등압변화라 하며(그림 4.2의 c, d), 이 과정 역시 등온팽창과 동일하게 설명할 수 있다. 해당 현상을 등온팽창 시 나타나는 압력-부피 곡선(그림 4.3)으로 보면 임계점 이상에서 상변화 없이 발생하는 경우(b)와 임계점 이하에서 발생하는 경우(a)의 부피 변화를 쉽게 이해할 수 있다. 다수의 온도 지점에서 등온팽창 경우를 종합할 경우 그림 4.4와 같이 나타낼 수 있으며, 점선구간이 액상과 기상이 공존하는 2상 평형구간이다.

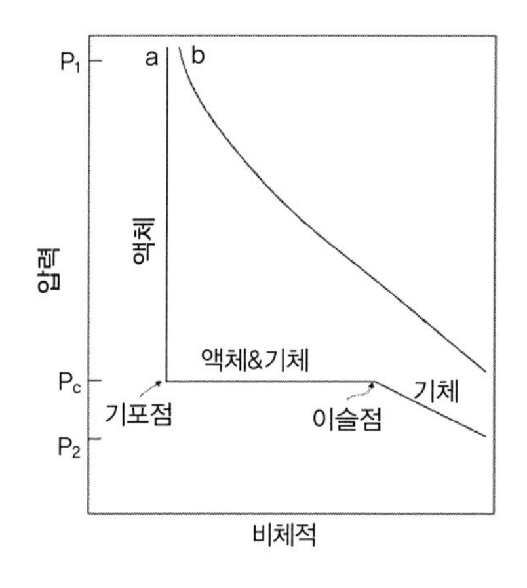

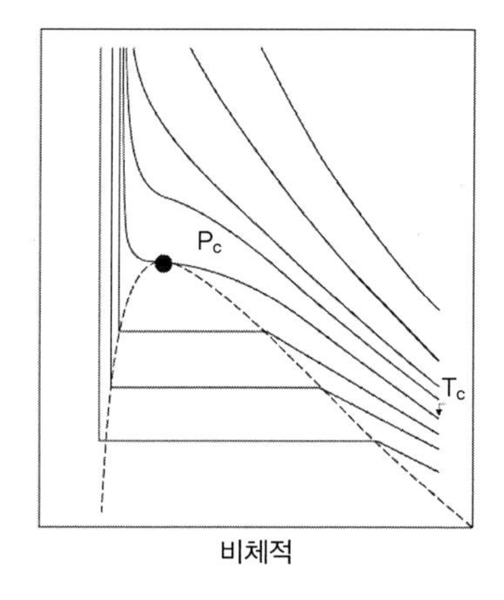

그림 4.3 임계점 이상과 이하에서의 등온 팽창

그림 4.4 다양한 온도에서의 등온 팽창 및 2상 구간

4.3.2 이성분의 상거동

석유가스는 모두 수많은 성분의 조합으로 2성분(binary component)의 상 거동은 실제 현장자료에서는 사용되지 않으나 단성분계와의 상변화 거동 차이를 명확히 알 수 있다는 점에서 소개하고자 한다. 그림 4.5는 2성분계에서의 기본적인 상평형을 압력-온도 그래프로 도시한 그래프이다. 단일성분계에서와는 달리 압력-온도 그래프에서 2상 영역, 즉 액체상과 기체상이 평형을 이루며 동시에 존재하는 구간을 보이며, 액체상과 기체상의 비가 일정한 등적선(iso-volume line 또는 quality line)이 존재한다. 이 등적선 중 액체상이 100%인 곡선을 기포점곡선(bubble point curve)이라 하며, 액체상에서 기체상이 처음으로 존재할 수 있는 조건을 의미한다.

마찬가지로 등적선 중 액체상이 0%인 곡선을 이슬점곡선(dew point curve)이라 하며, 액체상이 존재할 수 있는 마지막 영역, 혹은 기체상에서 액체상이 처음으로 나타나는 조건을 의미한다. 각각의 기포점 곡선과 이슬점곡선이 만나는 지점(그림 4.5의 C)이 해당 2성분계에서의 임계점(critical point)이 된다. 기포점과 이슬점은 석유가스전의 생산에 따른 저류층 유동능력 평가에 매우 큰 기준점이 되는 물성이다. 그림 4.5에서 액상과 기상이 공존할 수 있는 최대압력, 즉 2상 지역의 최대압력을 2상 최대압력(cricondenbar)이라 하며, 액상과 기상이 공존할 수 있는 최대

온도를 2상 최대온도(cricondentherm)라 한다.

유체는 압력이 감소하면 액체에서 기체가 발생하고, 기체상에서 압력이 증가하면 액체가 발생하는 것이 일반적이다. 그러나 그림 4.5의 빗금영역의 경우, 전술한 일반 상식과는 반대되는 현상이 발생하며, 이 현상은 두 성분 이상의 다중성분계에서 특이하게 발생되며 역행응축(retrograde condensation)이라 부른다. 즉, 그림 4.5의 일정온도에서 1-2-3으로 압력이 하강하는 경우, 초임계유체상태에서 존재하던 것이 이슬점을 만나 액체가 발생하고, 2번 압력까지는 압력감소에도 불구하고 액상이 점차 증가하는 일반 상식과 반대되는 현상이 발생한다. 이후 추가 압력감소에 따라 다시 액상이 사라지게 된다.

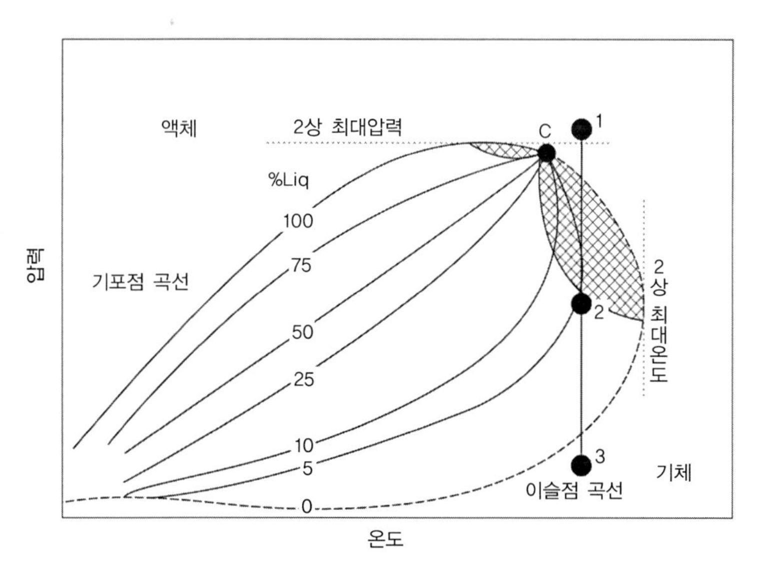

그림 4.5 2성분계에서의 압력-온도 상평형 곡선

4.3.3 다성분의 상거동

일반적인 석유가스 산업에서 다루는 상거동이 다성분(multi-component)계에서의 상거동이다. 이것은 전술한 2성분계에서의 상거동이 복합성분으로 인하여 좀더 복잡한 상거동 양상을 보이는 것이라고 생각할 수 있다. 그럼에도 불구하고 다성분

계에서의 상평형은 기본적으로 이성분계가 확장된 형태로 나타나며, 전술한 이슬점, 기포점, 임계점, 역행 현상, 2상 최대압력, 2상 최대온도 등의 정의는 동일하다.

그림 4.6에서와 같이 온도조건이 동일하고 압력이 p_1에서 p_6로 떨어지는(등온팽창시험) 혼합물에 대한 압력-온도 좌표계를 고려해보자. p_1에서 p_3까지 유체는 액체상의 단상으로 존재하고, 압력이 p_3에 도달하면 기체상이 발생하기 시작한다. 온도에 따른 해당지점의 연결곡선을 이성분계와 마찬가지로 기포점 곡선이라 하며, 해당압력을 기포점 압력이라 한다. 일반적인 저류층의 경우 온도변화를 일으키는 증기주입법 등의 증진회수기법이 적용되지 않는 이상, 저류층의 온도는 거의 일정하므로 저류층 온도에서의 기포점 압력이 중요한 의미를 갖는다. 이후 압력이 p_3에서 p_5까지 계속해서 떨어지면 기체상의 부피가 점점 증가하며, 압력이 p_6까지 떨어지면 액체가 사라지고 오직 기체만이 존재하게 된다. 액체가 사라지기 시작하는 초기 압력을 이슬점 압력이라 하며, 온도별 이슬점의 연결곡선은 이슬점곡선이 된다.

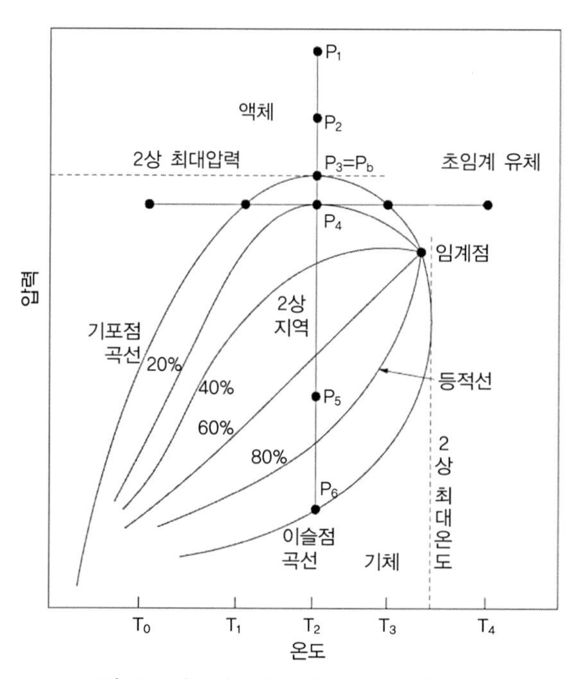

그림 4.6 다중성분계의 압력온도 상평형 곡선

2성분계와 마찬가지로 2상 최대압력과 임계압력 사이, 그리고 2상 최대온도와 임계온도 사이에서는 역행 거동이 발생한다. 그림 4.6에서 압력이 p_4이고 온도가 T_0에서 T_4까지 증가하는 직선을 고려해보자. 온도가 T_1에서 T_2까지 증가함에 따라 가스의 양은 증가하였다가 T_3에서 사라지게 된다.

일반적인 석유가스 저류층은 해당 저류층의 온도 압력 조건 및 저류유체의 특성, 즉 저류유체의 상평형 곡선에 따라 다음과 같이 분류될 수 있다.

먼저 가스전의 경우, 크게 건성가스(dry gas), 습성가스(wet gas), 컨덴세이트의 3가지로 분류된다. 건성가스는 저류층 내부는 물론, 생산된 가스가 생산시설로 이동하여 분리기(separator)에 축적되기까지 온도 및 압력하강에 따라 액체상이 발생하지 않는 저류 유체를 의미한다. 그림 4.7에서 보면 저류층의 압력이 1에서 2로 하강하면 저류층 내부에서 기체상의 단상으로 존재하며, 생산된 가스가 분리기의 온도, 압력조건에서도 계속 기체상으로 존재하는 경우이다. 이 경우 저류층에서 생산시설까지 상변화가 일어나지 않고 단상유동만이 존재하므로, 가스전의 초기 경제성 평가나 생산계획 수립을 위한 전산모형 연구 시 매우 단순한 이론을 적용할 수 있으며 생산설비도 단순하다.

그림 4.8은 습성가스의 경우를 보여주는데, 저류층의 압력이 1에서 2로 하강하면 저류층 내부에서는 기체상의 단상으로만 존재하나, 생산된 가스가 분리기의 온도, 압력조건에서는 액체상이 일부 발생하는 경우이다. 이 경우 저류층에서는 상변화가 일어나지 않으나, 생산시설과 분리기의 조건에 따라 액체상이 발생한다. 습성가스의 경우, 보통 가스오일비(gas-oil ratio; GOR)가 60,000에서 100,000 정도이다. 특히, 가스에서 발생하는 액체상의 경우, 성분이 매우 가벼운 경질유(API>60°)로 가스에 비해 단가가 높기 때문에, 가스수급능력을 갖춘 상태에서 가능한 액체상을 많이 생산하여 경제성을 향상시킨다. 따라서 습성가스전의 정확한 상평형곡선을 파악하여 액체상 생산을 최대화하는 분리기 운영조건을 설계하는 것이 경제성 극대화에 큰 기여를 할 수 있다.

마지막으로 컨덴세이트 가스는 압력하강에 따라 건성이나 습성가스와는 다르게 저류층 내부에서 액체상이 발생한다는 특징이 있다. 그림 4.9를 보면 압력이 지점1에서 지점2로 떨어지면 이슬점곡선과 만나게 되고 저류층 내부에서 액체상이 발생한다. 그리고 압력이 지점3까지 감소하면 저류층 내부에서 발생하는 액체상은 점차 증가하게 된다. 그러나 지점3에서 압력이 더 내려가면 액체상이 감소하여 지점 4의 이슬점곡선에 도달하면 액체상은 완전히 사라지게 된다. 습성가스와 마찬가지로 분리기에서도 액체상이 발생하며, 이때의 가스오일비는 8,000에서 70,000 정도의 값을 보이며 분리기에서 생산되는 액체상의 API는 50°에서 60° 사이의 값을 보인다.

가스저류층 내부에 액체상이 생성되면 가스의 원활한 유동을 방해하게 되어 생산성이 낮아진다. 유체의 유동능력은 투과도로 표현되며, 단상이 아닌 2상 이상의 유체가 유동하게 되면 유체투과율은 상대유체투과율로 표시되며 상대유체투과율은 다상의 포화율에 따라 항상 절대유체투과율 미만으로 나타나게 된다. 이것은 저류층에 존재하는 각 상이 다른 상의 유동을 방해하기 때문이다. 따라서, 습성 건성 가스와는 다르게 저류층의 유동형태가 다중상으로 복잡화되며 주 생산대상의 생산능력을 크게 감소시키기 때문에 대상 유체의 특성이 컨덴세이트나 습성 혹은 건성가스인지를 판별하는 것이 대상 저류층의 경제성 평가나 생산계획 수립에 매우 중요한 역할을 한다.

전술한 건성, 습성가스 및 컨덴세이트는 저류층 온도가 임계온도보다 높은 경우이며, 지금부터 설명할 오일의 상평형도는 저류층 온도가 임계온도보다 낮은 경우이다. 그림 4.10과 4.11은 각각 고수축 오일(high shrinkage oil)과 저수축 오일(low shrinkage oil)의 압력-온도 상평형 곡선을 보여주는 데, 두 경우 모두 저류층의 온도가 임계점보다 낮아 압력 감소 시 기포점 곡선과 만나는 것을 알 수 있다. 즉, 저류층 온도 압력 조건에서 액체로 존재하던 유체가 생산(주로 감압에 의한 일차 생산)에 의해 저류층 내부에서 가스가 발생하기 시작하여 지속적인 상분리가 일어난다.

켄덴세이트에서 이미 언급하였듯이, 저류층에서 주 생산대상 이외의 상분리가 발생하게 되면 주 생산대상인 오일이 생산정으로 유동하는데 추가적인 압력강하가 필요하게 되며, 이는 대상 저류층의 생산능력을 저하시키는 주요 요인이 된다. 그러나 오일 저류층에서의 가스 발생은 오일생산을 위한 에너지를 공급해주기 때문에 생산에는 긍정적인 효과를 나타낸다. 또한 가스 발생에 따라 저류층 압력이 감소하는 속도가 느려지게 된다.

고수축 오일과 저수축 오일의 차이점은 동일한 압력이 감소하였을 때, 상분리되어 발생하는 가스의 양에 따라 달라지며 가스로 분리되는 양이 많을 경우 고수축 석유, 적을 경우 저수축 석유로 구분된다. 그림 4.10과 4.11에서 저류층의 압력이 비슷한 압력(3)으로 떨어졌을 때, 고수축 오일은 액체상인 석유의 비율이 25% 정도인 반면, 저수축 오일은 75% 정도로 고수축 오일보다 상대적으로 적은 양이 기화됨에 따라 수축되는 정도가 작기 때문에 저수축 오일이라 칭한다. 고수축 오일은 일반적으로 분리기에서의 가스석유비가 1,000에서 8,000 정도를 보이며 저수축 오일은 1,000 미만의 값을 보인다. 그리고 생산되는 오일의 API 값은 고수축 및 저수축 오일의 경우 각각 45°에서 60°, 45° 미만의 값을 보인다.

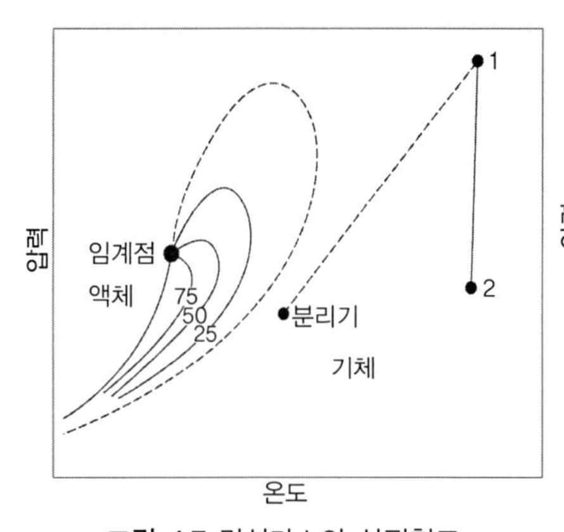

그림 4.7 건성가스의 상평형도

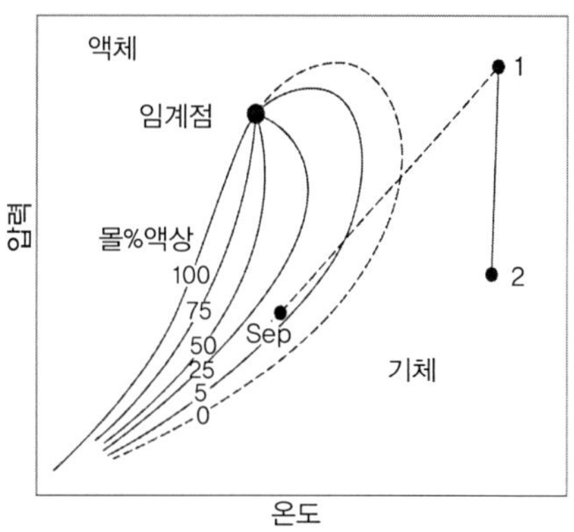

그림 4.8 습성가스의 상평형도

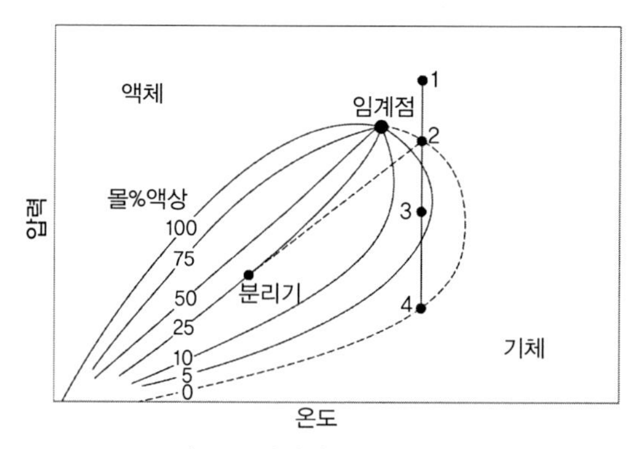

그림 4.9 컨덴세이트의 상평형도

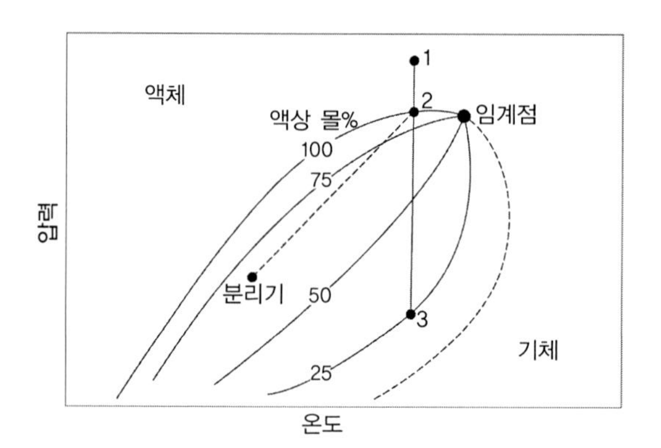

그림 4.10 고수축 오일(high shrinkage oil)의 상평형도

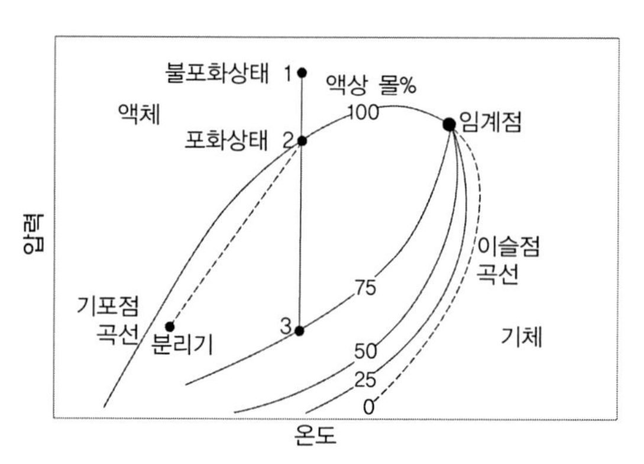

그림 4.11 저수축 오일(low shrinkage oil)의 상평형도

4.4 가스의 특성

가스는 매우 낮은 밀도와 점성도로 인하여 액체상보다 압력변화에 따른 밀도변화가 크게 나타난다. 저류층 가스를 구성하고 있는 성분 조성에 따라 상변화 및 물성변화가 심하게 일어나는 편이나, 오일에 비해 구성 성분이 적으며, 대다수의 물성특성이 추가적인 측정과정 없이 성분 분석자료에 의해 계산되거나 경험식에 의해 예측될 수 있는 특징을 지닌다.

4.4.1 이상기체와 실제기체

실제기체(real gas)의 상 거동을 알기 위해서 먼저 이상적인 상황에서의 기체 특성을 알 필요가 있다. 이상기체(ideal gas)는 실제로는 존재하지 않는 이론적인 기체로 다음의 가정을 만족시키는 유체를 의미한다.

첫째, 기체의 부피에 비해 기체분자의 부피는 무시할 수 있다. 둘째, 기체 분자 간의 인력(attractive force) 및 척력(repulsive force)은 무시할 수 있다. 셋째, 분자 간의 충돌은 모두 완전 탄성(elastic)으로 충돌 시 에너지 손실은 없다.

이 가정 하에서, 다음과 같은 3가지 법칙들이 성립된다. 일정 온도에서 일정 질량의 기체 부피는 압력에 반비례한다는 보일의 법칙(Boyle's law), 일정 압력에서 일정 질량 기체 부피는 온도에 비례한다는 샤를의 법칙(Charle's law), 그리고 일정 온도 압력조건에서 일정 부피의 모든 기체 분자 개수는 동일하다는 아보가드로의 법칙(Avogadro's law) 등이다. 상기 법칙들이 성립되는 이상기체의 경우, 다음과 같은 이상기체 상태방정식(equation of state: EOS)이 유도된다.

$$pV = nRT \tag{4.2}$$

이때 p는 압력, V는 부피, T는 온도, R은 이상기체 상수이며 $n = m$(질량)$/M$(분자량) = 몰 수이다.

저류층 가스는 단일 성분이 아닌 다성분의 복합체로 구성되어 있다. 따라서 성분에 따른 상태방정식도 조합의 형태로 나타나게 된다. 다성분 기체의 상태방정식을 유도하기 위해서 다음과 같은 법칙들이 적용된다.

- 달톤의 법칙(Dalton's law of partial pressure): 혼합기체의 전체 압력은 구성기체 각각을 이상기체로 가정할 때 각 성분 부분압의 합과 같다. 여기서 첨자 i는 각 성분을 의미하고 y_i는 전체 가스 몰수 중 해당성분의 몰분율을 의미한다.

$$p = \Sigma p_i , \qquad \frac{p_i}{p} = \frac{\frac{n_i RT}{V}}{\frac{nRT}{V}} = \frac{n_i}{n} = y_i \tag{4.3}$$

- 아마가트의 법칙(Amagat's law): 혼합기체의 전체 부피는 구성기체 각각을 이상기체로 가정할 때 각 성분별 부피의 합과 같다.

$$V = \Sigma V_i , \qquad \frac{V_i}{V} = \frac{n_i \frac{RT}{p}}{n \frac{RT}{p}} = \frac{n_i}{n} = y_i \tag{4.4}$$

상기 법칙을 함께 고려하면 이상 혼합기체의 겉보기 분자량(Apparent molecular weight)과 비중은 다음과 같이 유도된다. 여기서 M은 분자량, γ는 비중이며, 첨자 a는 겉보기값을 의미한다.

$$M_a = \Sigma y_i M_i \tag{4.5}$$

$$\gamma_g = \frac{\rho_g}{\rho_{air}} = \frac{\dfrac{M_g\,p}{RT}}{\dfrac{M_{air}p}{RT}} = \frac{M_g}{M_{air}} = \frac{M_g}{29} \tag{4.6}$$

4.4.2 다성분 실제기체 모사

전술한 법칙들은 혼합가스의 각 성분을 이상기체로 가정하여 유도되었으나, 실제 저류 가스는 고온, 고압 등의 환경을 고려할 때 이상기체의 가정들이 적용되기 힘들다. 석유공학에서는 이러한 적용 한계점을 극복하기 위해서 다음과 같은 압축계수(compressibility factor 또는 z-factor)의 개념을 이상기체 상태방정식에 도입해 사용하고 있다.

$$z = \frac{V_{actual}}{V_{ideal}}, \quad pV = znRT \tag{4.7}$$

압축계수는 이론적 배경이 아닌 일종의 경험에 의해 도입된 것으로, 가스의 성분별로 실험적으로 측정하거나 기존에 축적된 자료에서 구해진다. 일정 온도에서 압력변화에 따른 압축계수 값의 변화 양상을 그림 4.12에 도시하였다. 실제기체는 상온, 상압에서는 이상기체의 특성을 보이기 때문에 압축계수가 1.0이 되며, 압력이 올라가면 감소하였다가 일정 압력 이후에는 증가하는 양상을 보인다.

실제 혼합기체의 상태방적식 해를 구하기 위해서는 압축계수를 실제 측정하거나 기존 자료로부터 구해야 하는데, 기존자료 이용을 위해서는 각 성분조합의 특성을 정량화하기 위하여 환산압력(reduced pressure; p_r)과 환산온도(reduced temperature; T_r)의 개념을 도입해 사용한다. 이를 상응상태의 법칙(law of corresponding state)이라 하며 모든 기체는 동일한 환산압력과 환산온도에서 동일한 압축계수 값을 갖는다는 이론이다.

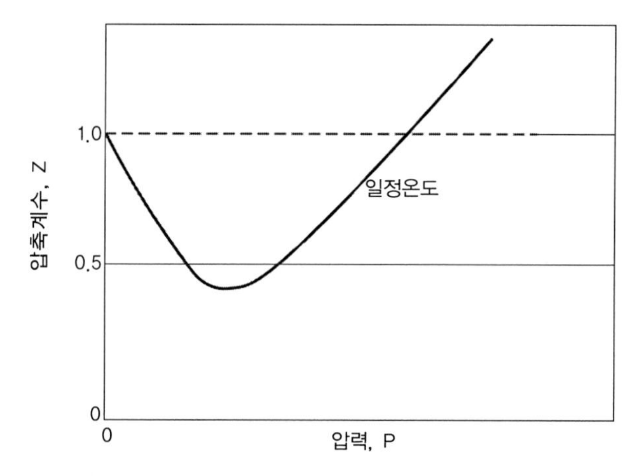

그림 4.12 일정온도에서 압력에 따른 압축계수의 변화양상

환산압력 및 환산온도의 정의는 실제 압력과 온도를 임계압력과 임계온도로 나눈 값이다. 그리고 혼합성분의 의사임계온도(pseudo-critical temperature; ${}_pT_c$)와 의사임계압력(pseudo-critical pressure; ${}_pp_c$)은 각 성분의 몰분율별 평균값으로 구해지며 이로부터 의사환산온도와 의사환산압력이 식 (4.10)에 의해 계산된다.

$$T_r = \frac{T}{T_c} \ , \ p_r = \frac{p}{p_c} \tag{4.8}$$

$${}_pT_c = \Sigma y_i T_{ci}, \ {}_pp_c = \Sigma y_i p_{ci} \tag{4.9}$$

$${}_pT_r = \frac{T}{{}_pT_c} \ , \ {}_pp_r = \frac{p}{{}_pp_c} \tag{4.10}$$

그림 4.13은 천연가스의 의사임계온도 및 의사임계압력에 따른 압축계수를 보여주고 있다. 그림 4.13을 이용하여 압축계수를 구하기 위해서는 먼저 의사임계온도와

의사임계압력을 알아야 한다. 그림 4.14는 천연가스의 비중에 따른 경험적인 의사임계온도와 의사임계압력 값을 보여주는 그림이다. 따라서 가스의 성분에 따른 비중이 계산되면, 그림 4.14를 통해 해당 천연가스의 의사임계온도 및 압력을 계산하고, 이를 식 (4.10)에 의해 의사환산압력과 의사환산온도를 계산하여 그 값을 그림 4.13에 적용하면 압축계수를 구할 수 있다. 그림 4.14를 사용할 때 컨덴세이트 저류층이 아닌 경우 대부분 기타 가스 곡선을 사용하면 된다.

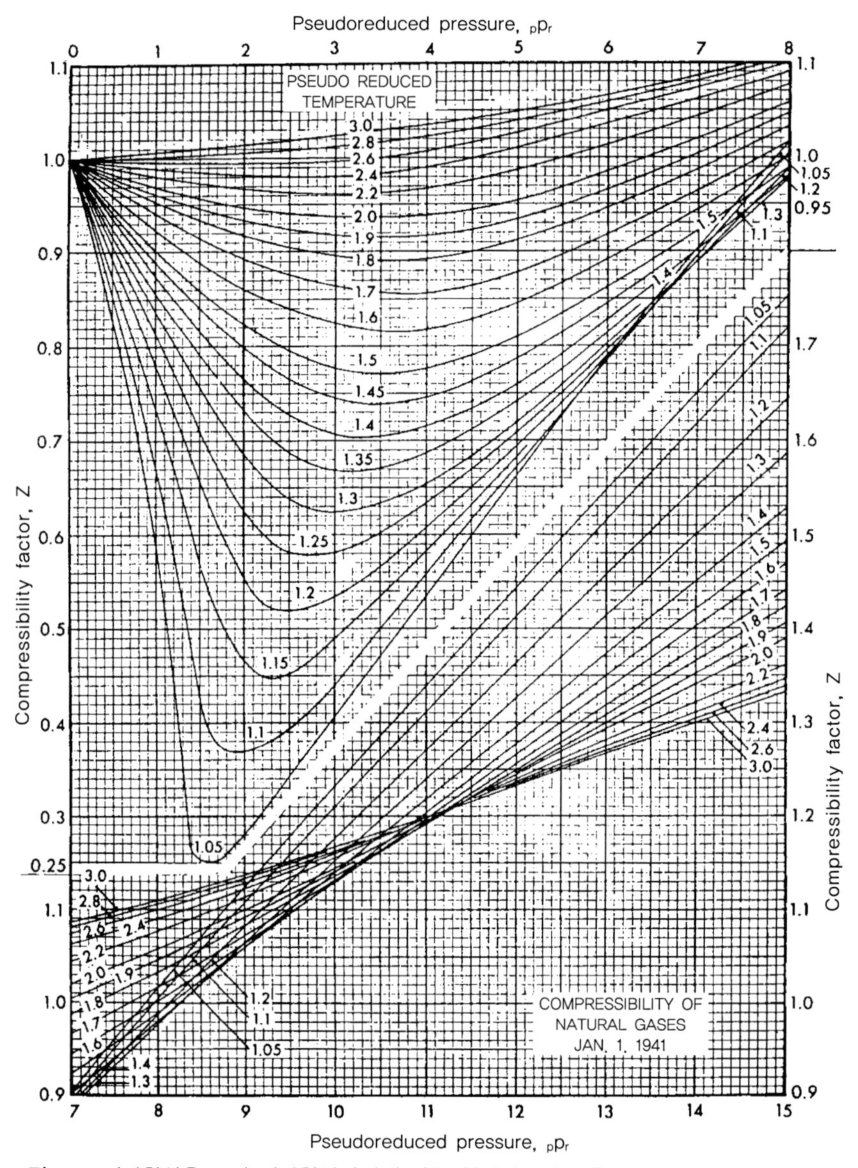

그림 4.13 의사환산온도 및 의사환산압력에 따른 천연가스의 압축계수(Transaction of AIME 146 by Standing and Katz)

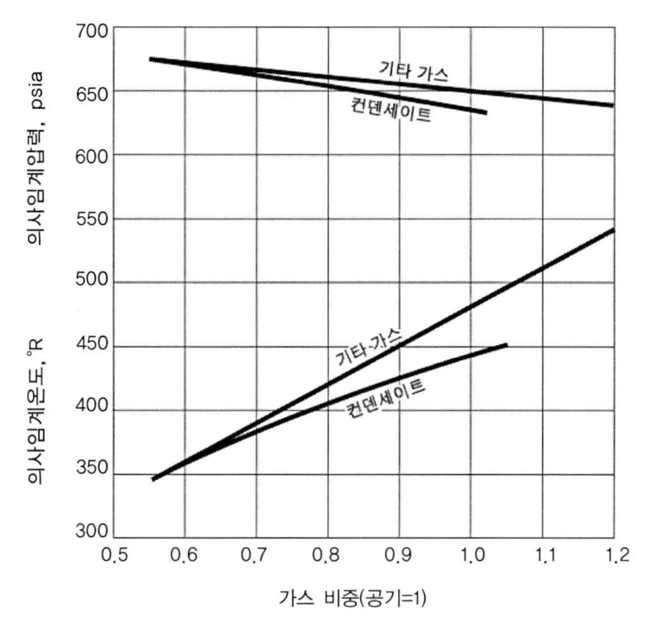

그림 4.14 천연가스 비중에 따른 의사임계압력과 의사임계온도

한편 실제 가스의 밀도는 다음의 공식으로 계산한다. 이때 M은 분자량이다.

$$\rho = \frac{m}{V} = \frac{Mn}{\frac{nzRT}{p}} = \frac{Mp}{zRT} \tag{4.11}$$

4.4.3 가스 지층용적계수

가스의 지층용적계수(B_g: FVF-formation volume factor)는 지상조건에서 1입방피트(scf: standard cubic feet)를 생산하기 위해 필요한 저류층 온도 압력 조건에서의 부피(rcf: reservoir condition cubic feet)로 정의된다. 즉, 표준조건에서 1입방피트의 가스가 생산되기 위해서 고온 고압하의 저류층 가스부피가 얼마나 되는지를 보여주는 수치로서, 가스 저류층의 경제성 평가에 필수적인 변수이다. 일반적으로 우리가 저류층의 경제성을 평가할 때 매장량을 계산하게 되는데, 이 매장량은 저류층 조건에서의 부피가 아니라 실제적으로 생산가스를 판매하는 표준조건에서의 부피로 계산한다. 가스 저류층 유체의 지층용적계수에 따라 저류층 크기, 공극률, 포화율, 온도, 압력 등 물리적 조건이 동일한 저류층도 서로 다른 경제성을 나타낼 수 있기 때문에 가스 저류층의 경제성을 판단하기 위한 중요 변수 중의 하나이다. 지층용적계수의 역수 개념이 팽창지수(Expansion factor; E_g)로 저류층에서 1입방피트의 부피를 차지하던 가스가 생산된 후 표준 조건에서 몇 입방피트의 부피를 가지는지 보여주는 변수이다.

$$B_g = \frac{V_{res}}{V_{sc}} = \frac{\frac{znRT}{p}}{\frac{z_{sc}nRT_{sc}}{p_{sc}}} = \frac{zTp_{sc}}{z_{sc}T_{sc}p} = 0.0282\frac{zT}{p}\frac{cf}{scf} \tag{4.12}$$

여기서 언급하는 지층용적계수는 3절에서 설명한 저류층에서 액체상이 발생하지 않는 건성 및 습성가스전의 경우에만 해당하는 것으로, 컨덴세이트의 경우는 다르게 계산된다. 건성 및 습성가스전은 저류층 자체에서 액체상이 발생하지 않으므로, 생산과정 중에 저류층에 존재하는 가스의 성분변화가 발생하지 않고, 생산된 가스가 지상으로 이동하게 된다. 하지만 켄덴세이트는 압력 강하에 따라 저류층 내부에서 액체상이 발생하며, 이는 저류층 가스의 성분이 변화하게 되어 지층용적계수가 다르게 나타난다.

4.4.4 가스 점성도

정확한 가스 점성도를 얻는 방법은 실험실에서 직접 측정하는 것이 바람직하나 직접 측정은 많은 시간과 노력이 필요하여 대부분 계산식을 활용한다. 일반적으로 가스의 점성도는 성분 분석 자료를 바탕으로 한 다음 공식으로 얻어진다.

$$\mu_g = \frac{\sum \mu_{gj} y_j M_j^{1/2}}{\sum y_j M_j^{1/2}} \tag{4.13}$$

그러나 계산이 지루하여 보다 간편한 경험적 방법을 사용한다. 가스의 비중과 온도를 안다면 Carr 방법을 사용한다. 먼저 그림 4.15에 의해 1기압에서의 가스 점성도를 구한다. 이때 불순물이 포함되어 있다면 일반적으로 점성도가 올라가게 되며 작은 사각형의 그림으로 보정을 해준다. 다음엔 의사환산압력과 의사환산온도를 계산하여 그림 4.16에 의해 저류압력에서의 가스 점성도를 구하게 된다.

불순물이 없는 천연가스의 경우 그림 4.17에 의해 보다 간편하게 예측될 수 있으며, 현장에서 직접 적용하는 데에도 큰 무리가 없다.

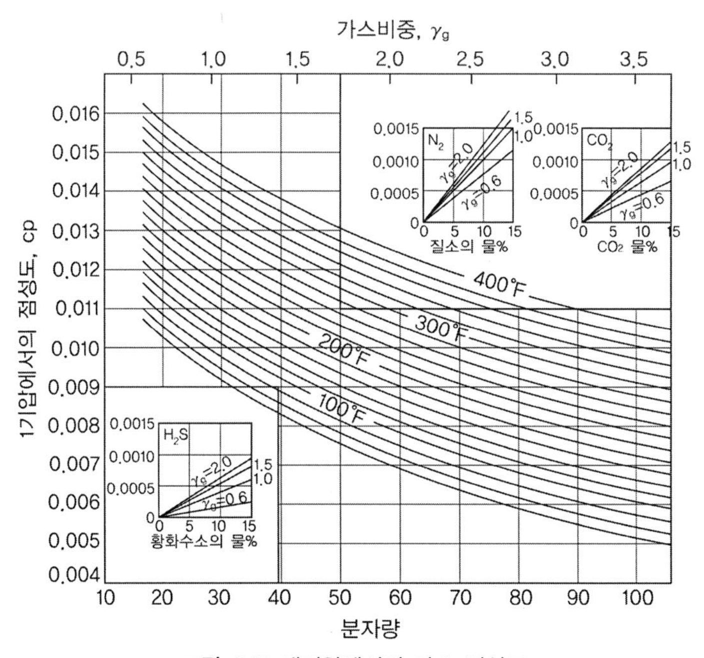

그림 4.15 대기압에서의 가스 점성도

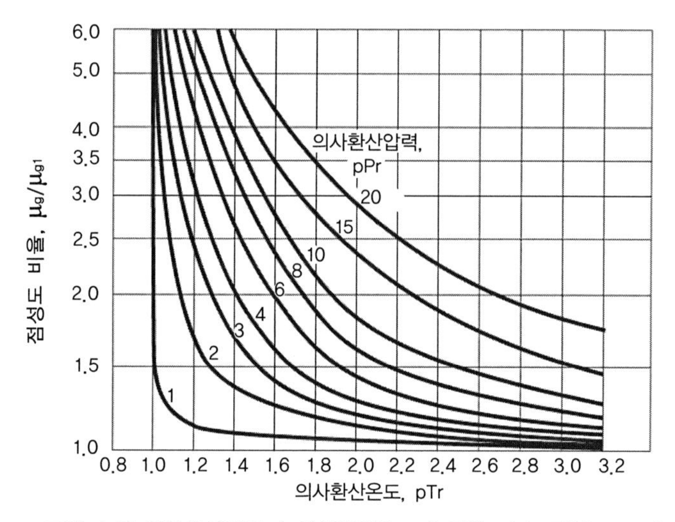

그림 4.16 의사환산압력과 의사환산온도에 의한 가스 점성도 보정

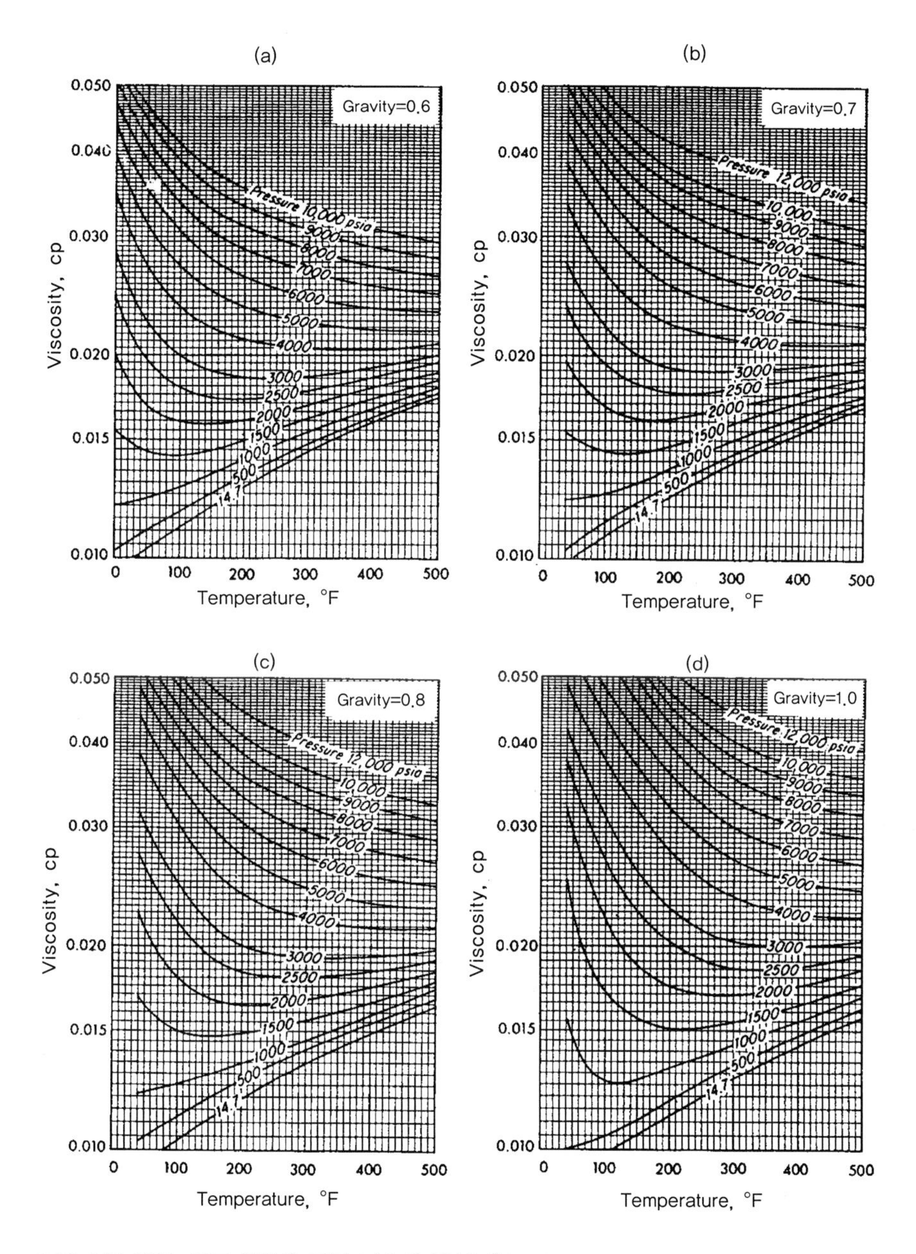

그림 4.17 비중, 온도 압력에 따른 가스의 점성도(Handbook of Natural Gas Engineering by Katz et. al., 1959)

4.5 오일의 특성

저류층에 존재하는 액체, 즉 오일은 그림 4.18에서 보듯이 수많은 성분들이 혼합되어 있는 복합성분이 단일 상으로 존재하는 경우이다. 이와 같이 다성분 단상 유체의 물성을 이론적으로 계산 예측하는 것은 거의 불가능하다. 측정되는 성분은 2절에서 설명하였듯이 동일 탄소 개수라 하여도 연결 형태에 따라 파생되는 수많은 구조를 일일이 파악하여 정의하는 것은 기술적 난이성 외에도 성분분석의 비용 및 소요되는 시간측면에서도 불리하기 때문이다. 일반적으로 C30까지는 탄소분자 개수에 따라 정량분석이 실시되고, C30 이상은 나중에 설명할 의사성분 개념을 도입하여 그룹별로 측정된다. 또한, C30 이전 성분은 각 탄소분자수에 따라 파생되는 여러 구조를 노말 탄화수소 구조로 통합하여 측정한다. 그러므로 해당 액체의 성분 정보를 반영하고 있는 비중 혹은 밀도를 통해 저류오일의 특성을 정량화하는 것이 일반적이다.

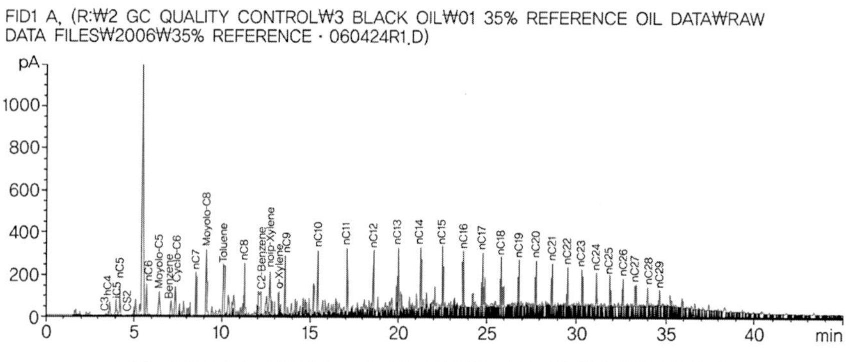

그림 4.18 가스크로마토그라피를 이용한 저류 액체의 성분분석 예

4.5.1 오일의 비중과 밀도

상온에서의 저류오일 비중(γ_o, 60°F)은 다음 식으로 정의되며, 석유업계에서 사용되는 API 비중과는 다음과 같은 관계를 가진다.

$$\gamma_o = \frac{\rho_o}{\rho_w} = \frac{\text{lb oil/cu ft oil}}{\text{lb water/cu ft water}} \tag{4.14}$$

$$°API = \frac{141.5}{\gamma_o} - 131.5 \tag{4.15}$$

상온에서는 밀도측정기(hydrometer)를 사용하여 용이하게 오일의 밀도를 측정할 수 있다. 저류층 오일은 일반적으로 생산에 따라 온도 및 압력이 감소하며, 상분리에 따라 성분변화를 일으키게 된다. 따라서 지상 분리기 또는 상온 조건이 아닌 저류층 온도 압력 조건에서의 밀도를 알아야 지상에서 생산되는 오일의 수축 정도를 파악할 수 있다.

저류층 조건에서의 밀도를 예측 혹은 계산하기 위해 가장 많이 사용되는 방법은 이상유체(ideal liquid solution)이론에 입각한 계산 방법이다. 즉, 혼합액체의 밀도를 포함한 모든 물성은 혼합액체를 구성하고 있는 성분들의 물성 평균값으로 계산할 수 있다는 가정에서 출발한다. 따라서 혼합 액체의 밀도(ρ_o)는 아래의 공식처럼 각 성분의 무게와 부피를 계산한 후 각각 합하여 혼합액체의 무게와 부피를 계산하여 구하게 된다. 여기서 x_i는 각 성분들의 몰분율을 의미한다.

$$\rho_o = \frac{\sum_i^n x_i M_i}{\sum_i^n x_i V_i} = \frac{\sum_i^n x_i M_i}{\sum_i^n x_i M_i / \rho_i} \tag{4.16}$$

이와 같이 이상유체 이론을 바탕으로 구한 표준조건에서의 밀도는 Standing & Katz에 의해 제안된 방법으로 저류상태에서의 밀도를 구하게 된다. 이 방법은 그림 4.19, 4.20, 4.21과 시행착오 방식의 반복계산을 통해 최종적으로 저류오일의 포화점(기포점) 온도 압력 조건에서의 밀도로 변환된다. 구성성분이 알려져 있을 때, 먼저 오일의 밀도를 가정하고 이 값에 의한 메탄과 에탄의 겉보기 밀도를 그림 4.19에서 읽고, 이 값을 공식 (4.16)에 대입하여 계산된 밀도가 가정한 값과 일치하는지 확인한다. 일치하지 않는다면, 계산된 밀도 값을 다시 그림 4.19에 대입하여 메탄과 에탄의 겉보기 밀도를 구하고 다시 오일의 밀도 값을 계산하는 과정을 반복한다. 다수 반복을 통해 가정된 저류유체 밀도와 계산된 저류유체 밀도가 설정한 오차범위 내에 들면, 이 과정을 종료하고 최종 계산된 저류유체의 밀도가 표준조건에서 오일의 밀도가 된다. 이 값을 그림 4.20의 x축에 대입하여 포화 압력에 해당하는 지점의 값을 보정(+)해주고, 해당 값을 그림 4.21의 x축에 대입하여 포화

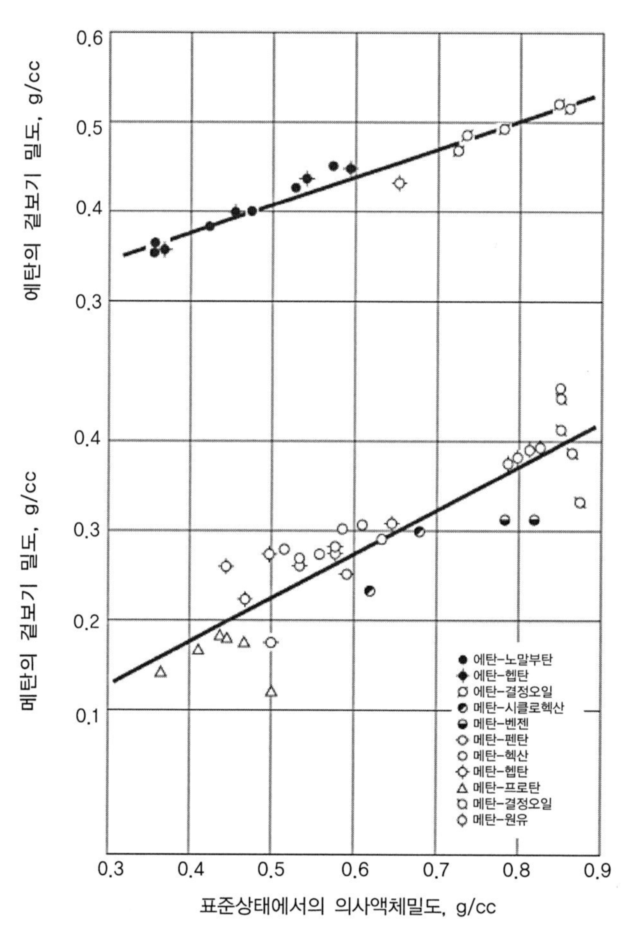

그림 4.19 메탄과 에탄의 겉보기 밀도와 저류오일 포화밀도 관계

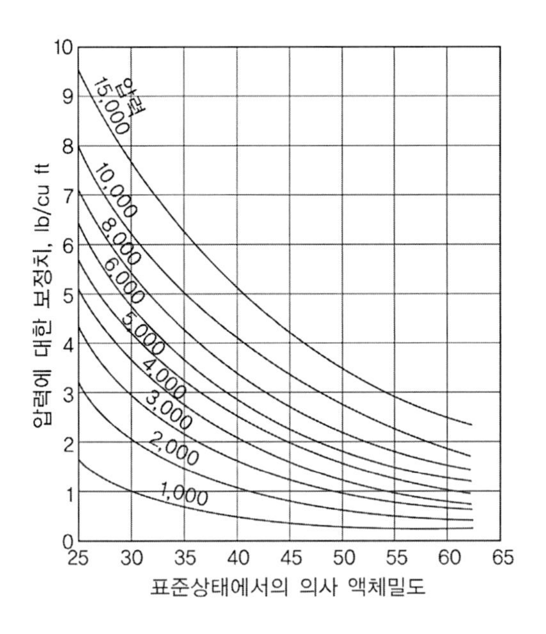

그림 4.20 일정압력에서 저류오일 밀도의 포화압력에 따른 보정

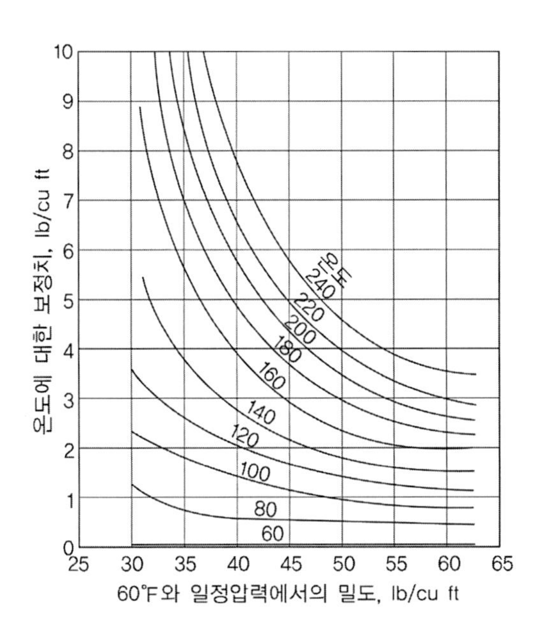

그림 4.21 일정온도에서 저류오일 밀도의 포화온도에 따른 보정

온도에 해당하는 지점의 값으로 보정(-)해주면 최종적으로 저류유체의 포화 온도, 압력 조건에서의 밀도가 구해진다.

이 과정은 반복계산이 들어간다는 단점을 지니고 있다. 이것을 보완하기 위해서, 그림 4.22을 사용하기도 하는데, 이 경우 C_{3+}의 의사밀도를 계산해야 하는 추가과정이 필요하다. 즉, 저류유체의 C_{3+} 겉보기밀도를 계산하여 그림 4.22의 좌측 y축에 대입하여, 메탄 및 에탄 함유량에 따라 이동하면 최종적으로 우측 y축에서 표준조건에서 저류유체의 밀도를 얻게 되며, 이후 그림 4.20, 4.21의 온도 압력 보정을 통해 최종적으로 포화 조건에서 저류 유체의 밀도를 구하게 된다.

전술한 방법을 통해 구해진 포화조건(포화 압력 및 저류층온도)에서의 밀도(ρ_{ob})를 포화압력 이상의 저류층 압력조건에서의 밀도(ρ_o)로 바꾸기 위해서 압력상승에 따른 부피변화를 모사하는 압축률(c_o) 개념을 도입하여 다음 수식을 통해 계산

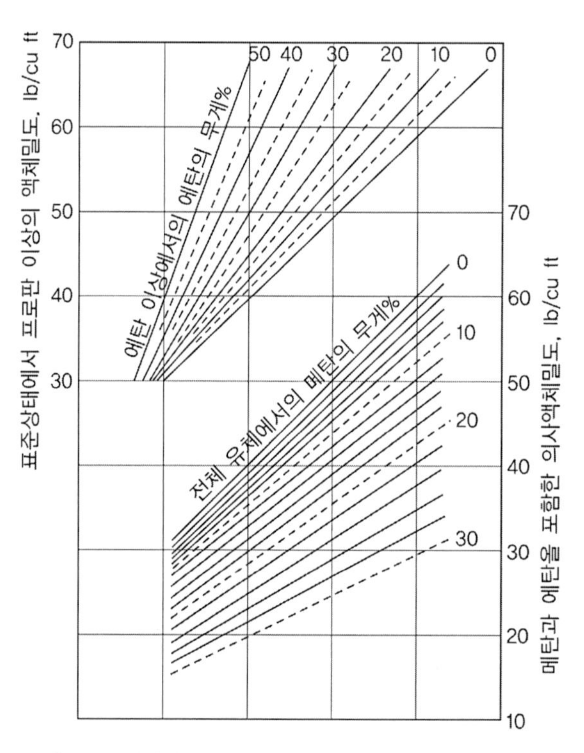

그림 4.22 메탄과 에탄을 포함한 저류오일의 겉보기 밀도

한다. 여기서 b는 기포점(포화압력)을 의미한다.

$$c_o \int_{P_b}^{P} dP = \int_{\rho_{ob}}^{\rho_o} \frac{d\rho_o}{\rho_o} \tag{4.17}$$

$$c_o(P - P_b) = \ln \frac{\rho_o}{\rho_{ob}} \tag{4.18}$$

$$\rho_o = \rho_{ob} \mathrm{EXP}\left[c_o(p - p_b)\right] \tag{4.19}$$

4.5.2 오일 용적계수

저류층에서 생산된 액체가 지상의 분리기로 이동하면 온도 및 압력감소에 의해 부피감소가 일어난다. 부피감소의 가장 큰 요인은 저류층 온도와 압력조건에서 오일에 용해되어 있던 가스가 방출되면서 가스방출 질량에 해당하는 만큼의 부피가 감소하는 것이다. 또한 압력감소에 따른 부피 팽창과 온도 하강에 따른 부피수축이 발생하는데 이들은 종종 서로 상쇄되기도 한다. 이와 같이 온도, 압력, 상변화에 의한 오일의 부피변화를 설명하는 것이 용적계수(B_o)(formation volume factor: FVF)이다. 용적계수의 역수는 수축계수(b_o)라 한다.

$$B_o = \frac{\text{volume of oil} + \text{dissolved gas at reservoir condition}}{\text{volume of the oil at stock tank condition}} = \frac{1}{b_o} \tag{4.20}$$

저류층 온도가 일정할 때 압력변화에 따른 전형적인 용적계수의 양상이 그림 4.23에 나와 있다. 용적계수는 온도압력하강 및 가스발생에 따라 항상 1보다 큰 값을 가진다. 저류층 압력이 포화점(기포점) 이상에서는 가스가 발생하지 않으므로 압력하강에 따라 저류유체가 조금씩 팽창하므로 용적계수가 상승하게 된다. 그러나 저류층 압력이 기포점 이하로 떨어지게 되면 저류층 오일에 용해되어 있던 가스가 발생하게 되며, 이에 따라 용적계수가 급격히 감소하는 양상을 보인다. 지상에서 생산된 저유탱크 오일 부피에 B_o를 곱하면 저류층에서 차지하고 있던 저류유체의 부피가 계산되고, 저류층에서의 부피가 지상으로 생산되면 얼마의 저유탱크 오일이 생산되는지를 알기 위해선 저류층 부피에 b_o를 곱하면 된다.

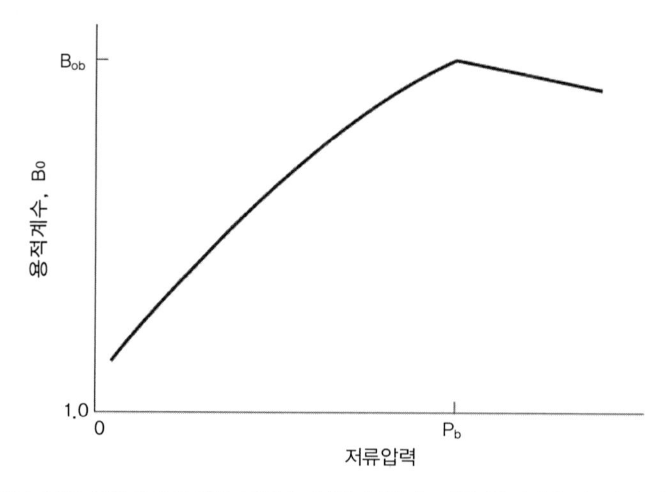

그림 4.23 저류층온도에서 저류층 압력 변화에 따른 용적계수의 변화 양상

저류오일의 용적계수를 추정하는 데 사용되는 가장 일반적인 3가지 방법을 소개한다.

1) 이상용액 이론에 입각한 포화압력(기포점) 이하에서의 용적계수 추정

이 방법은 저류층 온도 및 압력, 저유탱크 오일 및 저류오일의 밀도, 생산가스의 비중 및 생산가스오일비(R)를 알고 있을 때 사용되는데, 저류층 압력이 기포점 이하일 때 적용될 수 있으며, 대략 5% 정도의 오차를 보인다.

$$B_o = \frac{\text{wt. of1.0 STB+ wt. of gas evolved from 1.0STB}}{\text{wt. of1.0 res bbl}}$$

$$= \frac{\rho_{STO} + 0.0136 R_s \gamma_g}{\rho_o}$$

$$= \frac{350\gamma_o + \frac{R_s}{379}\Sigma y_i M_i}{5.615\rho_o} \tag{4.21}$$

2) Standing 방법을 사용한 포화압력(기포점)에서의 용적계수 추정

이 방법은 저류 온도, 저유탱크 오일의 비중, 생산가스의 비중 및 생산가스오일비를 알고 있을 때, 그림 4.24를 사용하여 포화압력에서의 용적계수를 2% 이내의 오차로 상당히 정확하게 예측할 수 있다. 포화압력 미만에서의 용적계수 추정은 부정확하다고 알려져 있다.

3) Katz 방법을 사용한 포화압력(기포점)에서의 용적계수 추정

이 방법은 저류층 조건에서의 오일이 지상으로 생산되며 발생하는 현상을 압력감소와 온도감소 2단계로 나누어 모사하여 용적계수를 계산한다. 먼저, 저류 압력에서 대기압으로 압력이 감소함에 따라 오일 부피가 B_o에서 V_1으로 감소하며 부피변화율은 다음 식으로 표현된다.

$$\Delta V_p = \frac{B_o - V_1}{V_1} \tag{4.22}$$

이후 온도가 60℉로 감소하면서 V_1의 오일은 1 배럴의 저유탱크 오일로 감소하게 되며 이때의 부피변화율은 다음과 같다.

$$\Delta V_T = \frac{V_1 - 1}{1} \tag{4.23}$$

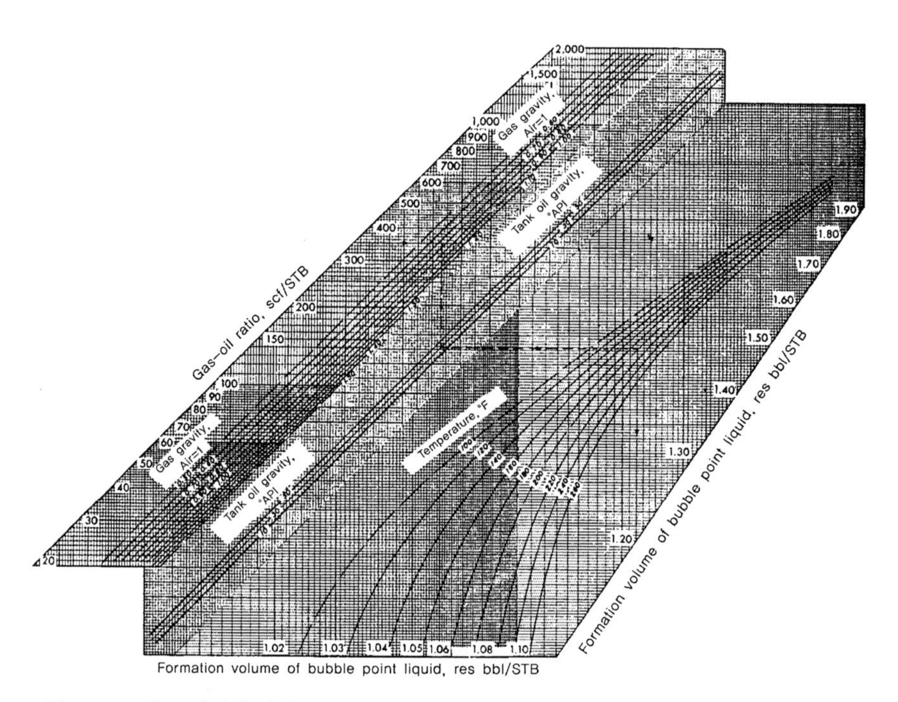

그림 4.24 포화 오일의 용적계수(Volumetric and Phase Behavior of Oil Field Hydrocarbon Systems by M.B. Standing, 1952)

상기 두 식을 결합하여 V_1을 제거하면 용적계수는 식 (4.24)와 같은 공식으로 나타나며 계산에 필요한 ΔV_p와 ΔV_T는 그림 4.25와 4.26을 통해 구할 수 있다. 이 방법은 약 15% 정도의 큰 오차를 보이기 때문에 많이 사용되지 않는다.

$$B_o = (1 + \Delta V_p)(1 + \Delta V_T) \tag{4.24}$$

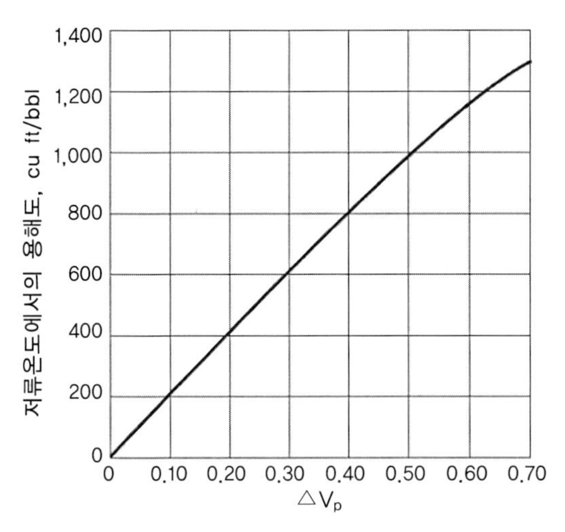

그림 4.25 가스용해도에 따른 $\triangle V_p$

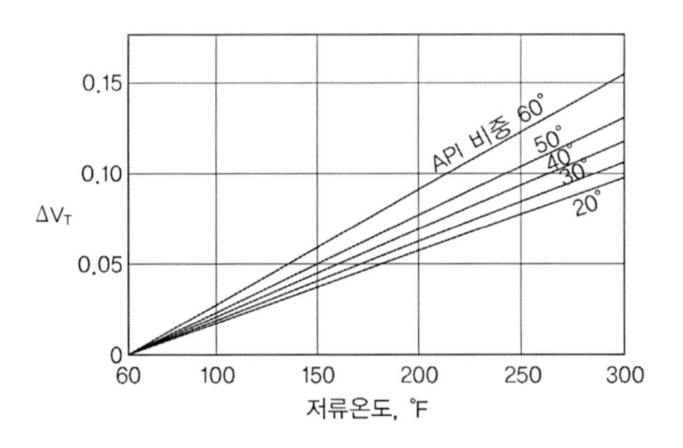

그림 4.26 저류층 온도 및 오일비중에 따른 $\triangle V_T$

전술한 3가지 방법 모두 기포점 이하에서의 용적계수 추정에도 사용될 수 있으나 오차가 증가하며, 용적계수 측정과정을 통해 실측하는 것이 바람직하다.

한편 저류층 압력이 기포점 압력 이하로 떨어지면 가스가 방출되어 저류층에 오일과 가스가 공존하게 된다. 이런 경우에는 다음과 같이 오일과 가스를 모두 고려한 총 용적계수(B_t)를 사용해야 한다. 여기서 R_s는 용해 가스오일비이며 b는 기포점을 말한다. 전형적인 총용적계수와 오일 용적계수 관계가 그림 4.27에 나와 있다.

$$B_t = B_o + B_g(R_{sb} - R_s) \tag{4.25}$$

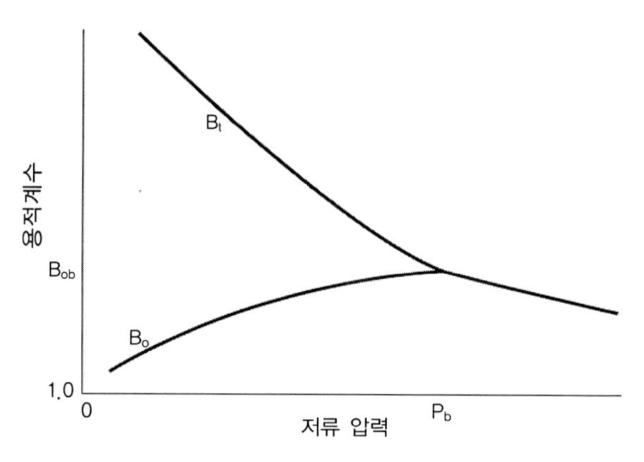

그림 4.27 전형적인 총용적계수와 오일 용적계수

4.5.3 오일 점성도

가스 점성도는 성분분석 자료를 가지고 비교적 정확하게 계산할 수 있으나, 오일 점성도는 무수한 혼합성분들에 의해 예측이 매우 힘들다. 따라서 오일의 점성도는 실험을 통해 측정한 값을 사용하는 것이 일반적이다. 그러나 실험 자료가 없는 경우에 개략적으로 점성도 값을 예측할 수 있는 보정 방법을 소개하고자 한다.

1) 포화압력(기포점) 이하에서의 점성도 추정

그림 4.28은 표준조건에서의 오일의 비중을 알고 있을 때 저류층 온도에 따른 대기압 조건에서의 점성도 값을 보여준다. 이 값을 그림 4.29의 x축에 대입하고 용해가스오일비를 알고 있다면, 최종적으로 저류층 온도 및 포화압력에서 오일의 점성도 값을 구할 수 있다. 그러나 이 보정방법은 실측치와 25% 정도의 오차를 보일 정도로 부정확한 측면이 있다.

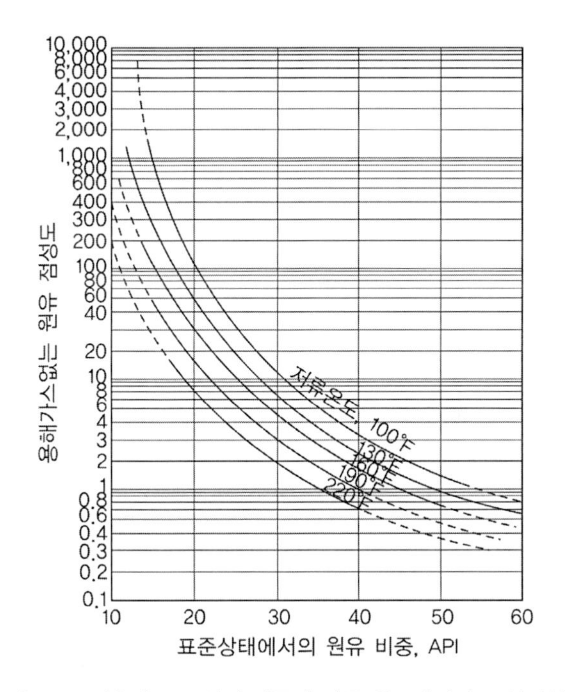

그림 4.28 저유탱크 오일의 비중에 따른 온도에서의 오일점성도

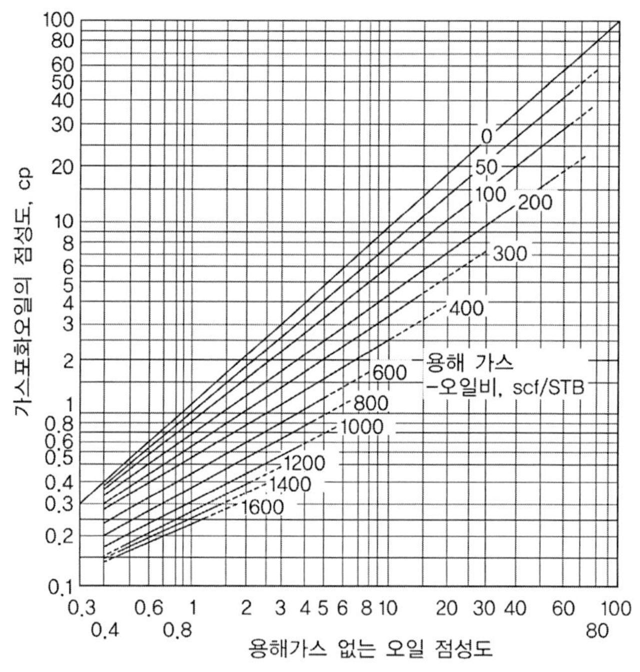

그림 4.29 저류층 온도 및 포화압력에서의 저류층 오일점성도

2) 포화압력(기포점) 이상에서의 점성도 추정

기포점 이상에서 오일의 점성도 추정에는 그림 4.30이 사용된다. 그림 4.30의 x축은 실제 저류층 압력과 기포점 압력의 차이를 의미한다. 저류층 압력과 기포점 압력 차이 값과 그림 4.29를 통해 얻어진 오일 점성도 값을 그림 4.30에 대입하면 최종적으로 저류층 온도 및 기포점 이상의 저류층 압력에서 오일점성도 값을 추정할 수 있다.

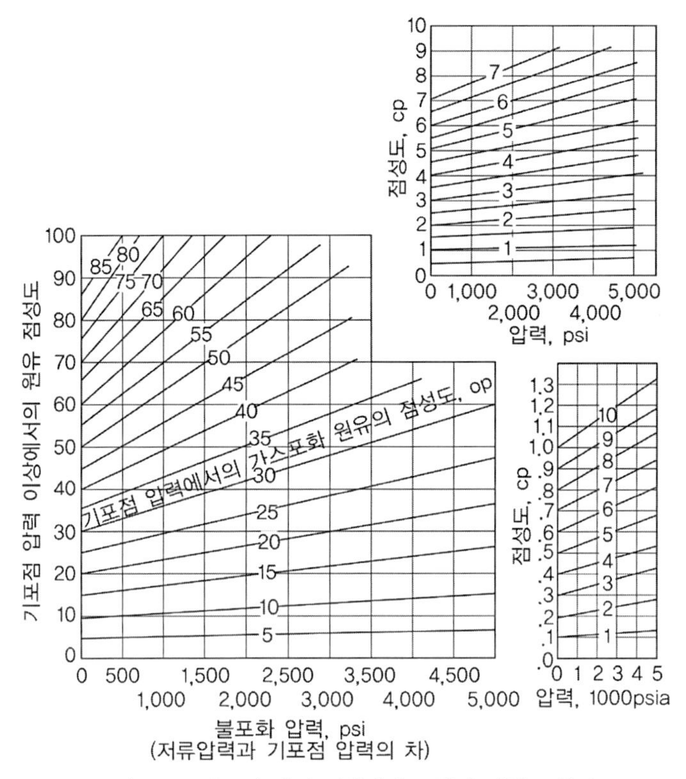

그림 4.30 기포점 압력 이상에서 오일의 점성도 추정

4.6 가스-오일 상평형

앞 절에서 설명했듯이 상평형도에서 2상 구간 안에서는 오일상과 가스상이 동시에 존재하게 된다. 2상 구간에서의 유체는 항상 평형을 이루고 있다고 가정하며 이들의 거동은 지상설비에서 가장 적합한 압력, 온도 조건을 구하는 데 활용된다. 먼저 실제 유체의 거동을 살펴보기 전에 이상 유체에 대해 알아보고자 한다.

이상 유체는 서로 혼합될 때 화학적 반응이 일어나지 않고 각 성분의 분자 크기가 같아 인력과 척력이 동일하다고 가정한 경우이다. 따라서 총 부피는 각 성분의 부피의 합으로 계산된다. 이상 유체의 경우 다음과 같은 Raoult과 Dalton의 법칙으로 표현된다.

$$\text{Raoult's law:} \quad p_i = x_i \cdot p_{vi} \tag{4.26}$$

$$\text{Dalton's law:} \quad p_i = y_i \cdot p \tag{4.3}$$

$$\text{따라서} \quad \frac{y_i}{x_i} = \frac{p_{vi}}{p} \tag{4.27}$$

p_i는 분압이며 p_{vi}는 성분 i의 증기압이다. x_i는 액체상에서의 성분 i의 몰분율이며 y_i는 기체상에서의 성분 i의 몰분율, 그리고 z_i는 액체상과 기체상을 합한 총 유체에서의 성분 i의 몰분율이다. 총 유체에 대한 몰분율은 식 (4.28)이 된다.

$$z_i \cdot n = x_i \cdot n_L + y_i \cdot n_V \tag{4.28}$$

한편 $\Sigma z_i = \Sigma x_i = \Sigma y_i = 1$이므로 이상 유체의 공식을 이용하면 다음 관계를 얻을 수 있다.

$$\sum x_i = \sum \frac{z_i}{1 + \overline{n_V}\left(\frac{p_{vi}}{p} - 1\right)} = 1 \tag{4.29}$$

$$\sum y_i = \sum \frac{z_i}{1 + \overline{n_L}\left(\frac{p}{p_{vi}} - 1\right)} = 1 \tag{4.30}$$

상기 공식을 이용하여 총 몰분율을 알고 있는 유체의 기체상과 액체상의 몰분율을 구해보기로 하자. 이때 이 유체는 이상 유체로 가정한다.

프로판 61%, 부탄 28%, 펜탄 11%로 이루어진 유체가 150°F와 200 psia에서 존재하는 액체상과 기체상의 몰분율을 시행착오법으로 구해보자. 먼저 n_L = 0.5로 가정하여 계산하면 다음과 같이 y_i가 1.0이 넘는다.

성분	z_i	증기압	y_i	x_i
C_3	0.61	350	0.7764	0.4437
nC_4	0.28	105	0.1928	0.3672
nC_5	0.11	37	0.0343	0.1854
			1.0035	0.9963

따라서 n_L 을 0.5보다 작은 0.48로 가정하여 재계산하면 y_i가 1.0보다 작게 계산된다.

성분	z_i	증기압	y_i	x_i
C_3	0.61	350	0.7680	0.4389
nC_4	0.28	105	0.1952	0.3718
nC_5	0.11	37	0.0353	0.1908
			0.9985	1.0015

다음에는 앞서 가정한 두 몰분율 사이의 0.487로 가정하면 다음과 같이 y_i가 거의 1.0에 근사하여 이들의 기체상과 액체상에서의 몰분율이 된다.

성분	z_i	증기압	y_i	x_i
C_3	0.61	350	0.7709	0.4405
nC_4	0.28	105	0.1944	0.3703
nC_5	0.11	37	0.0350	0.1892
			1.0003	1.0000

4.6.1 평형상수

실제 유체에서는 위에서 설명한 가정이 성립하지 않기 때문에 실험적 관찰에 의해 도입된 다음과 같은 평형상수(K-factor)라는 개념을 사용하여 실제 유체의 몰분율을 구하게 된다(그림 4.31 참조).

$$K_i = \frac{y_i}{x_i} \tag{4.31}$$

따라서 실제 유체가 이상 유체처럼 거동한다면 $K_i = \frac{p_{vi}}{p}$가 된다. 한편 실험에 의해 구해진 평형상수는 그림 4.31에 나타난 바와 같으며 앞에서 계산하였던 몰분율을 실제기체의 경우로 계산하여 보자.

성분	z_i	K_i	n_L =0.5 y_i	n_L =0.6 y_i	n_L =0.58 y_i
C_3	0.61	1.52	0.736	0.768	0.761
nC_4	0.28	0.595	0.209	0.199	0.201
nC_5	0.11	0.236	0.042	0.037	0.038
			0.987	1.004	1.000

앞에서의 결과와 비교하면 이상 유체(n_L =0.487)와 실제 유체(n_L =0.58) 사이에는 상당한 차이가 있음을 알 수 있다.

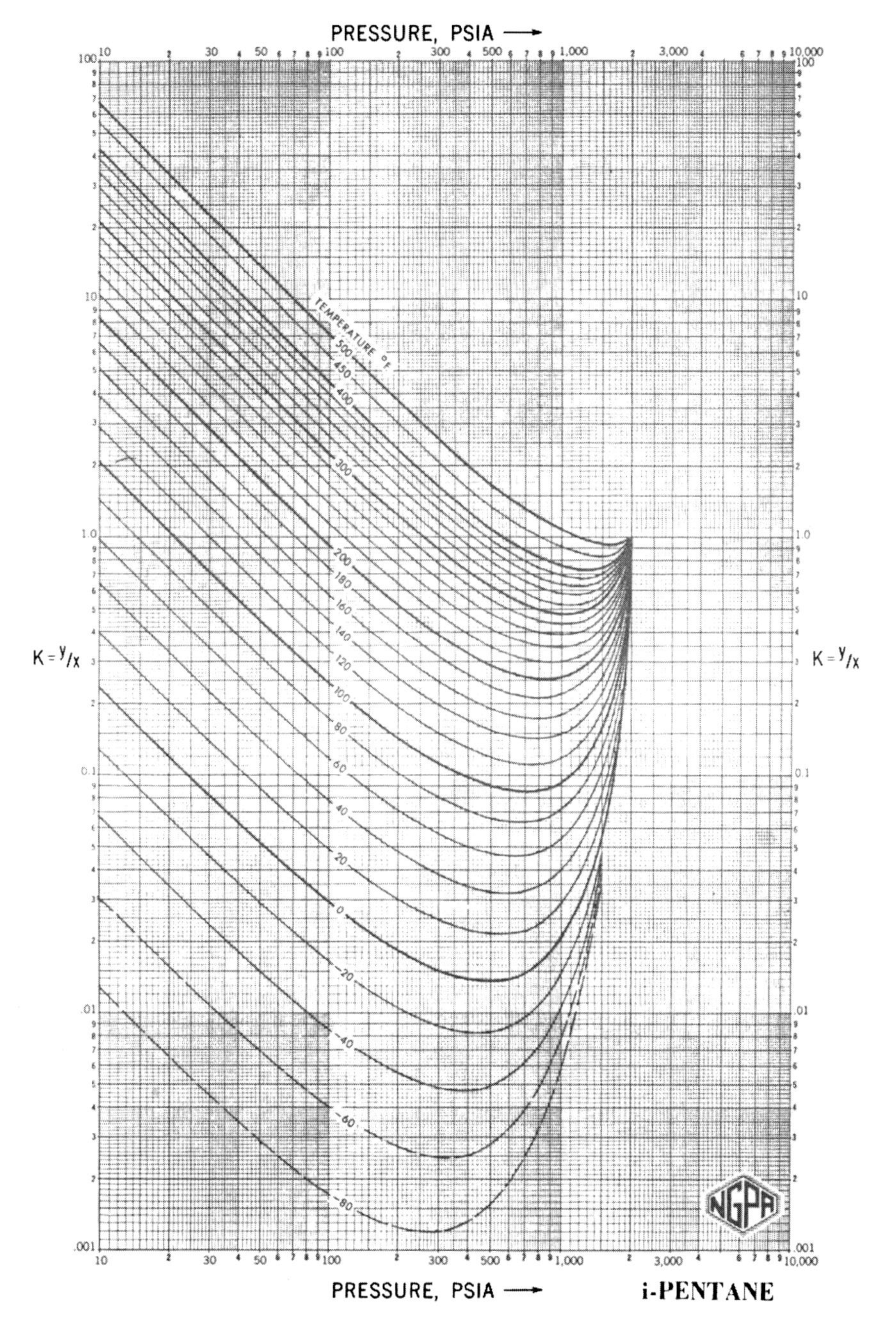

그림 4.31 평형상수(Engineering date Book, 8th Ed., NGAA, 1967)

4.6.2 균등증발

저류층에서 생산된 유체가 지상의 분리기까지 도달하는 과정에서 압력과 온도가 감소되면서 액체상과 기체상으로 분리되는데 이때 모든 액체상과 기체상이 손실 없이 유지되면서 평형상태를 유지한다면 균등증발(flash vaporization) 현상이 일어나게 된다. 이때 분리된 기체상과 액체상은 중간에 전혀 방출되지 않고 모든 유체가 그대로 유지되는 경우에 해당되며 총 성분에는 전혀 변화가 없다.

4.6.3 차등증발

균등증발과는 달리 저류 유체가 기포점 압력에 도달할 때 발생되는 기체상을 단계별로 방출하는 경우에 차등증발(differential vaporization)이라 하며 이때는 성분이 계속 변하게 된다.

4.7 지층수의 특성

대부분의 유가스전은 원유와 천연가스를 생산할 때 물을 수반한다. 그 이유는 원유와 천연가스가 부존되어 있는 저류층에 지층수가 있기 때문이다. 원유를 생산할 때 지층수의 생산이 90%를 넘지 않으면 별다른 조치를 취하지 않고 계속 생산하지만 생산비용은 계속 증가하게 된다. 지층수가 문제가 되는 경우는 수공법을 사용하는 경우이다. 수공법을 사용할 때에는 주입되는 물과 저류층의 반응으로 역효과를 초래하지 않도록 주입하는 물의 성분을 조절할 필요가 있다. 따라서 생산된 지층수를 다시 주입하는 경우가 많다. 그러나 주입되는 양보다 생산되는 양이 많을 경우 지층수 처분 문제를 해결해야 한다. 이와 같이 지층수의 물성을 아는 것이 중요하다.

4.7.1 지층수 성분

지층수의 성분은 주로 Na^+, K^+, Ca^{++}, Mg^{++}, Cl^-, SO_4^-, HCO_3^- 등이 차지하며 간혹 Ba^{++}, Li^+, Fe^{++}, St^{++}, CO_3^-, NO_3^-, Br^-, I^-, S^- 등이 포함된다. 지층수에는 이러한 이온 이외에 미생물이 존재한다. 지층수의 성분은 그림 4.32처럼 도표로 표시하는 것이 관례로 양이온은 좌측에 음이온은 우측에 표시한다.

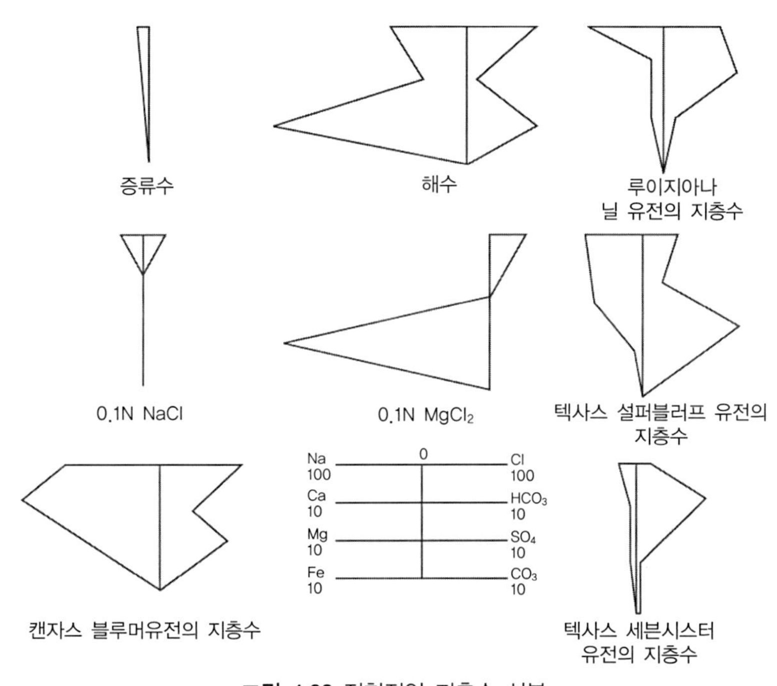

그림 4.32 전형적인 지층수 성분

지층수는 기본적으로 NaCl을 포함한 용존 이온을 함유하고 있어 염수로 불린다. 그러나 바닷물과는 관계가 없으며 바닷물보다 더 많은 이온을 함유하고 있으며 대략 200 ppm에서 300,000 ppm의 용존 이온을 포함하고 있다. 바닷물의 용존 이온 함량은 약 35,000 ppm이다.

지층수의 성분표는 서로 다른 지층수의 성분을 비교하거나 담수의 오염원을 알아내는 데 긴요하게 사용되며 유정 완결 시 천공에 필요한 지층을 확인하는 경우에도 활용된다.

4.7.2 지층수 용적계수

지층수의 용적계수(그림 4.33)는 원유의 경우와 마찬가지로 압력감소에 의한 팽창효과, 온도 감소와 용해가스의 방출에 의한 수축효과의 영향을 받는다. 그러나 용해가스의 방출과 온도감소에 따른 수축효과(ΔV_{wT})가 압력감소에 의한 팽창효과(ΔV_{wP})보다 작아 지층수의 용적계수는 압력이 감소함에 따라 계속 증가하는 경향을 나타내며 그 변동폭은 크지 않아 대체로 1.06을 넘지 못한다. 지층수의 용적계수는 온도와 압력에 대한 부피 변동을 그래프(그림 4.34와 그림 4.35)에서 구한 후 다음 공식으로 계산한다.

$$B_w = \frac{\text{저류상태에서의 부피}}{\text{표준상태에서의 부피}} = (1 + \Delta V_{wP})(1 + \Delta V_{wT}) \tag{4.32}$$

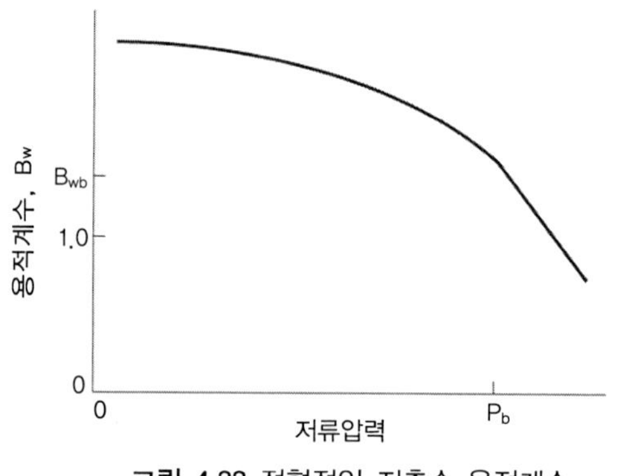

그림 4.33 전형적인 지층수 용적계수

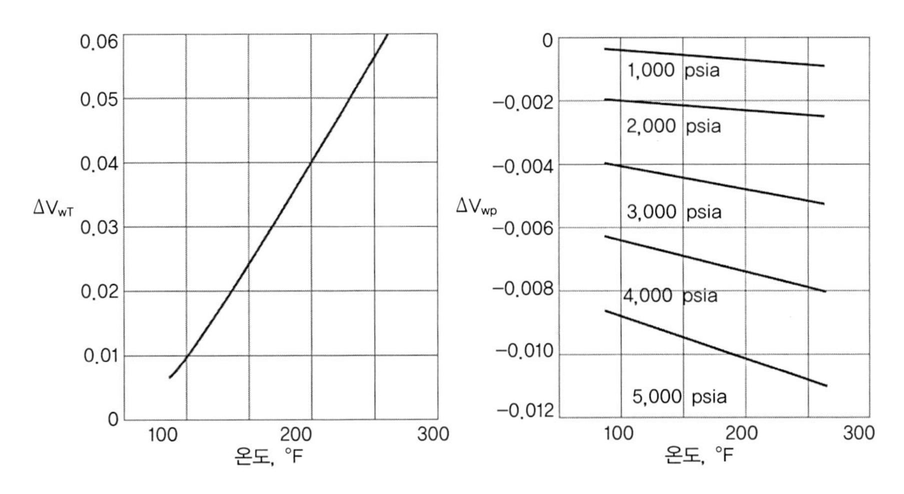

그림 4.34 저류층 온도에 따른 V_{wT}

그림 4.35 저류층 온도와 압력에 따른 V_{wP}

4.7.3 지층수 밀도

표준상태에서 염분 농도에 따른 지층수의 밀도는 다음 그래프에 나타난 바와 같이 염분의 농도가 증가하면 밀도가 증가한다.

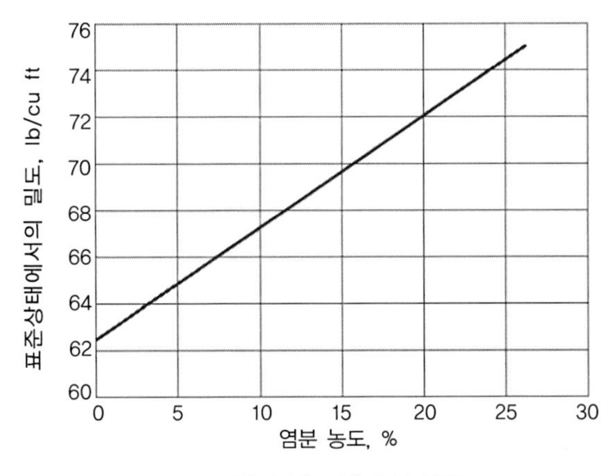

그림 4.36 지층수의 밀도

한편 용적계수 = (저류상태에서의 부피) / (표준상태에서의 부피)

= {저류상태의 (wt/밀도)} / {표준상태의 (wt/밀도)}

= (표준상태의 밀도) / (저류상태의 밀도)

따라서 저류상태의 밀도는 (표준상태의 밀도)/(용적계수)가 된다. 즉, 저류상태의 밀도는 표준상태의 밀도를 그림 4.36으로 구한 후 용적계수로 나누면 된다.

4.7.4 지층수 점성도

지층수의 점성도에 대한 정보는 극히 제한적이다. 지층수의 점성도는 압력과 염분의 농도가 증가하면 올라가고 온도가 증가하면 내려간다. 그러나 그림 4.37에서 보는 바와 같이 압력과 염분의 농도 영향은 크지 않아 온도에 대한 영향만 고려하면 된다.

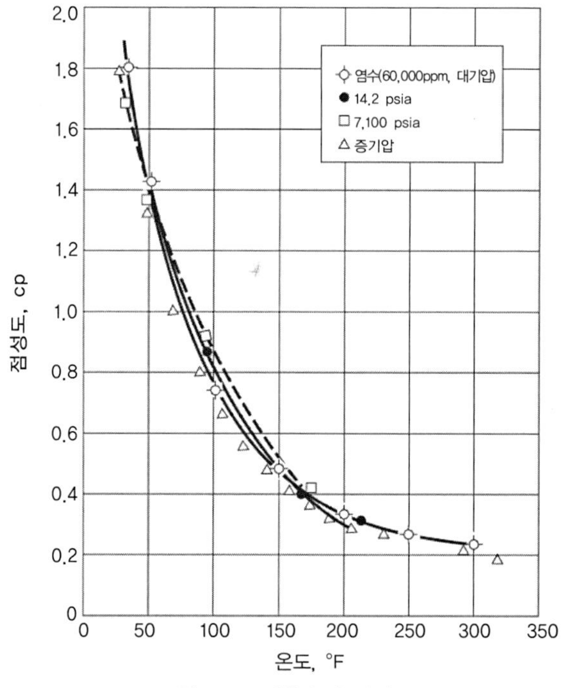

그림 4.37 지층수의 점성도

· 참고문헌 ·

강주명, 1990, *석유공학개론*, 서울대학교 출판부, 서울.

Amyx, J.W., Bass, Jr. D.M., and Whiting, R.L., 1960, *Petroleum reservoir Engineering: Physical Properties*, McGraw-Hill Book Company, New York, U.S.A.

Lake, L.W., 1989, *Enhanced Oil Recovery,* Prentice-Hall, Inc., Englewood Cliffs, New Jersey, U.S.A.

McCain, Jr. W.D., 1973, *The Properties of Petroleum Fluids*, PennWell Publishing Company, Tulsa, Oklahoma, U.S.A.

05 생산성 분석 기법

석·유·개·발·공·학

05 생산성 분석 기법

5.1 생산감퇴곡선법

5.1.1 개요

생산정에서 오일이나 가스의 생산량은 일반적으로 생산이 진행됨에 따라 감소하는데 주된 원인은 저류층 압력 감소나 유체의 생산비 변화이다. 이러한 생산량 감퇴 경향을 곡선의 형태로 추이를 맞추고 이 곡선을 기초로 미래 생산거동을 유사하게 예측할 수 있다.

감퇴곡선 분석은 자료가 부족한 경우 생산성을 평가할 때 널리 사용된다. 일반적으로 검층, 코어, 유체샘플 분석, 공저압, 유정시험 자료가 충분하지 않을 때는 더 복잡하고 발전된 분석 기술(저류전산 시뮬레이션, 물질수지법 등)의 적용이 불가능하다. 따라서 이러한 경우 생산감퇴곡선은 경제적 잔존 매장량을 예측하기 위해 자주 사용된다. 다음은 감퇴곡선법과 다른 저류층 평가 기법의 주요한 특징을 비교한 것이다.

생산감퇴곡선법은 생산량, 시간, 누적생산량 등의 변수로 이루어진 방정식의 계수를 조정하여 실제 생산감퇴 추이를 곡선식에 맞추고 이를 근거로 미래 생산거동을 계산하여 궁극적으로 매장량을 산출하는 데 사용된다.

생산감퇴곡선법의 장점은 생산자료를 쉽게 구할 수 있고 개인컴퓨터에서 작업하기 쉽게 프로그램화되어 저비용, 고효율적이라는 것이다. 반면에 생산감퇴곡선법은 실제 생산자료를 곡선식에 맞춰 수학적 관계로 나타내는데 대부분의 경우, 저류층의 특징은 단순한 곡선의 형태로 정량적으로 유추할 수 없다는 단점이 있다. 또한 생산 운영조건이 변해 생산거동이 바뀌는 경우와 생산거동의 변화가 심하거나 교차유동이 발생하는 저투과 저류층, 다중 저류층, 균열 저류층의 경우 생산거동 해석이 어렵다. 이러한 운영조건이나 다른 잠재적 요인에 의한 생산거동 변화는 생산감퇴곡선의 방정식을 선정할 때나 향후 생산거동을 예측할 때 반드시 고려되어야 한다.

1990년대 이후로 생산감퇴곡선 분석기술에서 많은 발전이 있었는데 이는 생산감퇴 경향을 분석하는 기술이 개선된 결과이다. Palacio와 Blasingame(1993)은 유사생산 시간을 이용하는 Horner 접근법이 유동량의 변화가 심한 생산정의 생산거동을 해석하는 데 유용하다는 것을 증명하였다. Doublet와 Blasingame(1995a)은 생산정에서 복합적인 거동을 해석하기 위해 천이(transient) 유동과 경계효과가 반영된 (boundary-dominated) 유동 영역을 결합하는 이론을 제안하였고 이것이 생산감퇴곡선을 도식적으로 해석하는 데 매우 유용함을 증명하였다. Agarwel 등(1999)은 생산성 분석을 위해 생산감퇴곡선과 경계효과가 반영된 유동 해석방법을 결합하여 사용하였다. 고전적인 생산감퇴곡선 분석기술의 또 다른 중요한 발전은 적분과 미분 생산감퇴함수(Doublet *et al.*, 1994)의 사용이다. 미적분 함수는 생산정의 생산거동 중 천이유동에 가까운 영역을 적절히 해석할 수 있는 표준 감퇴곡선의 제시를 가능하게 했다. 또한 여러 가지 생산정 유형과 외곽 경계조건을 반영하기 위한 복합적인 생산감퇴곡선 유형이 개발되었다. 이 유형들은 무한 전도도(infinite conductivity)를 갖는 수직 파쇄정(Doublet and Blasingame, 1995a)과 수평정(Shih and Blasingame, 1995), 그리고 경계에서 물이 유입되는 비파쇄 수직정(Doublet and Blasingame, 1995b) 등이다. 또한 유한 전도도를 갖는 수직 균열에 대해 생산감퇴곡선을 적용하는 기술이 Doublet와 Blasingame(1995a)에 의해 검토되고 개발되었다.

5.1.2 생산감퇴곡선식

1) Arps의 경험식

Arps는 생산량-시간-누적생산량을 나타낸 이론을 통합하여 생산감퇴곡선을 수학적 방법으로 표현하였다(Arps, 1945, 1956). 이 이론에서 D는 생산량의 감퇴 변화율을 나타낸다. 식 (5.1)은 일반식을 나타낸 것으로 부호 −는 음수값으로 나타나는 감퇴율을 양수화하기 위해 사용된다.

$$D = -\frac{1}{q}\frac{dq}{dt} \tag{5.1a}$$

위의 식을 다른 형태로 표현하면 다음과 같다.

$$D = -\frac{d(\ln q)}{dt} \tag{5.1b}$$

b-지수항은 생산감퇴율의 역수에 대한 시간변화율로 정의된다.

$$b = \frac{d(1/D)}{dt} = \text{상수} \tag{5.2a}$$

식 (5.2b)는 식 (5.1a)의 1차 도함수 형태로 나타난다.

$$b = -\frac{d}{dt}\left(\frac{q}{dq/dt}\right) = \text{상수} \tag{5.2b}$$

b-지수 항은 생산감퇴 상수이다. 하지만 많은 경우, 이 값은 운영조건의 변화로 생산기간 동안 변화하게 되고, 이로 인해 생산기간을 여러 부분으로 나누어 각각 분석하는 것이 필요할 수 있다.

대표적인 생산감퇴곡선법인 지수함수법, 쌍곡선함수법, 조화함수법의 감퇴식은 식 (5.1)과 (5.2)를 기초로 하여 유도된다. 식 (5.2a)를 0에서 일정시간 t까지 적분하고 t=0일 때 초기 감퇴율을 D_i라고 정의하면 다음의 관계가 성립된다.

$$D = \frac{D_i}{1 + bD_i t} \tag{5.3}$$

식 (5.3)을 식 (5.1b)에 대입하면 다음과 같다.

$$-\frac{d(\ln q)}{dt} = \frac{D_i}{1 + bD_i t} \tag{5.4}$$

이 식에서 b=0인 경우와 $b \neq 0$인 경우를 검토해야 한다.

■ b=0인 경우

b=0일 때 식 (5.3)은 등식 $D = D_i$가 되고 감퇴율은 적분구간에서 상수로 남기 때문에 시간의 함수가 아니다. 또한 $D = D_i$ 때문에 이론적으로 D_i를 D로 바꿀 수 있다. 식 (5.4)는 상수인 감퇴율에 대해 다음의 형태로 간소화된다.

$$D = -\frac{d(\ln q)}{dt} \tag{5.5}$$

식 (5.5)를 0에서 t까지 범위에서 적분하면 생산량으로 표현되는 다음 식을 유도할 수 있다.

$$q_2 = q_i \exp(-Dt) \tag{5.6}$$

■ $b \neq 0$인 경우

$b \neq 0$인 모든 경우에 대해 식 (5.4)를 0에서 t까지 범위에서 적분하면 다음 식을 구할 수 있다.

$$q_2 = \frac{q_i}{(1 + bD_i t)^{1/b}} \tag{5.7}$$

또한 식 (5.7)과 (5.1a), (5.4)를 결합하면 생산량과 감퇴율의 관계는 식 (5.8)과 같이 나타난다. 이 식은 $b=0$일 때 $D=D_i$이므로 상수감퇴의 경우에도 타당하다.

$$D = -\frac{1}{q}\frac{dq}{dt} = D_i \left(\frac{q}{q_i} \right)^b \tag{5.8}$$

앞에서 언급한 지수, 쌍곡선, 조화감퇴곡선은 위의 일반식으로부터 유도된다. Arps (1945)는 지수감퇴의 경우 $b=0$이고, 쌍곡선감퇴인 경우 $0<b<1$이며, 조화감퇴의 경우 $b=1$로 정의하였다.

2) 지수감퇴방정식

식 (5.6)을 로그함수 형태로 표현하면 식 (5.9)와 같이 직선의 방정식 형태로 나타난다.

$$\ln\ q_2 = -Dt + \ln\ q_i \tag{5.9}$$

이 직선에서 y축은 $\ln\ q$, x축은 t이고 y절편은 $\ln\ q_i$, 직선의 기울기는 $-D$이다. 식 (5.6)은 연속적인 감퇴율을 계산하기 위해 식 (5.10)과 같이 재정리할 수 있고, 이 지수감퇴곡선식(exponential equations)에서 감퇴율이 상수이기 때문에 이 식을 곡선의 어느 지점에서나 적용할 수 있으며 초기 생산량 q_i를 어느 지점에서 생산량 q_1으로 표시할 수 있다.

$$D = \frac{\ln\left(\frac{q_1}{q_2}\right)}{t} \tag{5.10}$$

식 (5.10)을 두 생산량이 변화되는 시간을 계산하기 위해 재정리하면 다음과 같다.

$$t = \frac{\ln\left(\frac{q_1}{q_2}\right)}{D} \tag{5.11}$$

한편, 누적생산량을 계산하기 위한 일반식은 다음과 같이 나타낼 수 있다.

$$N_p = \int_0^t q dt \tag{5.12}$$

식 (5.6)을 식 (5.12)에 대입하고 0에서 t까지 범위에서 적분하면 지수감퇴에서 누적생산량을 계산할 수 있다.

$$N_p = \frac{q_i}{D}[1 - \exp(-Dt)] \tag{5.13}$$

여기서 식 (5.13)을 재정리하고 식 (5.6)의 생산량식을 대입하면 누적생산량식을 간단히 나타낼 수 있다.

$$N_p = \frac{q_i - q_2}{D} \tag{5.14}$$

위의 식 (5.14)는 y축이 q_2, x축이 N_p인 직선의 형태로 식 (5.15)와 같이 나타낼 수 있으며 이때 y절편은 q_i이고 기울기는 -D이다.

$$q_2 = -DN_p + q_i \tag{5.15}$$

지수감퇴곡선에서 생산량 q_2가 0이 되는 경우가 이론적인 최대 누적생산량이고 이때 식 (5.14)는 식 (5.16)과 같이 표현될 수 있다.

$$N_{p_{\max}} = \frac{q_i}{D} \tag{5.16}$$

3) 쌍곡선감퇴방정식

Arps는 b값이 0에서 1 사이인 경우를 쌍곡선감퇴곡선식(hyperbolic equations)으로 정의하였다. 쌍곡선감퇴의 경우에는 식 (5.7)을 재정리하여 초기 생산량과 최종 생산량 사이의 시간을 계산할 수 있다.

$$t = \frac{\left(\frac{q_i}{q_2}\right)^b - 1}{bD_i} \tag{5.17}$$

식 (5.8)을 재정리하여 쌍곡선감퇴에서 생산량과 감퇴율의 관계로 나타내면 다음과 같다.

$$\frac{D_i}{D_2} = \left(\frac{q_i}{q_2}\right)^b \tag{5.18}$$

식 (5.7)의 생산량을 식 (5.12)에 대입하고 초기시점과 최종시점인 0에서 t까지 적분하면 누적생산량 식을 유도할 수 있다.

$$N_p = \frac{q_i}{D_i(1-b)}\left[1 - \frac{1}{(1+bD_it)^{(1-b)/b}}\right] \tag{5.19}$$

식 (5.7)생산량을 위의 식에 대입하면 식 (5.20)이 된다.

$$N_p = \frac{q_i}{D_i(1-b)}\left[1 - \left(\frac{q_2}{q_i}\right)^{1-b}\right] \tag{5.20}$$

q_2=0에서 이론적인 최대 누적생산량은 식 (5.21)로 표현된다.

$$N_{pmax} = \frac{q_i}{D_i(1-b)} \tag{5.21}$$

쌍곡선감퇴의 경우 생산거동을 예측하기 위한 방정식이 복잡하다. 따라서 지수항, 초기감퇴율, 초기생산량을 각각의 생산자료 특성에 맞게 적절히 결정하여야 한다. 이를 결정하는 방법은 뒤에 설명하도록 하겠다.

4) 조화감퇴방정식

조화감퇴곡선식(harmonic equations)은 Arps(1945)에 의해 $b=1$인 경우로 정의되는 쌍곡선감퇴의 특수한 형태이다. 식 (5.18)의 일반적인 생산량과 감퇴율 사이의 관계식은 조화감퇴의 경우, 지수항 b가 1이기 때문에 다음과 같이 나타낼 수 있다.

$$\frac{D_i}{D_2} = \frac{q_i}{q_2} \tag{5.22}$$

또한 생산량 관련 식 (5.7)도 조화감퇴곡선의 경우에는 다음의 형태로 바뀐다.

$$q_2 = \frac{q_i}{1 + D_i t} \tag{5.23}$$

식 (5.23)을 재정리하면 생산량 변화 사이의 시간을 계산할 수 있다.

$$t = \frac{q_i - q_2}{D_i q_2} \tag{5.24}$$

식 (5.23)을 식 (5.12)에 대입하고 0에서 t까지 시간 동안 적분하면 초기값에서 일정시점까지 누적생산량을 계산하는 식을 구할 수 있다.

$$N_p = \frac{q_i}{D_i} \ln(1 + D_i t) \tag{5.25}$$

위의 식은 식 (5.23)와 결합하여 다음과 같이 간소화할 수 있다.

$$N_p = \frac{q_i}{D_i} \ln\left(\frac{q_i}{q_2}\right) \tag{5.26}$$

또한 식 (5.26)은 다음과 같이 바꾸어 나타낼 수 있다.

$$\ln q_2 = \ln q_i - \frac{N_p D_i}{q_i} \tag{5.27}$$

식 (5.27)은 x축이 N_p, y축이 $\ln\ q_2$인 직선으로 나타낼 수 있으며 이 직선에서 y절편은 $\ln\ q_i$, 기울기는 $-\dfrac{D_i}{q_i}$가 된다.

표 5.1 Arps의 경험식 정리(Poston and Poe, 2008)

	Decline rate	Producing rate q	Elapsed time, t	Cumulative production, Np
Exponential b=0	$\dfrac{\ln\left(\frac{q_i}{q_2}\right)}{t}$	$q_i \exp(-Dt)$	$\dfrac{\ln\left(\frac{q_i}{q_2}\right)}{D}$	$\dfrac{q_i - q_2}{D}$
Hyperbolic 0<b<1	$\dfrac{D_i}{D_2} = \left(\dfrac{q_i}{q_2}\right)^b$	$\dfrac{q_i}{(1+bD_i t)^{1/b}}$	$\dfrac{\left(\frac{q_i}{q_2}\right)^b - 1}{bD_i}$	$\dfrac{q_i}{D_i(1-b)}\left[1-\left(\dfrac{q_2}{q_i}\right)^{1-b}\right]$
Harmonic b=1	$\dfrac{D_i}{D_2} = \dfrac{q_i}{q_2}$	$\dfrac{q_i}{1+D_i t}$	$\dfrac{q_i - q_2}{D_i q_2}$	$\dfrac{q_i}{D_i}\ln\left(\dfrac{q_i}{q_2}\right)$
Dimensionless		$q_{Dd} = \dfrac{q_2}{q_i}$	$t_{Dd} = D_i t$	$N_{pDd} = \dfrac{N_p}{q_i/D_i}$

5.1.3 생산감퇴곡선법 활용

1) 모델 결정

다양한 생산자료에 대한 그래프를 도시하여 분석함으로써 생산감퇴곡선 모델을 결정할 수 있다. 만약 생산자료를 시간 t와 생산량 ln q에 대해 도시하였을 때 그림 5.1과 같이 직선의 형태로 나타난다면 식 (5.9)에 따라 생산자료는 지수감퇴곡선 모델이다. 또한 생산량 q와 누적생산량 N_p를 도시하였을 때 그림 5.2와 같이 직선으로 나타난다면 이 자료도 식 (5.15)에 따라 지수감퇴곡선 모델로 결정된다. 생산자료 중 시간 ln t와 생산량 ln q를 도시하였을 때 그림 5.3과 같이 직선의 형태를 보인다면 이 자료는 식 (5.23)에 따라 조화감퇴 모델을 따른다. 또한 생산량 ln q와 누적생산량 N_p를 도시하였을 때 그림 5.4와 같이 직선으로 나타난다면 이 생산자료는 식 (5.27)에 따라 조화감퇴 모델을 사용하여 분석해야 한다. 마지막으로 위의 그래프들을 도시하였을 때 직선의 형태로 나타나지 않는다면 식 (5.8)의 지수값에 따라 형태가 다른 쌍곡선감퇴곡선 모델을 따른다고 판단할 수 있다. 이 쌍곡선감퇴 곡선은 그림 5.5와 같이 도시하였을 때 지수감퇴와 조화감퇴 사이에서 지수값에 따라 다른 형태로 도시된다.

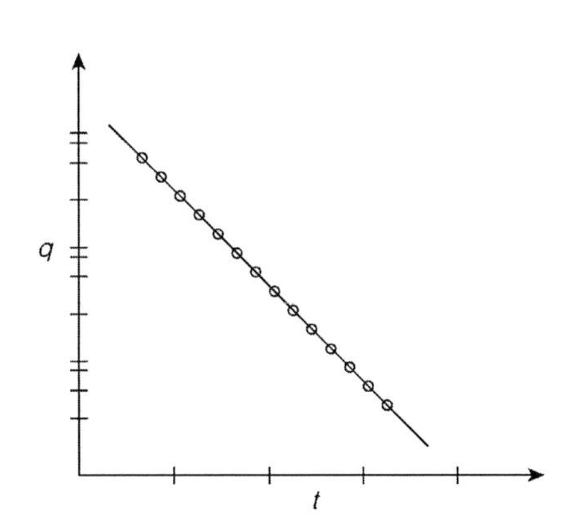

그림 5.1 지수감퇴를 나타내는 t와 ln q 그래프

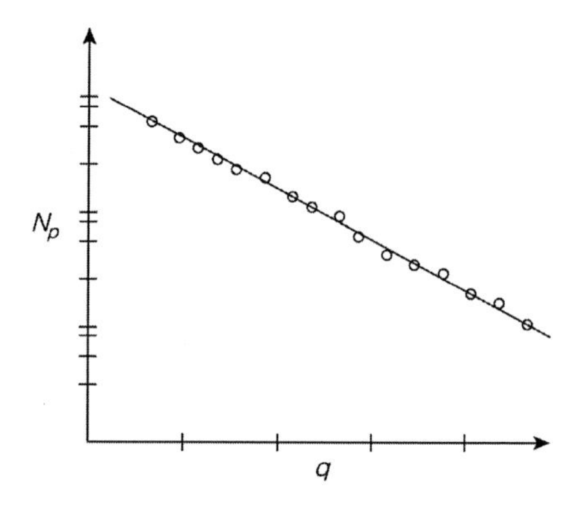

그림 5.2 지수감퇴를 나타내는 q와 N_q 그래프

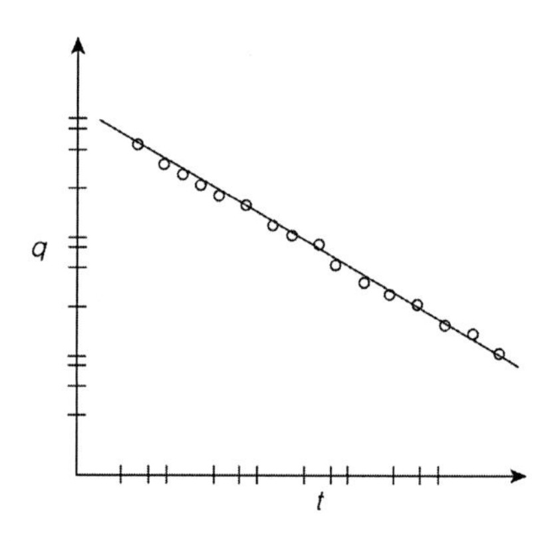

그림 5.3 조화감퇴를 나타내는 ln t와 ln q 그래프

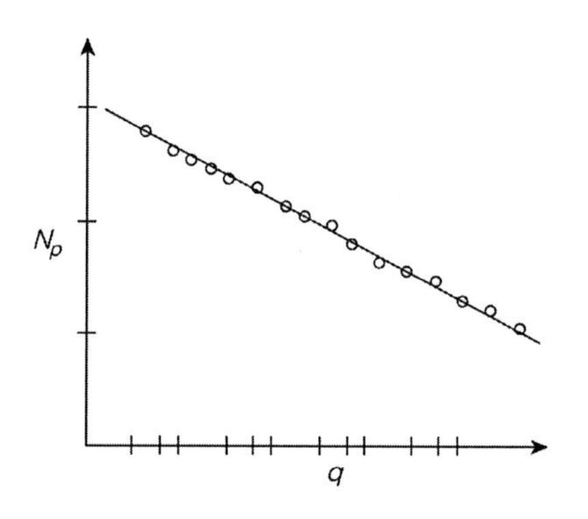

그림 5.4 조화감퇴를 나타내는 ln q와 N_q 그래프

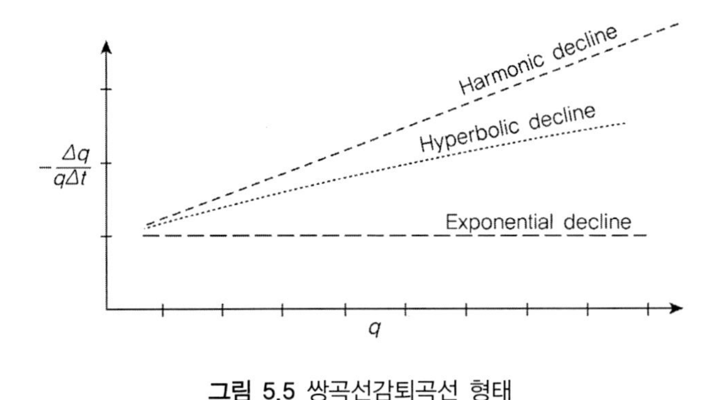

그림 5.5 쌍곡선감퇴곡선 형태

2) 생산감퇴 모델 변수 결정

생산감퇴 모델이 결정되면, 생산자료를 선택된 모델에 매칭하여 D와 b를 결정할 수 있다. 지수감퇴곡선 모델에서 D값은 t와 $\ln q$를 도시한 그림 5.1 그래프의 직선 기울기를 이용하여 식 (5.10)에 의해 계산할 수 있다. 또한 q와 N_p를 도시한 그림 5.2 그래프의 기울기를 근거로 식 (5.15)에 의해 계산할 수도 있다. 조화감퇴 모델에서 D값은 $\ln q$와 $\ln t$를 도시한 그림 5.3 그래프의 기울기에 근거하거나 또는 식 (5.23)에 의해 계산할 수 있다. 또한 $\ln q$와 N_p를 도시한 그래프의 기울기로부터 식 (5.27)에 의해 계산할 수도 있다.

그러나 실제 대부분의 생산정은 쌍곡선감퇴 경향을 나타내게 되고, 지수나 조화감퇴 경향은 쌍곡선감퇴의 간단하고 아주 특별한 경우에 지나지 않는다. 만약 생산자료가 정확하게 위의 경향을 따른다면 간단히 2개의 변수(D와 q_i)만을 결정하면 되지만, 현장자료가 b값이 0이나 1에 일치하여 감퇴경향이 정확히 직선을 나타내는 것은 거의 불가능하다. 따라서 현장자료를 활용하는 경우 b값을 포함하여 3개의 변수를 결정하는 것이 일반적이다. 이 변수들을 결정하는 방법으로는 시행착오법(Trial and error), 표준곡선 중첩법, 도식적으로 매칭하는 방법, 통계적인 분석에 의한 방법이 있다. 일반적으로 통계적인 방법은 그래프를 도시하여 매칭하는 도식적인 방법보다 더 정확한 결과를 도출할 수 있다. 통계적인 방법은 회귀분석을 통해 쌍곡선감퇴의 3개 변수를 규명하는 것으로 선형 반복 회귀분석법, 비선형 최소자승법 등이 사용된다.

3) 선형 회귀분석을 이용한 쌍곡선감퇴 변수 결정

선형 회귀분석에 의한 간단한 방법으로 식 (5.7)에 근거하여 다음의 과정을 통해 변수를 결정할 수 있다.

1. bD_i의 값을 가정한다.
2. ln q와 ln $(1+bD_it)$의 그래프를 도시한다.
3. 이 그래프가 직선이 아니면 이 과정을 반복한다.
4. 그래프가 직선이 되면 이 직선의 기울기는 $-1/b$, y축 절편은 ln q_i가 되고, D_i는 이때의 bD_i값을 b로 나누어서 계산할 수 있다.

예제 5.1

(1) 생산정에서 지수감퇴율은 1%/month이고 현재 생산량은 150 STB/D이다.

1. 2년 후 생산량은 얼마인가?
2. 2년 후 누적생산량은 얼마인가?
3. 2년 후 감퇴율은 얼마인가?
4. 생산량이 10 STB/D로 감소되는 시점?
5. 24년 말에서 25년 말까지 총 누적생산량은 얼마인가?

(2) 생산정에서 조화감퇴율은 1%/month이고 현재 생산량은 150 STB/D이다.

1. 2년 후 생산량은 얼마인가?
2. 2년 후 누적생산량은 얼마인가?
3. 2년 후 감퇴율은 얼마인가?
4. 생산량이 10 STB/D로 감소되는 시점?
5. 24년 말에서 25년 말까지 총 누적생산량은 얼마인가?

(3) 생산정에서 쌍곡선감퇴율은 1%/month이고 b=0.6이며 현재 생산량은 150 STB/D이다.

1. 2년 후 생산량은 얼마인가?
2. 2년 후 누적생산량은 얼마인가?
3. 2년 후 감퇴율은 얼마인가?
4. 생산량이 10 STB/D로 감소되는 시점?
5. 24년 말에서 25년 말까지 총 누적생산량은 얼마인가?

(4) 생산정에서 생산자료는 표 5.2와 같다.

1. 다음 그래프를 도시하시오.
   a. t와 ln q
   b. q와 N_p
   c. ln t와 ln q
   d. ln q와 N_p
2. 생산감퇴 경향이 지수, 쌍곡선, 조화감퇴곡선 모델 중 어느 것인가?
3. 조화감퇴곡선 모델을 적용하여 회귀분석을 통해 초기 감퇴율 D_i와 지수 b, 초기 생산량 q_i를 결정하시오.
4. 위에서 결정된 생산감퇴곡선식을 이용하여 240번째 달과 480번째 달에서 생산량과 누적생산량을 예측하시오.
5. 경제적 한계 생산량이 6 STB/D일 때 생산정의 잔존수명은?

표 5.2 예제 4에 대한 생산자료(Towler, 2002)

Time (months)	Rate (STB/D)
0.5	660
1.5	596
2.5	579
3.5	523
4.5	531
5.5	421
6.5	419
7.5	410
8.5	456
9.5	382
10.5	405
11.5	384
12.5	364
13.5	366
14.5	323

(5) 생산정에서 생산자료는 표 5.3과 같다.

1. 이 생산자료는 어떤 종류의 감퇴경향을 보이고 그 이유는 무엇인가?
2. $t=0$일 때 생산량을 계산하시오.
3. D_i와 b를 결정하시오.

표 5.3 예제 5에 대한 생산자료(Towler, 2002)

Time (months)	Rate (STB/D)
0	350
1	345
2	340
3	335
4	330
5	325
6	320
7	315
8	310
9	306
10	301
11	297
12	292
13	288
14	284

5.2 MBE 방법

5.2.1 개요

물질수지법은 기본적으로 저류층을 하나의 탱크로 가정하는 0차원 접근방법으로 탱크 내에서 오일, 가스, 물 등 유체의 종류에 관계없이 단상(single phase) 유동을 가정한다. 저류층 내의 생산정이나 주입정의 수 또는 저류층의 외곽 경계조건(단층이나 대수층)과 관계없이 탱크 내로 유입된 유체와 탱크 외부로 유출된 유체의 질량보존법칙에 기반하여 물질수지방정식이 유도된다. 이 물질수지방정식으로부터 탱크 전체의 평균 압력이나 매장량 및 생산성 분석이 이루어진다.

5.2.2 가스 물질수지법

가스 저류층에 적용되는 가스 물질수지방정식을 질량보존의 법칙을 통해 살펴보면 다음과 같다.

$$\begin{bmatrix} \text{Weight of} \\ \text{Gas Pr}oduced \end{bmatrix} = \begin{bmatrix} \text{Weight of} \\ \text{Gas} \in ially \\ \text{in Reservoir} \end{bmatrix} - \begin{bmatrix} \text{Weight of} \\ \text{Gas Remaining} \\ \text{in Reservoir} \end{bmatrix} \tag{5.28}$$

이 식을 가스의 몰 수(n)에 근거한 몰 평형관계로 나타내면 다음과 같다.

$$n_p = n_i - n_f \tag{5.29}$$

여기서 아래첨자 p는 생산(produced), i는 초기(initial), f는 최종(final)을 나타낸다.

식 (5.29)에 실제가스의 상태방정식을 적용하면 다음의 식이 유도된다. 이 식에서

G는 원시가스부존량(original gas in place: $OGIP$)을 나타낸다. 원시가스부존량은 초기가스부존량(initial gas in place: $IGIP$)이라고도 하고, 'G'로 표기하며 단위는 $[SCF]$를 사용한다.

여기서, 물의 등온압축률 c_w와 저류암의 등온압축률 c_r은 0으로 가정한다.

$$G_p B_{gf} = G(B_{gf} - B_{gi}) + 5.615(W_e - B_w W_p) \tag{5.30}$$

윗 식에서 W_e는 저류층 내로 유입된 누적물유입량으로서 단위는 저류층 조건하에서의 부피인 $[bbl]$을 사용하고, W_p는 지상으로 생산된 누적물생산량이므로 단위는 표준조건의 부피인 $[STB]$를 사용한다. B_{gi}는 저류층 초기압력과 온도조건에서의 가스 용적계수로서 단위는 $[ft^3 / SCF]$이다. 또한 B_w는 물 용적계수이고 단위는 $[bbl / STB]$이다. 식 (5.30)를 물 불출입 가스저류층(volumetric gas reservoir)에 대해 살펴보면, 물 불출입 시스템은 저류층으로 유입되는 물도 없고, 저류층으로부터 생산되는 물도 없는 것으로 가정하므로 식 (5.30)는 다음과 같이 간단해진다.

$$G_p B_{gf} = G(B_{gf} - B_{gi}) \tag{5.31}$$

이 식에서 B_{gf}는 포기조건(abandonment condition) 하에서 가스 용적계수이다. 이를 특정 압력과 온도조건에서의 가스 용적계수인 B_g로 대체하면 다음의 식으로 쓸 수 있다.

$$G_p B_g = G(B_g - B_{gi}) \tag{5.32}$$

식 (5.32)에 가스 용적계수 B_g와 B_{gi} 정의를 대입하여 정리하면 다음과 같다.

$$\frac{p}{z} = -\left(\frac{p_i}{z_i}\frac{1}{G}\right)G_p + \frac{p_i}{z_i} \tag{5.33}$$

이 식을 $p/z \ vs. \ G_p$ 그래프에 도시하면 그림 5.6에서 직선으로 나타난 그래프와 같다. 이 그래프상에서 식 (5.33)은 기울기 $(-\frac{p_i}{z_i}\frac{1}{G})$와 y축 절편 p_i/z_i를 갖는 직선으로 나타난다.

식 (5.33)에서 p/z가 0일 때, G_p는 G가 되어 그림 5.6에서처럼 초기가스부존량($IGIP$)이 된다. 따라서 가스정에서 취득된 생산량과 저류층 평균 압력자료를 그림 5.6의 그래프와 같이 도시한 후 이 자료를 직선으로 근사하여 p/z가 0인 x-축까지 연장하면 가스전의 초기가스부존량을 계산할 수 있다. 뿐만 아니라, 생산에 의해 압력이 특정 압력까지 강하했을 때 누적가스생산량 G_p 혹은 경제적 포기 생산량에서 저류층 평균 압력을 예측할 수 있고 이에 대한 회수율을 계산할 수 있다.

그러나 그림 5.6에서 볼 수 있듯이, 가스 압축계수 z는 압력에 비선형함수이므로 식 (5.33)를 $p \ vs. \ G_p$ 그래프 상에 도시하면 비선형 곡선으로 나타난다. 따라서 이 경우에는 누적가스생산량 G_p나 $IGIP$를 예측하면 큰 오차가 발생할 수 있다.

물 출입 가스저류층(water-drive gas reservoir)의 경우에는 가스가 생산됨에 따라 주변 대수층에서 물이 유입되어 저류층의 압력을 유지함으로써 그림 5.6의 'water-drive system'을 나타내는 곡선과 같이 압력이 유지되는 형태의 비선형으로 나타난다.

가스전의 경우, 가스가격, 가스정 운영비, 수송비, 가압비(compressing cost) 등의 요인에 따라 가스정에서 생산되는 가스생산량이 현 시점에서 더 이상 경제성이 없는 것으로 평가되면 그 가스정은 생산이 중단된다. 이때의 압력과 온도를 포기압력(abandonment pressure)과 포기온도(abandonment temperature)라 하며, 가스 물질수지법에 따라 이 시점에서 누적가스생산량을 계산함으로써 가스정의 경제성 분석을 수행하는 것이 가능하다.

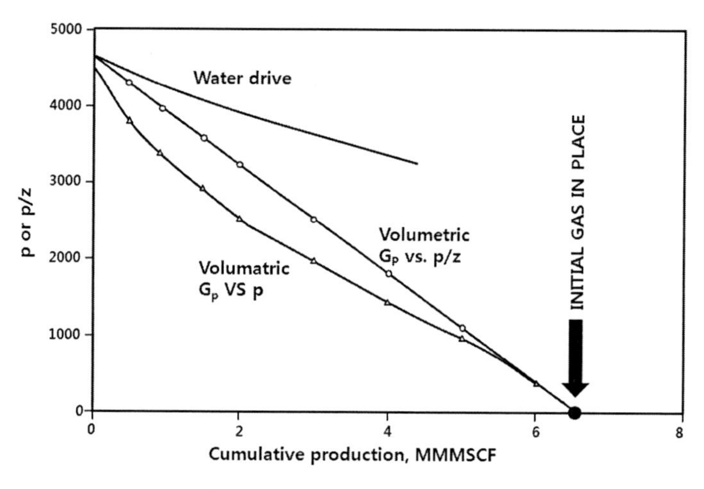

그림 5.6 가스 저류층에서 생산추이

예제 5.2

건가스의 구성성분은 아래 표와 같다. 이 가스전으로부터 취득된 생산자료를 이용하여 생산성을 분석하고자 한다.

초기 저류층 압력 4320$psia$, 저류층 온도 200°F, 공극률 0.18,

물 포화율 0.42, 저류층 두께 23ft

(초기 저류층 압력 4300 $psia$, 저류층 온도 200°F)

Component	Mole Fraction	p/z [$psia$]	G_p [BCF]
Methane	0.8	4560	0.0
Ethane	0.16	3820	1.25
Propane	0.04	3000	2.24
		2800	2.86

(1) 저류층 압력이 초기압력인 4320$psia$로부터 1900$psia$까지 강하했을 때 생산될 수 있는 누적가스 생산량을 계산하시오.

(2) 저류층의 면적을 계산하시오.

5.2.3 오일 물질수지법

석유공학자의 주요 업무 중 하나가 오일매장량과 생산메커니즘에 따른 회수율을 주기적으로 계산하는 작업이다. 석유개발 기업들은 이러한 주기적인 매장량 산출과 생산량 예측 작업을 별도의 독립부서에서 전담하도록 하여 기업의 재정상태 파악을 통한 자산관리를 함으로써 소유 유전의 일부 지분을 매입 또는 매각하는 데 중요한 정보자료로 사용하고 있다. 이러한 작업을 수행하는 데 중요하게 사용되는 공학적 방법 중의 하나가 물질수지법이다.

오일 물질수지법의 기본적인 메커니즘을 알아보면 유전에 생산정을 시추하여 오일과 가스와 물이 생산되면 이에 따라 저류층 압력은 강하된다. 생산이 진행되면 저류층으로부터 유체가 빠져나간 만큼 저류층 내에서는 잔류된 오일이나 가스가 팽창된 상태로 빈 공극을 메우게 된다. 뿐만 아니라, 저류층은 일반적으로 대수층과 접해 있어서 생산에 의해 압력이 떨어지면 저류층 내로 물이 유입되어 빈 공극이 채워지게 된다. 저류층으로 물이 유입됨으로써 저류층 내의 잔류유체는 덜 팽창하게 되고, 물 유입으로 인해 저류층 압력은 서서히 강하된다. 여기서 일반적으로 저류층의 온도변화는 없다고 가정하므로 잔류유체의 팽창은 압력 강하에 의해서만 일어난다고 가정한다.

물질수지법의 기본식인 물질수지방정식은 저류층의 공극부피는 일정하기 때문에 이 일정 공극 내에서 압력변화에 따른 오일, 가스, 물, 암석의 부피변화의 합은 0이라는 부피 평형관계에서 시작된다. 즉, 물 불출입 저류층의 경우, 오일과 가스가 생산되면 이만큼의 공극부피는 잔류된 오일, 가스, 물과 암석의 팽창에 의해 변화된 부피로 메워지게 된다. 물 출입 저류층의 경우에는 일부의 공극부피 변화는 주변대수층으로부터 유입되는 물에 의해 공극이 채워지게 된다. 이러한 변화는 유체나 암석의 등온압축률(isothermal compressibility)에 따라 다르게 일어난다. 일반적으로 물이나 암석의 등온압축률은 매우 작거나 0이지만 기포점압 이상에서 액상 오일의 압축률도 매우 작은 값을 가지므로 물이나 암석의 압축률에 의한 효과도 완전히 무시할 수만은 없다. 그러나 기포점압 이하의 저류층에는 자유가스(free gas)나 용해가스(solution gas)가 상당량 존재하므로 가스 압축률(10^{-3} ~ 10^{-4} psi^{-1})에 비하면 물(10^{-5} ~ 10^{-6} psi^{-1})이나 암석(10^{-6} psi^{-1})의 압축률에 의한 효과는 무시할 수 있다.

물질수지방정식을 유도하는 데 물과 암석의 압축률에 의한 부피 변화 효과를 무시하면 다음의 평형관계가 정립된다.

$$\begin{bmatrix} \text{Underground} \\ \text{Withdrwal} \end{bmatrix} \tag{5.34}$$

$$= \begin{bmatrix} \text{Expansion} \\ \text{of} \\ \text{Oil} \end{bmatrix} \quad \begin{bmatrix} \text{Dissolved Gas} \\ \text{Liberation from} \\ \text{Oil} \end{bmatrix} \quad \begin{bmatrix} \text{Expansion of} \\ \text{Gas Cap} \end{bmatrix} \quad \begin{bmatrix} \text{Water inflow} \\ \text{from Aquifer} \end{bmatrix}$$

윗 식의 오른쪽 각 항은 저류층 조건에서 자연에너지에 의한 1차 회수메커니즘을 의미하며, 왼쪽 항은 저류층으로부터 생산된 유체의 양을 나타낸다.

물질수지방정식을 유도하기 이전에 주요 변수를 정의하면 다음과 같다.

N은 원시오일부존량(original oil in place: $OOIP$) 또는 초기오일부존량(initial oil in place: IOIP, STB)이라 하고 단위는 [STB]이다. N_p는 누적오일생산량(cumulative oil production)이며 단위는 [STB]이다. R_p와 R_{so}는 각각 생산가스-오일비(producing GOR(gas oil ratio))와 용해가스-오일비(solution+ GOR)로서 단위는 [SCF/STB]이다. 여기서 B_{oi}는 초기압력과 온도 조건에서의 오일 용적계수이며, 단위는 [bbl/STB]이다.

■ 오일 팽창(expansion of oil)

저류층 압력이 기포점압 이상에서 감소되면 용해가스 방출 없이 오일이 액체상태로서 팽창하므로 오일 용적계수 B_o가 중요한 역할을 한다. 이때 저류층 조건에서의 부피 변화는 다음과 같다.

$$[\text{Expansion of Oil}] = NB_o - NB_{oi} \quad [\text{bbl}] \tag{5.35}$$

$$= N(B_o - B_{oi}) \quad [\text{bbl}]$$

■ 용해가스 드라이브(dissolved gas drive)

저류층 압력이 기포점압 이하에서는 오일에 용해되어 있던 가스가 방출되므로 액체에서 기체로의 부피 변화에 의해 유체가 생산된다. 이때는 용해가스-오일비 R_{so}가 중요한 인자이다. 이로 인한 저류층 조건에서의 부피 변화는 다음과 같다.

$$\begin{bmatrix}\text{Dissolved gas} \\ \text{Drive}\end{bmatrix} = \left(N R_{so_i} - N R_{so}\right) B_g \quad [\text{bbl}] \tag{5.36}$$

여기서 가스 용적계수 B_g의 단위는 [bbl/SCF]이다.

■ 가스캡 팽창 드라이브(gas cap expansion drive)

가스는 오일이나 물에 비해 비중이 가벼워서 저류층 최상부에 위치하는데 이 자유가스층을 가스캡(gas cap)이라 한다. 생산으로 인해 저류층 압력이 강하되면 가스캡이 팽창되고 이 팽창된 부피만큼 오일이 밀려 생산되게 된다. 이 생산메커니즘에서는 가스캡의 크기 'm'이 중요한 인자로서 'm' 값은 물리검층 자료, 코어분석실험 자료 및 가스-오일 경계면(gas-oil contact: GOC)과 물-오일 경계면(water-oil contact: WOC)을 알 수 있는 유정완결(well completion) 자료로부터 결정된다.

$$m = \frac{\in ial\ HCPV\, of\ gas}{\in ial\ HCPV\ of\ oil\ zone} = \frac{GB_{gi}}{NB_{oi}}$$

팽창된 가스캡의 부피 변화를 저류층 압력과 온도 조건에서 살펴보면 다음과 같다.

$$\begin{bmatrix} \text{Exapansion} \\ \text{of gas cap} \end{bmatrix} = \left[mNB_{oi} \frac{B_g}{B_{gi}} \right] - \left[mNB_{oi} \right] \qquad [\text{bbl}]$$

$$= mNB_{oi} \left(\frac{B_g}{B_{gi}} - 1 \right) \qquad [\text{bbl}] \qquad (5.37)$$

위의 식에서 B_g의 단위는 [bbl/SCF]이다.

■ 배출 유체(underground withdrawal)

앞에서 언급된 오일 팽창, 용해가스 방출 및 가스캡 팽창과 주변 대수층에서의 물 유입과 같은 생산메커니즘에 의해 저류층으로부터 배출된 유체 부피는 아래와 같이 나타낼 수 있다.

$$\begin{bmatrix} \text{U nderground} \\ \text{withdrawal} \end{bmatrix} = N_p B_o + N_p (R_p - R_{so}) B_g + W_p B_w \qquad [\text{bb} \qquad (5.38)$$

윗 식에서 W_p는 누적물생산량으로서 단위는 [STB]이고, B_w는 물 용적계수로 단위는 [bbl/STB]이다.

■ 물질수지방정식

식 (5.35)~(5.38)을 식 (5.34)의 평형관계식에 적용한 후 정리하면 다음과 같은 일반 물질수지방정식이 유도된다.

$$N_p \left[B_o + (R_p - R_{so}) B_g \right] + W_p B_w$$
$$= N[(B_o - B_{oi}) + (R_{soi} - R_{so}) B_g + mB_{oi} \left(\frac{B_g}{B_{gi}} - 1 \right)] + W_e \qquad [\text{bbl}]$$

(5.39)

윗 식에서 W_e는 주변대수층에서 저류층으로 유입되는 누적물유입량이며, 물 유입은 지하의 저류층 조건 하에서 발생하는 것이므로 단위는 저류층 조건하에서의 부피인 [bbl]을 사용한다. 식 (5.39)에서 편의상 오일 용적계수와 가스 용적계수의 결합형태인 아래의 2상 용적계수(B_t)를 사용하면 식 (5.40)로 표현된다.

$$N_p\left[B_o + (R_p - R_{so_i})B_g\right] + W_p B_w \qquad (5.40)$$
$$= N[(B_t - B_{t_i}) + mB_{o_i}\left(\frac{B_g}{B_{g_i}} - 1\right)] + W_e \qquad [\text{bbl}]$$

B_t는 저류층 압력이 기포점압 이상일 때는 $B_t = B_{oi}$이고 기포점압 이하일 때는 $B_t = B_o + (R_{soi} - R_{so})B_g$이다.

일반적으로 유전에서는 오일 팽창, 용해가스 방출, 가스캡 팽창, 물 유입의 주요 1차 회수메커니즘이 동시에 발생하여 이들 효과에 의해 생산된다. 여기서, 오일 팽창과 용해가스 방출에 의한 생산은 'Depletion' 드라이브 메커니즘에 기인하는 것으로서, 이 효과를 'Depletion' 드라이브지수, DDI(depletion drive index)라 한다.

가스캡 팽창에 의한 생산은 'segregation' 드라이브 메커니즘에 기인하며, 이 효과를 'segregation' 드라이브지수 또는 SDI(segregation drive index)라 한다. 물 유입에 의한 생산 효과는 물 유입 드라이브지수 또는 WDI(water drive index)라 한다.

Pirson(1958)은 앞에서 언급된 1차 회수메커니즘 중 저류층별로 각 생산메커니즘의 비중을 분석하기 위해 식 (5.40)를 재정리한 아래의 식을 제시하였다.

$$\frac{N(B_t - B_{t_i})}{<RHS>} + \frac{\frac{mNB_{t_i}}{B_{g_i}}(B_g - B_{g_i})}{<RHS>} + \frac{W_e - W_p B_w}{<RHS>} = 1 \qquad (5.41)$$

여기서 〈RHS〉는 저류층 조건으로 전환된 유체의 누적생산부피를 말한다.

$$< RHS > \; = N_p \left[B_t + (R_p - R_{so_i}) B_g \right]$$

식 (5.41)에 Pirson의 약어를 사용하여 정리하면 다음과 같이 표현된다.

$$DDI + SDI + WDI = 1 \tag{5.42}$$

여기서

$$DDI = \frac{N(B_t - B_{t_i})}{< RHS >}$$

$$SDI = \frac{\dfrac{m N B_{t_i}}{B_{g_i}} (B_g - B_{g_i})}{< RHS >}$$

$$WDI = \frac{W_e - W_p B_w}{< RHS >}$$

■ 물질수지방정식에 의한 물 불출입 오일저류층

- 불포화 오일저류층: 오일 팽창 메커니즘

저류층의 초기압력이 기포점압보다 높은 저류층을 불포화 오일저류층(undersaturated oil reservoir)이라 하는데, 이러한 저류층 조건에서는 액상인 물과 오일만 존재하고 가스는 없으므로 가스캡의 크기인 'm'은 0이다. 여기서는 저류층의 초기압력도 기포점압보다 높고, 생산에 의해 강하된 저류층 압력도 기포점압보다 높은 경우에 대해 살펴본다.

이와 같은 저류층에서의 주요 1차 회수메커니즘은 오일 팽창 기능이다. 또한 저류층이 물 불출입 저류층(volumetric reservoir)이라 가정하면 주변대수층으로부터의 물 유입도 없고 물 생산도 거의 무시할 정도이므로 $W_e = 0$, $W_p = 0$이다. 기포점압 이상에서는 용해가스의 방출이 없으므로 용해가스-오일비가 초기상태의 일정한 값을 그대로 유지한다.

뿐만 아니라, 이러한 저류층 조건에서는 자유가스가 존재하지 않으므로 생산정에서 생산되는 가스는 모두 저류층에서는 오일에 용해된 상태로 있다가 오일이 지상으로 나오면서 방출된 것이다. 따라서 저류층 압력이 기포점압 이상의 구간에서는 생산가스-오일비(R_p)와 용해가스-오일비(R_{so})가 동일하다.

앞에서 언급된 바와 같이, 불포화 오일저류층의 특징과 물 불출입 저류층의 가정을 일반물질수지방정식 식 (5.40)에 적용하면 다음과 같은 간단한 식으로 나타난다.

$$N = \frac{N_p B_t}{B_t - B_{t_i}} \tag{5.43}$$

$$R = \frac{N_p}{N} = \frac{B_t - B_{t_i}}{B_t} \tag{5.44}$$

- 불포화 오일저류층: 용해가스 드라이브 메커니즘(그림 5.7)

이러한 형태의 저류층의 경우, 앞선 경우와 모든 가정이 동일하나, 한 가지 다른 점은 생산에 의한 저류층의 압력이 기포점압 이하까지 강하한다는 것이다. 저류층 압력이 기포점압 이하로 떨어지면 저류층 내에서는 오일로부터 용해가스가 방출되므로 용해가스-오일비는 압력에 따라 다른 값을 갖는다. 위의 조건들을 식 (5.40)에 적용하면 다음 식이 유도된다.

$$N(B_t - B_{t_i}) = N_p[B_t + (R_p - R_{so_i})B_g] \tag{5.45}$$

용해가스 드라이브 메커니즘의 특징을 살펴보면, 저류층 압력이 기포점압 아래로 떨어지는 순간부터 기포가 생성되고, 그 이후 생산이 지속되면 생성되는 기포들이 생산정 주변으로 모이고 합쳐지면서 생산정 주변에 하나의 커다란 가스포켓(gas pocket) 또는 가스뱅크(gas bank)가 형성된다. 한번 생산정 주변에 가스포켓이 형성되면 오일유동이 방해를 받고 이 시점부터는 생산가스-오일비가 급증한다. 이러한 생산정은 더 이상 유정으로서의 가치가 없게 되므로 이와 같은 오일저류층의 경우에는 생산정의 운영압력을 매우 조심스럽게 조절하며 생산해야 한다.

생산가스-오일비가 큰 생산정은 생산정이 유정임에도 불구하고 가스가 다량 생산되므로 회수율이 낮게 나타난다.

$$R = \frac{N_p}{N} = \frac{(B_t - B_{t_i})}{B_t + (R_p - R_{so_i})\,B_g}$$

$$= \frac{(B_t - B_{t_i})}{(B_t - R_{so_i} B_g) + B_g\,R_p} \tag{5.46}$$

가스가 많이 생산되는 오일저류층에서는 생산되는 일부 가스를 저류층으로 재주입하므로서 저류층의 압력을 유지시켜주는 효과와 주입가스로 하여금 오일을 밀어내는 효과를 볼 수 있다. 이 경우, 사실상의 순생산가스(net producing gas)는 총 생산가스에서 주입가스를 제외한 나머지이므로 식 (5.46)의 생산가스-오일비 R_p도 순생산가스 값만을 적용해야 한다. 가스 재주입시에는 식 (5.46)에서 R_p를 제외한 다

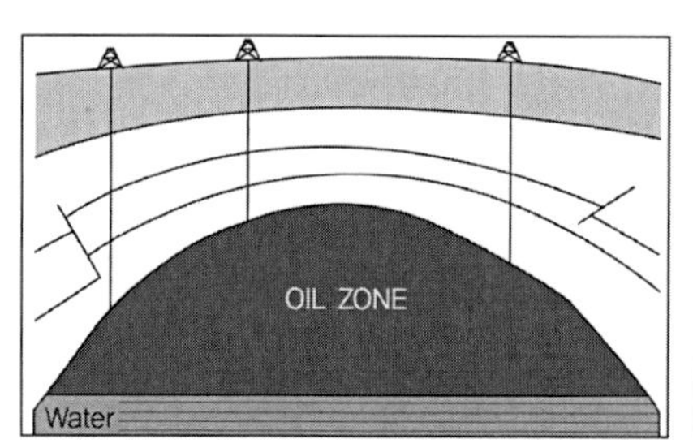

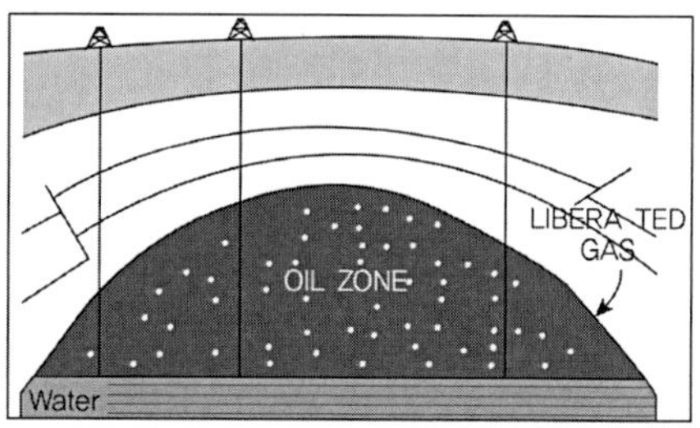

그림 5.7 용해가스 드라이브 저류층(Holstein, 2007)

른 특성들은 압력에 따른 저류층 유체의 PVT 특성들이므로 변화가 없고, R_p 값만 가스 재주입에 의해 작은 값으로 나타나므로 회수율은 증진됨을 알 수 있다.

- 포화 오일저류층: 가스캡 팽창 드라이브 메커니즘(그림 5.8)

포화오일저류층(saturated oil reservoir)은 초기 저류층 압력이 기포점압과 같거나 낮은 저류층을 말한다. 초기 저류층 압력이 기포점압보다 낮은 저류층의 경우에는 저류층 최상단부에 자유가스 상태의 가스캡(gas cap)이 존재한다. 이러한 저류층의 경우에는 가스캡의 팽창이 주요 생산메커니즘이다. 이와 같은 저류층에 대한 매장량 및 생산성 분석을 위한 물질수지방정식은 아래와 같다.

$$N\left[(B_t - B_{t_i}) + \frac{m\,B_{t_i}}{B_{g_i}}(B_g - B_{g_i})\right] = N_p\left[B_t + (R_p - R_{soi})B_g\right] \qquad (5.47)$$

포화오일가스캡저류층은 생산이 시작되어 저류층 압력이 떨어지면 오일부존지역에서 가스기포가 발생함으로써 오일층과 가스캡층이 접해 있는 가스 단면(gas front)을 유지하기가 어렵게 된다. 가스캡 팽창 메커니즘은 용해가스 드라이브 메커니즘과는 달리 가스캡이 팽창되면서 가스캡 자체가 오일을 밀어내는 기능이다. 따라서 가스캡저류층은 저류층 압력이 기포점압 근처에서 유지된 상태로 생산이 될 수 있도록 생산정의 운영압력과 생산량에 특히 유의해야 한다.

최대 오일생산효율을 얻기 위해서는 오일부존지역에서 기포 발생을 최소화하여

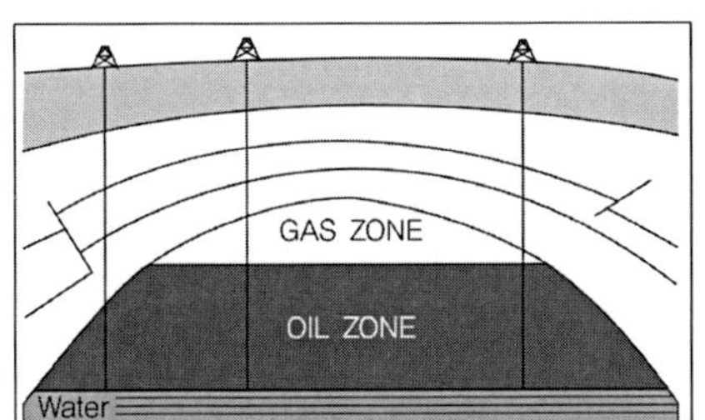

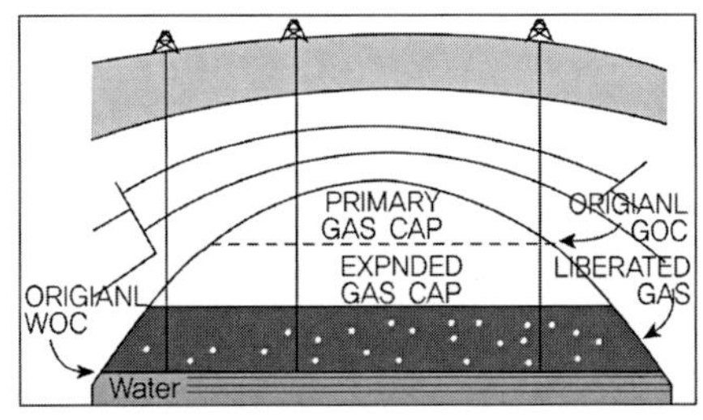

그림 5.8 가스캡 팽창 드라이브 저류층(Holstein, 2007)

최소의 가스량만을 유지하도록 하는 것이 바람직하다. 그러나 잘못된 생산정 운영에 의해 오일부존지역에서 가스가 다량 형성되어 있으면 생산을 중지한 후 가스가 오일 상단부의 가스캡 지역으로 이동할 때까지 기다렸다가 적정운영압력과 적정생산량으로 재생산해야 하는 심각한 문제가 발생한다.

용해가스-오일비는 오일의 특성이므로 이를 인위적으로 조절하는 것은 불가능하므로 대부분의 가스캡저류층 경우에는 생산되는 가스를 주입정을 통해 저류층으로 재주입함으로써 저류층 압력이 기포점압 이하로 떨어지는 것을 방지하고 이에 의해 오일 회수율의 증진을 기대할 수 있다.

- 물질수지방정식에 의한 물 출입 오일저류층(그림 5.9)

대부분의 저류층은 외곽경계의 일부 또는 전체가 물을 함유하고 있는 지층인 대수층(aquifer)과 접해 있다. 일반적으로 대수층은 저류층보다 훨씬 크면(strong aquifer) 저류층의 생산성에 영향을 미치기도 하지만 무시할 수 있을 정도로 작은 경우도 있다.

대수층과 접해 있는 저류층의 경우, 아래의 요인들에 의해 저류층으로 물이 유입됨으로써 저류층 압력강하가 지연된다.

① 대수층 내 물의 등온압축률에 의한 팽창 효과
② 대수층 내에 용해되어 있는 탄화수소의 등온압축률에 의한 팽창 효과
③ 대수층 암석의 등온압축률에 의한 공극 수축 효과

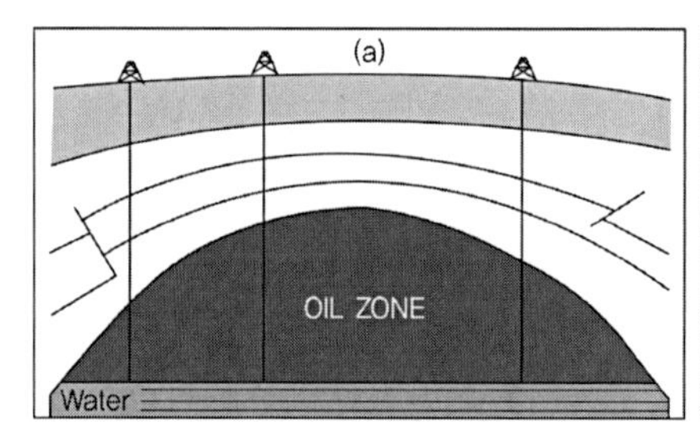

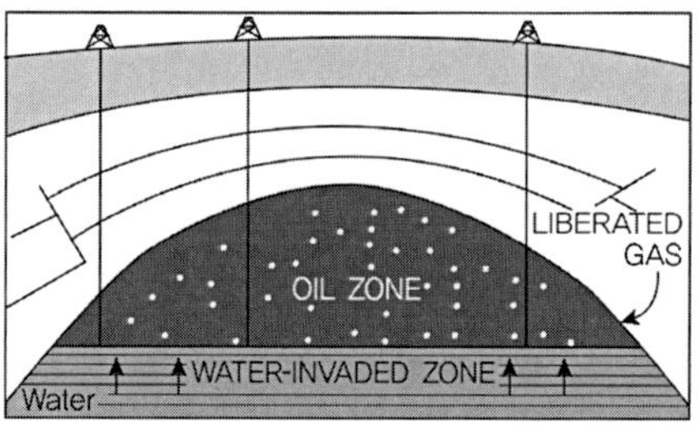

그림 5.9 대수층 유입 드라이브 저류층(Holstein, 2007)

대수층이 저류층의 생산성에 미치는 영향을 규명하기 위해서는 대수층으로부터 저류층으로 유입되는 물의 양을 알아야 한다. 이 지층수유입량(W_e)은 다음의 두 가지 방법으로 계산할 수 있다.

첫째는 Havlena와 Odeh가 제안한 방법으로서 저류층으로부터의 생산자료를 이용하여 정상유동물질수지방정식인 식 (5.39)에 의해 산출하는 방법이다. 두 번째는 생산에 의한 저류층의 압력변화를 이용하여 대수층 내에서의 비정상유동방정식에 의해 물 유입량을 계산하는 방법이다. 여기서 두 번째 방법은 시간에 따른 압력의 변화를 이용하는 방법이므로 첫 번째 방법보다는 정확한 산출법이라고 할 수 있다. 물 유입량을 계산하는 데 일반적으로 대수층의 크기나 형태(shape) 및 공극률이나 투과도와 같은 대수층의 특성을 파악하기 위한 시추는 별도로 하지 않기 때문에 이러한 요인들에 대한 불확실성의 존재로 인해 물 유입량 계산에 어느 정도 오차가 발생할 수 있다.

예제 5.3 아래의 자료를 이용하여 유전의 원시부존량을 계산하시오(성원모, 2008).

이 유전은 대수층과 접해 있어서 물 유입이 가능하며, 발견 당시 초기부터 가스가 저류층 최상단부에 위치해 있어 오일, 가스, 물이 동시에 유동할 수 있는 포화오일 저류층이다.

저류층 특성 및 생산자료	PVT 특성
오일부존층 부피: 240,000 ac − ft	B_{ti}(2680psia): 7.41 ft^3/STB
가스부존층 부피: 40,000 ac − ft	B_{gi}2680 psia): 0.0058 ft^3/SCF
초기 저류층 압력: 2680 psia	B_t(1800 psia): 8.31 ft^3/STB
생산 최종 압력: 1800 psia	B_w: 1.03 bbl/STB
누적오일생산량: 16.0 MMSTB	B_g(1800psia): 0.0091 ft^3/SCF
누적 물유입량: 8.0 MM bbl	R_{soi}(2680 psia): 615 SCF/STB
누적 물생산량: 3.0 MMSTB	R_p(1800 psia): 800 SCF/STB

· 참고문헌 ·

성원모, 2008, *석유가스공학 - 저류공학 기초*, 도서출판 구미서관.

Agarwal, R.G., Gardner, D.C., Kleinstieber, S.W. and Fussell, D.D., 1999, "Analyzing Well Production Data Using Combined Type Curve and Decline Curve Analysis Concepts," SPEREE, Vol. 2, No. 5, pp. 478-486.

Arps, J.J., 1945, "Analysis of Decline Curves," Trans., AIME, Vol. 160, pp. 228-247.

Arps, J.J., 1956, "Estimation of Primary Oil Reserves," Trans., AIME, Vol. 207, pp. 182-191.

Doublet, L.E. and Blasingame, T.A., 1995a, "Evaluation of Injection Well Performance Using Decline Type Curves," Paper SPE 35205 presented at the SPE Permian Basin Oil and Gas Recovery Conference, Midland, Texas, March 27-29.

Doublet, L.E. and Blasingame, T.A., 1995b, "Decline Curve Analysis Using Type Curves: Water Influx/Waterflood Cases," Paper SPE 30774 presented at the SPE Annual Technical Conference and Exhibition, Dallas, October 22-25.

Doublet, L.E., Pande, P.K., McCollum,, T.J. and Blasingame, T.A., 1994, "Decline Curve Analysis Using Type Curves-Analysis of Oil Well Production Data Using Material Balance Time: Application to Field Cases," Paper SPE 28688 presented at the SPE International Petroleum Conference and Exhibition of Mexico, Veracruz, Mexico, October 10-13.

Guo, B., Lyons, W.C. and Ghalambor, A., 2007, *Petroleum Production Engineering A Computer-Assisted Approach*, Gulf Professional Publishing, Oxford, UK.

Palasio, J.C. and Blasingame, T.A., 1993, "Decline-Curve Analysis Using Type Curve-Analysis of Gas well Production Data," Paper SPE 25909 presented at the SPE Rocky Mountain Regional/Low Permeability Reservoirs Symposium,

Denver, April 12-14.

Pirson, S.J., 1958, *Elements of Oil Reservoir Engineering*, 2nd Ed., McGraw-Hill, New York, U.S.A.

Poston, S.W. and Poe, B.D., 2008, *Analysis of Production Decline Curves*: SPE, Richardson, Texas, U.S.A.

Shiih, M.Y. and Blasingame, T.A., 1995, "Decline Curve Analysis Using Type Curve: Horizontal Wells," Paper SPE 29572 presented at the SPE Joint Rocky Mountain Regional/Low Permeability Reservoirs Symposium, Denver, March 19-22.

Towler, B.F., 2002, *Fundamental Principles of Reservoir Engineering*, SPE Textbook Series, Richardson, Texas, U.S.A.

Holstein, E.D., 2007, *Petroleum Engineering Handbook Volume V(B): Reservoir Engineering and Petrophysics*, SPE Publication, Richardson, Texas, U.S.A.

06

저류층 시뮬레이션

06 저류층 시뮬레이션

6.1 개요

시뮬레이션(simulation)이란 물리적 프로세스의 거동에 대한 통찰력을 얻기 위하여 모델을 활용하는 것이다. 따라서 저류층 시뮬레이션(reservoir simulation)은 실제 저류층 거동을 나타내는 모델을 구축하여 운영하는 것이다. 모델은 크게 유추 모델(analog model), 축소 물리 모델(scaled physical model), 수학적 모델(mathematical model) 등으로 나눌 수 있다. 전기 유추 모델이나 물리 모델의 비효율성으로 인하여 석유 저류층 시스템의 거동을 분석할 때는 주로 수학적 모델링을 이용한다. 수학적 관점에서 석유 저류층의 물리적 거동은 복잡한 비선형 편미분방정식으로 나타난다. 수학적 모델의 복잡성으로 인하여 일반적으로 해석적 해법을 적용하여 해를 구하기가 매우 어렵다. 반면 컴퓨터의 발전에 따라 수치 해법의 적용성은 비약적으로 개선되었으므로 최근에는 수학적 모델에 전산 기법을 적용하는 수치 저류층 시뮬레이션(numerical reservoir simulation)을 널리 사용하고 있다.

저류층 시뮬레이션은 협의의 개념으로는 저류층 내 유체 유동만을 다루지만 광의로는 저류층, 지표 설비, 시추공(wellbore), 정호(well) 모델 등의 부 시스템(subsystem)을 모두 포함하는 저류층 관리 모델링 시스템(reservoir management modeling system)을 대상으로 한다. 그림 6.1은 저류층 관리 시스템을 구성하는 부 시스템들의 공간적 관계를 나타낸다.

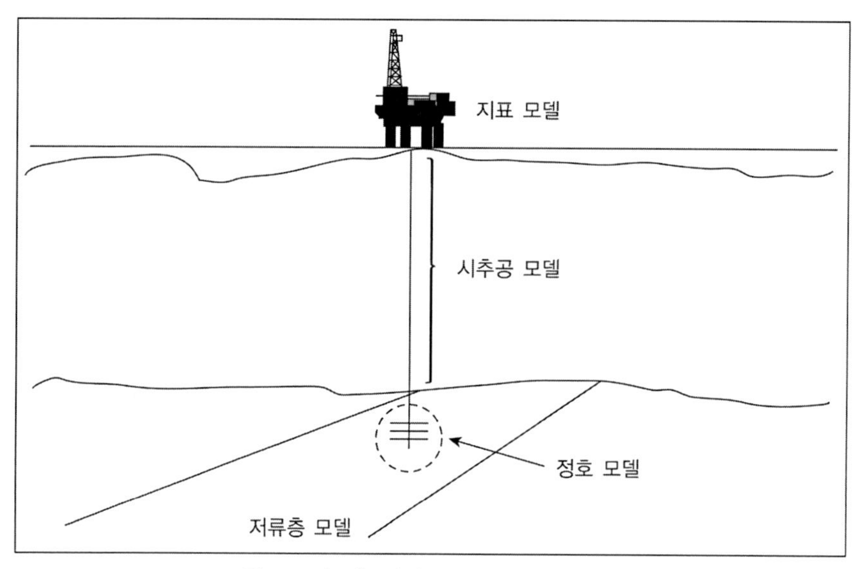

그림 6.1 저류층 관리 모델링 시스템의 요소

1970년대 이후 공학적 접근법, 저류층 묘사, 계산 능력 등의 측면에서 큰 발전이 지속되면서 저류층 시뮬레이션의 활용도가 꾸준히 높아지고 있다. 이러한 변화는 강력한 중앙 처리장치(central processing unit, CPU)의 개발, 병렬 처리(parallel processing), 시각화(visualization), 통합 소프트웨어 개발 등으로 인한 계산 능력의 증가, 저류층 모델링에서 지구통계학(geostatistics)의 응용, 크기확대(upscaling), 석유업계의 조직 변화 등에 기인한 바 크다. 지난 50년간 저류층 유동 현상의 수식화와 수치 해법 분야에서 이루어진 기술적 진보의 내용을 표 6.1에 요약하였다. 이 표에서 나열한 항목의 상세한 내용은 이 책 독자의 범위를 벗어나므로 학부 학생들은 깊은 내용을 몰라도 무방하다.

표 6.1 저류층 시뮬레이션 분야에서의 주요 기술적 진보

년대	활용 능력	기술적 진보
1950	2차원 2상(비압축성) 단순 형상	방사 가스 모델 교호방향법(alternating direction method, ADI)
1960	3차원 3상 블랙오일 유체 모델 복수정 실제적 형상 정호 원뿔화	음역 압력 양역 포화율(IMPES) 계산법 상류 가중법 수치 분산의 이해 강 음역법(strong-implicit procedure, SIP) 음역 계산법 선 연속이완법 보정
1970	성분 모델 혼합 모델 화학 모델 열 모델	Stone 상대투과도 모델 수직 평형 개념 혼합 대체 계산 2점 상류 가중법 D4 직접해법 순차 음역법 유사함수(pseudofunction) 변동 기포점 블랙 오일 처리 켤레 구배법(conjugate gradient) 근사 분해 기반의 반복법 Peacemann 정호 보정 격자 방향 효과에 대한 9점법
1980	복잡한 정호 관리 균열 저류층 단층에서의 격자 구성 그래픽 사용자 인터페이스(graphical user interface, GUI)	코드 벡터화(code vectorization) nested factorization 체적 평형 수식화 Young-Stephenson 수식화 constrained residuals 국부적 격자 미세화(local mesh refinement) 구석점(corner point) 형상 지구통계학 영역 분해
1990	지질 모델의 이용 및 크기확대 개선 국부적 격자 미세화 복잡한 형상 비저류층 계산과의 통합	코드 병렬화 크기확대 Voronoi 격자

6.2 필요성

저류층 시뮬레이션은 유전 운영의 전 과정에서 매우 중요한 역할을 수행한다. 생산 초기에는 정확한 예측 및 저류층 묘사(reservoir description)의 필요성이 중요하고 자본 지출에 대한 결정이 이루어지므로 시뮬레이션의 가치가 매우 크다. 그러나 이 단계에서는 가용 데이터의 불완전성으로 인하여 시뮬레이션의 정확도는 가장 낮다. 유전의 폐기 시점이 되면 저류층 수행(performance) 데이터로부터 가장 완전한 저류층 묘사가 가능하지만 연구 결과의 활용 가치는 매우 낮다. 그림 6.2는 저류층 수명 동안 시간의 경과에 따른 시뮬레이션의 중요성과 정확성을 모식적으로 나타낸 것이다.

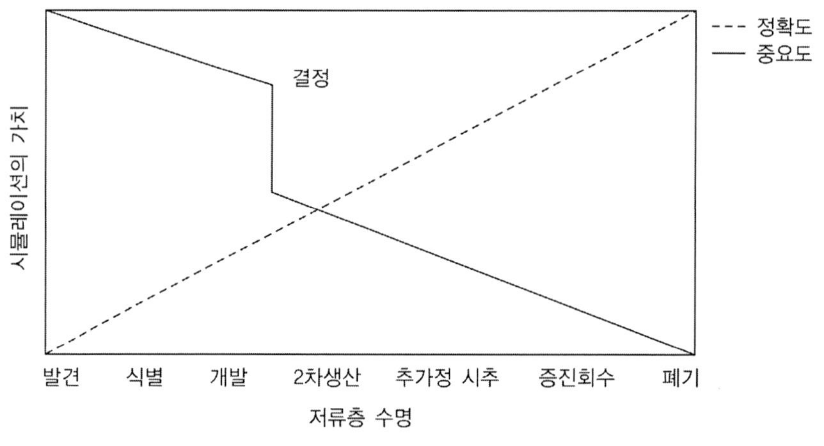

그림 6.2 저류층 시뮬레이션의 상대적 중요도와 정확도

6.2.1 경제성 평가

저류층 시뮬레이션의 가장 중요한 목적은 저류층 관리를 개선함으로써 수익성을 증가시키는 것이다. 실질적인 저류층 모델은 신규 유전의 개발 계획 수립, 설비 요구량 추정, 정호 생산성 개선 계획 평가, 생산 증가, 운영비 절감, 최종 회수율 개선 등에 효율적인 도구로 활용할 수 있다.

6.2.2 신뢰성

수학적으로 신뢰성 있는 프로그램을 이용하여 계산된 결과를 검토할 경우 입력 데이터에만 집중할 수 있다. 정부 기관이나 동업자 등 제3자와의 관계가 중요할 때 시뮬레이터의 신뢰성은 저류층 시뮬레이션의 사용 여부를 결정하는 중요요소이다.

6.2.3 의사결정

수치 시뮬레이션은 저류층 관리 결정의 잠재적 결과를 예측할 수 있는 탁월한 도구이다. 단일 예측 결과는 정확하지 않을 수 있지만 복수의 운영 전략 대안을 시뮬레이션하여 얻은 예측 결과 간 차이는 정확한 방향이 될 것이다. 이러한 차이는 압력, 포화율, 개별 정호 거동을 분석하여 설명할 수 있으므로 보다 합리적으로 의사결정을 할 수 있다.

6.2.4 중재 및 통합관리(unitization)

지분 협상에 관련된 개별 당사자들이 매장량의 최종적인 분배에 관한 다양한 협상 방안의 영향을 평가할 때 시뮬레이션을 사용한다. 시뮬레이션의 결과를 수용하기 전에 저류층 묘사나 고갈(depletion) 계획에 대한 합의에 도달해야 하므로 가장 우세한 협상 도구는 아니지만 최근 주요 협상에서 널리 사용되고 있다.

6.2.5 저류층 수행 감시

저류층 내 유동이 복잡할 때 감시 모델이 없으면 저류층 관리의 질을 평가하기 힘들다. 모든 신규 지질 및 탄성파 데이터를 포함시키고 이력 일치(history match)를 경신하여 모델을 최신화하면 실제 거동을 판단하는 기준과 미래 거동에 대한 정보원으로 사용할 수 있다.

6.2.6 비선택적 조사

안전, 환경, 정부 규정 및 요청 때문에 시뮬레이션을 하는 경우도 있다. 이러한 연구는 법률이나 정책을 준수하기 위하여 시행되므로 비선택적이라고 할 수 있다.

6.2.7 소통 및 개인적 활용

저류층 시뮬레이션을 신중하게 사용하면 엔지니어는 신속, 정확, 포괄적으로 저류층을 분석할 수 있다. 경영자는 운영 계획 대안들을 비교할 수 있고 초보 엔지니어에게는 유용한 훈련 도구가 된다. 정부, 공동 소유자, 광구사용료 수익권(royalty) 소유자 등의 제3자에게는 신뢰성 있고 체계적인 저류층 분석을 제공하고 운영회사에게는 저류층 관리팀의 효율을 증진시킬 수 있는 도구를 제공한다.

6.3 수치 모델링

저류층 수치 시뮬레이션은 다양한 운영 조건 하에서 탄화수소 저류층의 거동을 예측하는 도구를 개발하기 위하여 물리, 수학, 저류 공학, 컴퓨터 프로그래밍을 결합한 종합 학문 분야이다. 그림 6.3은 저류층 시뮬레이터의 주요 개발 단계를 나타낸 것이다.

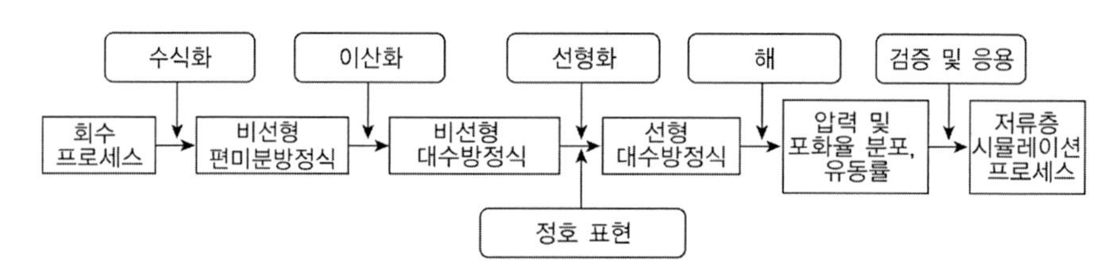

그림 6.3 저류층 시뮬레이터의 주요 개발 단계

6.3.1 수식화

수식화(mathematical formulation) 단계에서는 시뮬레이터에 내재하는 기본적인 가정과 저류층 내 유체 유동의 조건을 만족하는 물리 법칙을 서술하고 이러한 가정과 원리들을 수학적 항으로 표현하여 저류층 내 제어 체적(control volume)에 적용한다. 수식화에 사용하는 가장 기본적인 원리는 다음과 같다.

- 연속 방정식: 질량 보존의 법칙
- 유동 방정식: Darcy 법칙
- 상태 방정식: 압력-체적-온도(pressure-volume-temperature: PVT) 물성

Gauss 발산정리를 이용하여 제어 체적 방정식을 다공성 매체 내 유체 유동을 표현하는 비선형 연립 편미분방정식으로 변환한다.

단상 유동의 경우 유동 방정식은 다음과 같으며 확산 방정식이라고 부른다.

$$\nabla . (\nabla p) = \frac{\phi \mu c_t}{k} \frac{\partial p}{\partial t} \tag{6.1}$$

저류층 내 3상 유동의 경우 오일, 가스, 물의 유동에 대한 편미분방정식은 각각 다음과 같다.

$$\nabla \cdot \left[\frac{kk_{ro}}{B_o \mu_o} (\nabla p_o - \rho_o g \nabla z) \right] + q_{os} = \frac{\partial}{\partial t} \left(\frac{\phi S_o}{B_o} \right)$$

$$\nabla \cdot \left[\frac{kk_{rg}}{B_g \mu_g} (\nabla p_g - \rho_g g \nabla z) + \frac{R_{so} kk_{ro}}{B_o \mu_o} (\nabla p_o - \rho_o g \nabla z) \right] + q_{gs}$$

$$= \frac{\partial}{\partial t} \left[\phi \left(\frac{S_g}{B_g} + \frac{R_{so} S_o}{B_o} \right) \right] \tag{6.2}$$

$$\nabla \cdot \left[\frac{kk_{rw}}{B_w \mu_w} (\nabla p_w - \rho_w g \nabla z) \right] + q_{ws} = \frac{\partial}{\partial t} \left(\frac{\phi S_w}{B_w} \right)$$

다성분 다상 시스템에서 성분 κ의 질량 연속 방정식을 단위 공극 체적당 성분 κ의 전체 체적($\widetilde{C}_\kappa$) 항으로 표현하면

$$\frac{\partial}{\partial t}\left(\phi \widetilde{C}_\kappa \rho_\kappa\right)+\nabla\cdot\left[\sum_{l=1}^{n_p}\rho_\kappa\left(C_{\kappa l}\left\{-\frac{k_{rl}\mathbf{k}}{\mu_l}\cdot\left(\nabla p_l-\rho g_l\nabla z\right)_l\right\}-\widetilde{\mathrm{D}}_{\kappa l}\right)\right]=R_\kappa \quad (6.3)$$

이 된다. 여기에서 l은 상 지수, n_p는 상의 수, ρ_κ는 성분 κ의 밀도, $C_{\kappa l}$은 l상 내 성분 κ의 농도, $\mathrm{D}_{\kappa l}$은 분산 텐서, R_κ는 성분 κ의 총 공급원/배출원 항이다. 단위 공극 체적당 성분 κ의 전체 체적($\widetilde{C}_\kappa$)은 흡착 상을 포함한 모든 상에 대한 합이다.

비등온 프로세스를 시뮬레이션할 경우 유동 방정식과 별도로 에너지 방정식을 풀어야 한다. 에너지는 온도만의 함수이고 저류층 내 에너지 플럭스는 대류와 전도에 의해서만 전달된다고 가정하고 에너지 보존 방정식을 유도하면 다음과 같다.

$$\frac{\partial}{\partial t}\left[(1-\phi)\rho_s C_{vs}+\phi\sum_{l=1}^{n_p}\rho_l S_l C_{vl}\right]T + \nabla\cdot\left(\sum_{l=1}^{n_p}\rho_l C_{pl}u_l T-\lambda_T\nabla T\right)=q_H-Q_L \quad (6.4)$$

여기에서 T는 저류층 온도, C_{vs}와 C_{vl}은 고체 및 l상의 정용 열용량, C_{pl}은 l상의 정압 열용량, λ_T는 열 전도도(일정하다고 가정)이다. q_H는 총 체적당 엔탈피 발생원 항이고 Q_L은 상하 지층으로의 열 손실이다.

유동 방정식을 풀기 위하여 문제 영역과 다른 부분과의 상호 작용을 나타내는 경계 조건이 필요하다. 경계 조건은 그림 6.4에 나타나듯이 변수값(Dirichlet 조건), 변수의 미분값(Neumann 조건) 및 변수값과 미분값의 결합(혼합 조건)으로 표현한다. 또한 시간이 0일 때 시스템의 상태를 표현하기 위하여 초기 조건이 필요하다.

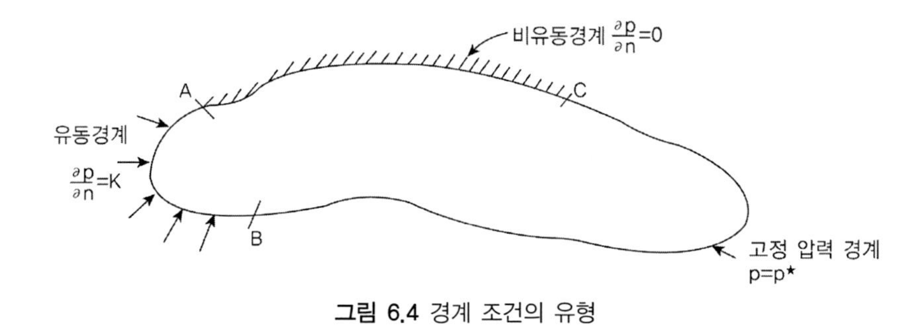

그림 6.4 경계 조건의 유형

표 6.2는 저류층 시뮬레이션의 수식화 특성을 다른 저류공학 기법들과 비교한 것이다. 수치 시뮬레이션 기법을 사용하면 저류층 형상, 저류암과 저류층 내 유체 물성에 대한 제한 조건을 최소화함으로써 저류층 거동을 실질적으로 묘사할 수 있음을 알 수 있다.

표 6.2 각종 저류공학 기법의 수식화 특성

저류공학 접근법	저류층 형상	저류암 물성	저류층 유체	저류층 유체 물성
일반화된 물질수지식	임의	평균 물성	오일, 가스, 물	평균 물성
전통적 물질수지식	임의	평균 물성 $c_r=0$ psi^{-1}	오일, 가스, 물	평균 물성
용해가스 저류층에 대한 일반화된 Muskat 방법	임의	평균 물성	오일, 가스	평균 물성
용해가스 저류층에 대한 전통적 Muskat 방법	임의	평균 물성 $c_r=0$ psi^{-1}	오일, 가스	평균 물성
압력 천이 분석	일정 형상 1차원	균질 물성 분포 작은 c_r	단상	일정 점도 작은 c_t
경계면 전진식 (Buckley–Leverett)	선형 (1차원 직교) 일정 단면적	균질 물성 분포 $c_r=0$ psi^{-1} f_w는 S_w만의 함수	오일, 물	비압축성 유체 $c_o=0$ psi^{-1} $c_w=0$ psi^{-1}
Arps 감퇴곡선	임의	시간에 대하여 일정 물성	단상	시간에 대하여 일정 물성
생산 표준 곡선	일정 형상 1차원	균질 물성 분포 작은 c_r	단상	일정 점도 작은 c_t
수치 저류층 시뮬레이션	임의 형상 3차원	불균질 비등방 물성	다상, 다성분	압력 의존 PVT 및 점도

6.3.2 이산화

일반적으로 저류층 내 유체 유동을 나타내는 편미분방정식은 가스 유동의 경우와 같이 방정식 자체의 비선형성(nonlinearity), 저류층의 불균질성(heterogeneity) 및 불규칙적인 형상 등으로 인하여 해석적으로는 풀 수 없다. 그러나 Taylor 급수 전개를 이용하여 편미분방정식을 비선형 대수방정식으로 대체하면 수치적으로 풀 수 있다. 대수방정식을 유도하기 위하여 거리와 시간을 일정 증분(increment)으로 분할하는 과정이 필요한데 이를 이산화(discretization)라고 한다. 편미분방정식을 이산화하기 위한 다수의 기법이 있지만 석유 산업계에서는 일반적으로 유한차분법(finite difference method)을 이용하여 차분방정식(difference equation)을 유도한다.

임의 지점 x에서 변수 p의 값 $p(x)$를 p_i, $x+\Delta x$, $x-\Delta x$에서의 변수 값 $p(x+\Delta x)$, $p(x-\Delta x)$를 각각 p_{i+1}, p_{i-1}라고 하자. p_{i+1}와 p_{i-1}를 p_i에 대하여 Taylor 급수 전개하면 다음과 같다.

$$p_{i+1} = p_i + \Delta x \frac{\partial p}{\partial x} + \frac{(\Delta x)^2}{2!}\frac{\partial^2 p}{\partial x^2} + \frac{(\Delta x)^3}{3!}\frac{\partial^3 p}{\partial x^3} + \cdots \tag{6.5}$$

$$p_{i-1} = p_i - \Delta x \frac{\partial p}{\partial x} + \frac{(\Delta x)^2}{2!}\frac{\partial^2 p}{\partial x^2} - \frac{(\Delta x)^3}{3!}\frac{\partial^3 p}{\partial x^3} + \cdots \tag{6.6}$$

이 두 식으로부터 1계 도함수 $\frac{\partial p}{\partial x}$에 대한 근사식을 다음의 세 가지 방법으로 얻을 수 있으며 각각 전향, 후향, 중앙 차분이라고 한다.

$$\frac{\partial p}{\partial x} \approx \frac{p_{i+1} - p_i}{\Delta x} \tag{6.7}$$

$$\frac{\partial p}{\partial x} \approx \frac{p_i - p_{i-1}}{\Delta x} \tag{6.8}$$

$$\frac{\partial p}{\partial x} \approx \frac{p_{i+1} - p_{i-1}}{2\Delta x} \tag{6.9}$$

또한 2계 도함수 $\frac{\partial^2 p}{\partial x^2}$의 근사식은 다음과 같다.

$$\frac{\partial^2 p}{\partial x^2} \approx \frac{p_{i-1} - 2p_i + p_{i+1}}{(\Delta x)^2} \tag{6.10}$$

차분방정식을 이용하기 위하여 저류층이 다수의 작은 체적 요소로 구성되어 있는 것으로 취급하고 많은 시간 구간에 걸쳐 체적 요소 내 조건의 변화를 계산한다. 이러한 개념적 저류층 체적 요소를 격자블록(gridblock), 시간 구간을 시간간격(timestep)이라고 한다.

모델에서 묘사하는 저류층의 정밀도와 저류층 내 유체 유동 계산의 정확도는 모델에 사용한 격자블록의 수에 달려 있다. 따라서 모델은 저류층과 그 거동을 적절하게 시뮬레이션할 수 있을 정도로 충분한 블록을 포함해야 하지만 가능한 단순해야 한다. 저류층 시뮬레이션에서는 노드(node)가 격자의 중심에 위치하는 블록 중심 격자(block-centered grid)와 격자의 교점이 노드에 해당하는 점 중심 격자(point-centered grid) 등 2가지 유형의 격자 시스템이 주로 사용된다(그림 6.5). 그림 6.6은 좌표계 및 공간 차원에 따라 저류층 시뮬레이션에 필요한 모델의 유형을 나타낸 것이다. 시간간격 Δt는 저류층 내 급격한 변화의 크기를 제한할 수 있을 정도로 작아야 한다.

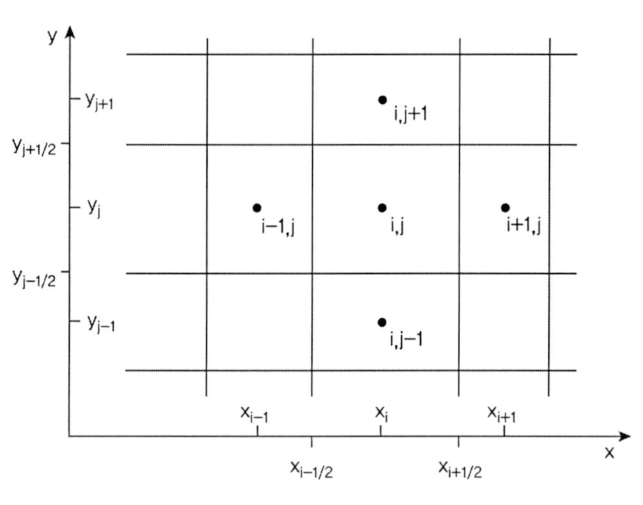

(a) 블록 중심 격자

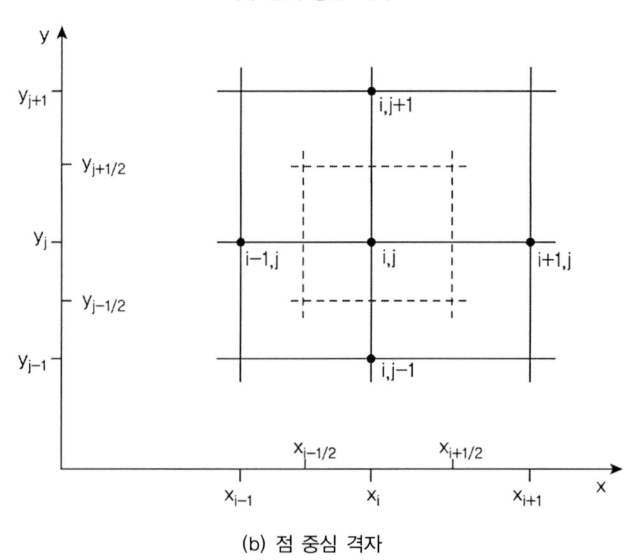

(b) 점 중심 격자

그림 6.5 격자 시스템의 유형

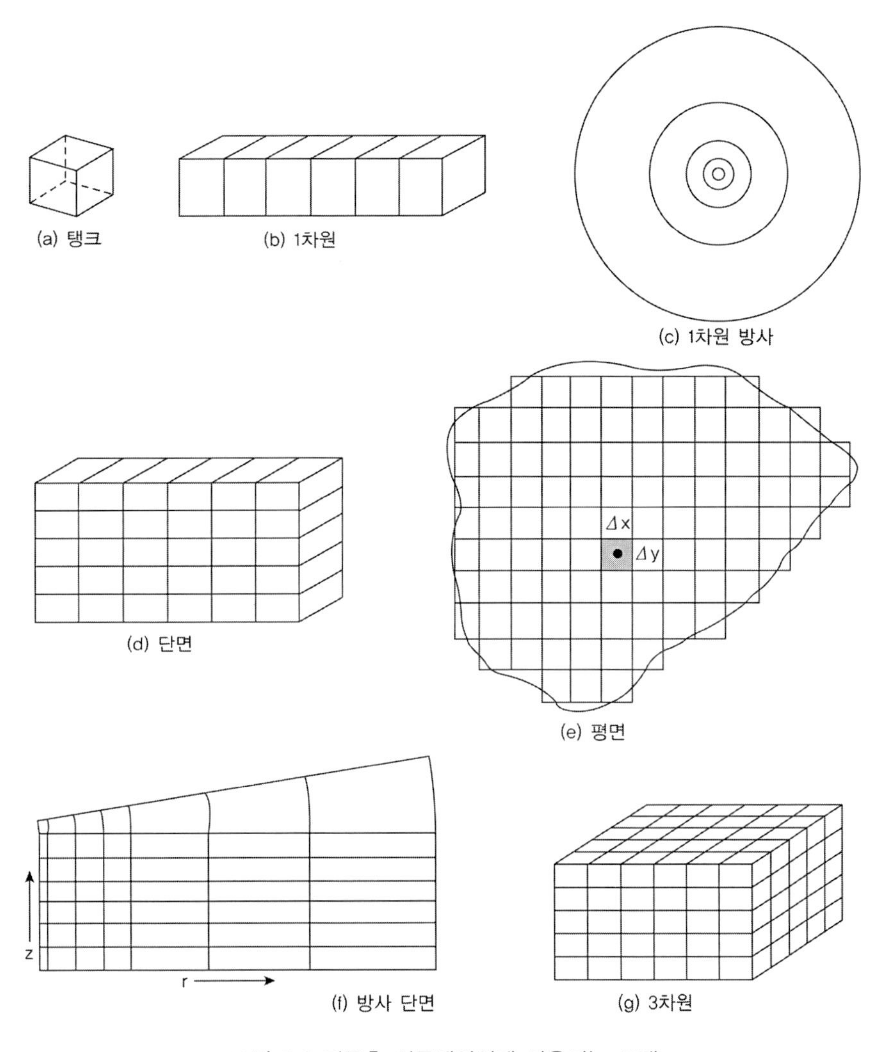

그림 6.6 저류층 시뮬레이션에 사용되는 모델

유동 방정식을 수치 모델로 수식화할 때 해 변수(압력, 포화율), 방정식 처리 기법, 유동도 가중법, 수식화에 사용하는 음역성(implicitness)의 정도 등을 결정해야 한다.

- 해 변수 선정: 3상 문제의 경우 상 압력(3), 상 포화율(3), 모세관 압력(2) 중에서 해 변수를 선정한다.

• 음함수: 모든 압력과 포화율 함수를 시간간격의 종료 시점($n+1$)에서 평가할 때 이를 음해법(implicit method), 시간간격의 시작 시점(n)에서 평가할 때 이를 양해법(explicit method)이라고 한다. 시간간격 내에서 1계 함수로 가정하여 유동도와 모세관 압력을 추정할 때 반음해법(semi-implicit method)이라고 하는데 시작 및 종료 시점의 가중치를 50:50으로 설정할 때 이를 Crank-Nicolson 법이라고 한다. 그림 6.7은 유한차분식 유도에 사용하는 각 방법에 대하여 시간과 공간의 관계를 나타낸 것이다. 수식화에서 음역성이 클수록 해의 안정성(stability)이 높아지므로 큰 시간간격을 사용할 수 있다. 일반적으로 압력은 항상 음역적으로 평가하고 압력의 함수와 포화율은 문제 유형에 따라 음역적 또는 양역적으로 평가한다.

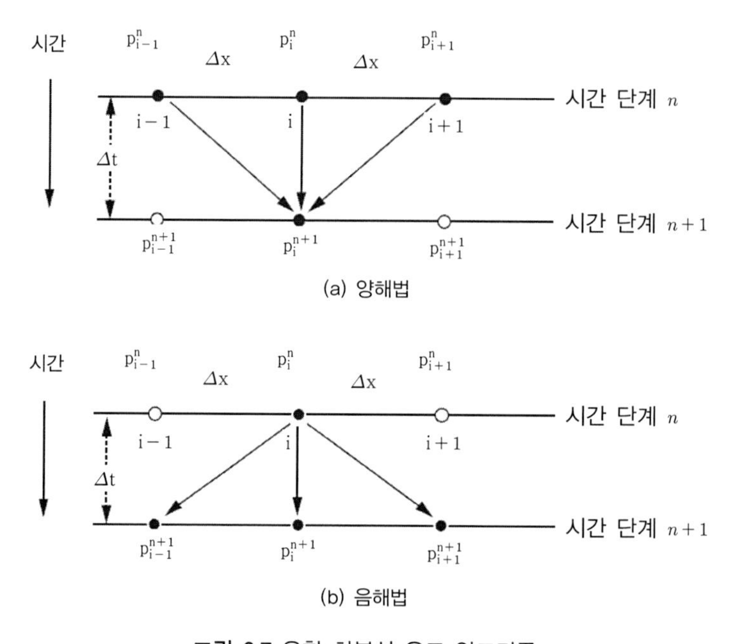

그림 6.7 유한 차분식 유도 알고리즘

• 풀이 대상 방정식을 처리하는 데 크게 두 가지 방법이 있다. 동시(simultaneous) 해법에서는 각 격자블록의 모든 종속 변수들이 동일 연립 방정식에 포함되어

있다. 순차(sequential) 해법에서는 압력 방정식의 해와 포화율 방정식의 해를 분리한다. 가장 일반적으로 사용하는 순차 해법은 음역 압력, 양역 포화율(implicit pressure, explicit saturation, IMPES) 기법이다. 그림 6.8은 3상 유동에 대한 기본적인 방정식의 풀이 과정에 대한 요약도이다.

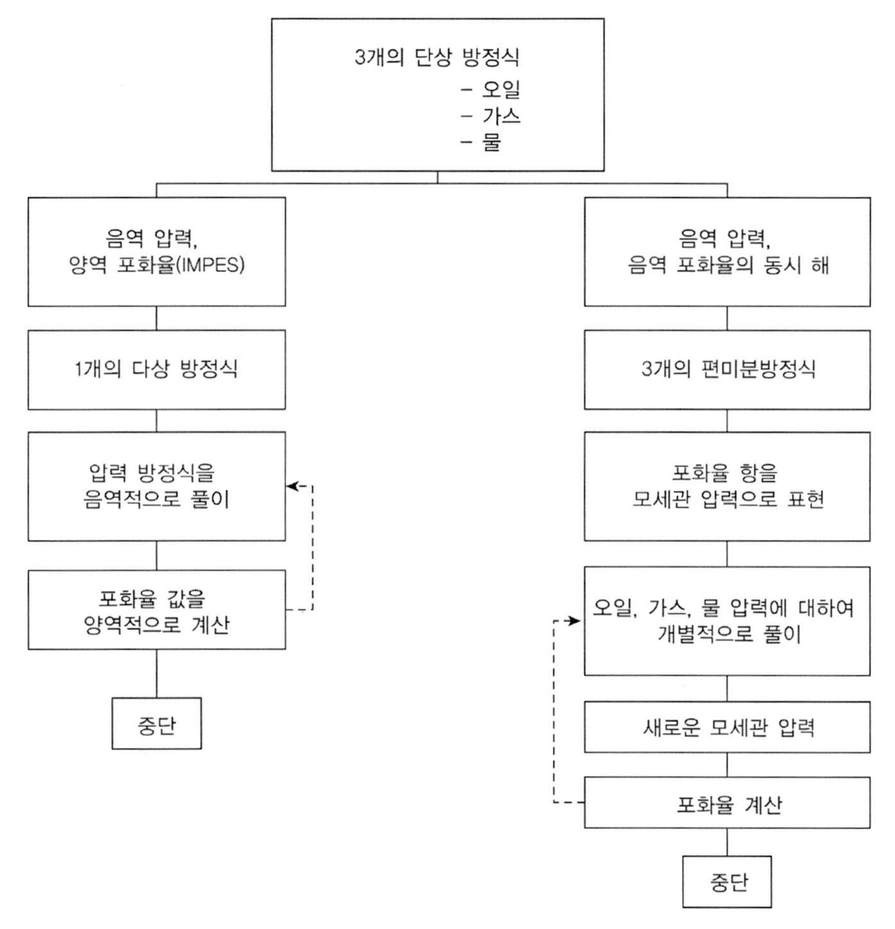

그림 6.8 유동 방정식의 풀이 과정

• 유동도 가중법(mobility weighting): 다상 유동에서는 개별 상의 유동을 제어하기 위하여 상대 투과도를 할당한다. 그림 6.9에 나타낸 것과 같은 격자 시스템에서 인접한 격자 i와 $(i+1)$에 대하여 $p_i > p_{i+1}$이면 격자 i를 상류

(upstream) 격자, $(i+1)$을 하류(downstream) 격자라고 한다. 유동도 $\left(\lambda = \dfrac{k_r}{\mu}\right)$ 가중법은 격자블록 i와 $(i+1)$의 경계면 $\left(i+\dfrac{1}{2}\right)$에서의 유동을 계산할 때 상 유동도를 결정하는 데 사용하는 포화율을 지정하는 방법이다. 완전 상류에서 완전 하류 범위에서 상류 가중(λ_i), 하류 가중(λ_{i+1}), 혼합 가중(산술평균 또는 조화평균), 외삽 또는 보간법 등 다양한 선택을 할 수 있다.

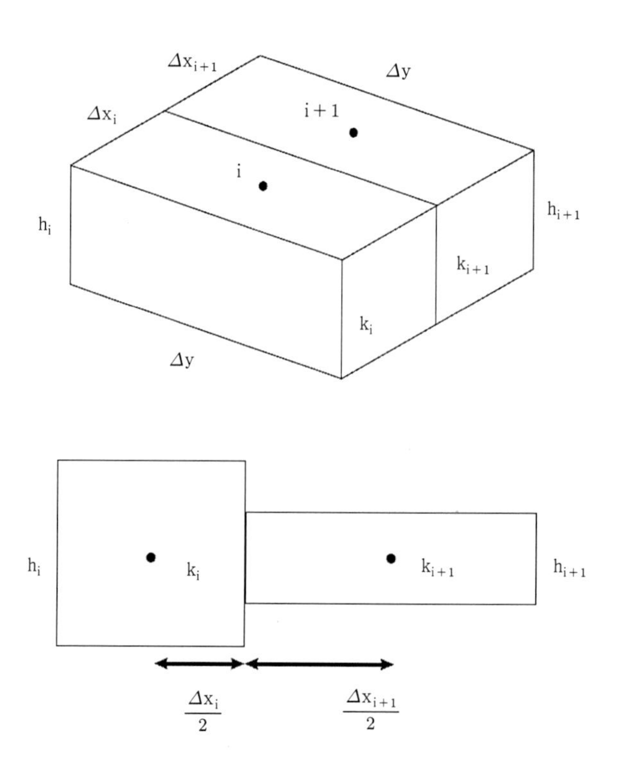

그림 6.9 시뮬레이터 내 격자블록 간 유동

6.3.3 선형화 및 행렬 해법

다차원 다상 유동을 묘사하는 편미분방정식을 근사하는 비선형 차분방정식을 처리하면 선형 연립 방정식의 형태로 변환된다. IMPES에서 주로 사용하는 압력 방정식에 대한 선형 연립 방정식은 다음과 같이 행렬 형태로 표현할 수 있다.

$$\mathrm{Ap} = \mathrm{b} \tag{6.11}$$

여기에서 A는 정방 계수 행렬, p는 미지변수를 나타내는 열벡터, b는 기지값의 열벡터이다. 직교 좌표계의 경우 A 행렬은 문제의 차원이 1, 2, 3차원으로 증가함에 따라 각각 3대각, 5대각, 7대각의 띠 행렬(banded matrix)이 된다. 저류층 시뮬레이션에서는 선형 연립 방정식을 풀어 미지변수의 값을 구하는 데 필요한 전산 비용이 총 비용의 80～90%에 이른다.

대부분의 시뮬레이터들은 선형 연립 방정식을 풀기 위한 다양한 행렬 해법을 제공하고 있다. 해법은 크게 직접 해법(direct method)과 반복 해법(iterative method)으로 분류할 수 있다. 해법 선정은 각 시간간격에서 소요되는 계산 시간에 큰 영향을 미친다. 반복 해법을 선택할 경우 반복 계산당 전산 작업량과 수렴 속도는 각 시간간격에서의 오차에 영향을 미치므로 해의 품질에 간접적인 효과를 가진다. 표 6.3은 행렬 해법의 특성을 비교한 것이다.

- 직접 해법은 연립 방정식을 정해진 계산 횟수에 풀 수 있는 알고리즘을 이용하여 정확해(exact solution)를 구하는 방법이다. 따라서 전산 작업량은 방정식의 수, 즉 미지 변수의 수에 연관되어 있다. 가장 대표적인 방법으로는 Gauss 소거법, Gauss-Jordan 소거법, 행렬 인수분해법 등이 있다.
- 반복 해법은 해가 정확해에 수렴할 때까지 반복적으로 근사해(approximate solution)를 구하는 방법이다. 시간간격당 반복 계산 횟수는 반복 해법의 선정, 격자블록의 수, 문제의 특성, 필요한 정확도 등의 영향을 받는다. Jacobi 해법, Gauss-Seidel 해법, 연속과이완법(successive over relaxation, SOR) 등의 점 이완법(point relaxation), 선/블록 이완법(line/block relaxation), 교호방향법(alternating direction implicit method, ADI) 등으로 분류할 수 있다.

표 6.3 행렬 해법의 특성 비교

	직접 해법	반복 해법
해 특성	정확해	수렴 근사해
계산 시간	계산 횟수가 일정하므로 예측 가능	수렴 속도에 따라 변동성 심함
저장 용량 필요량	대량	소량

6.3.4 정호 표현

그림 6.10은 유사정상 상태 하에서 생산정을 포함한 격자블록 내 압력 분포를 나타낸 것이다. 격자블록 내 물질 평형 평균 압력인 격자블록 압력은 p_{wf}와 평균 저류층

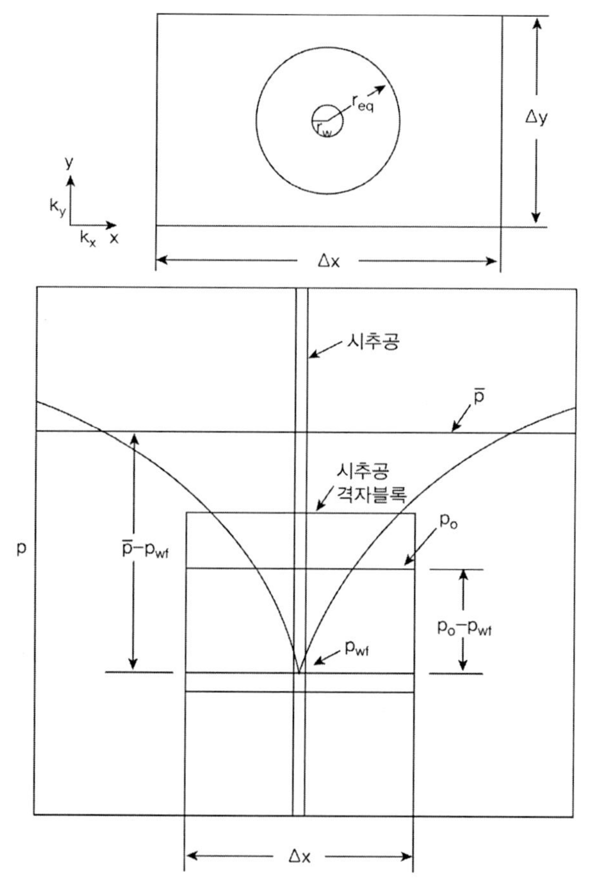

그림 6.10 생산정을 포함한 격자블록 내 압력의 평면 및 단면 분포

압력 사이의 값이다. Peaceman의 모델에 따르면 $r_{\mathrm{eq}} = 0.14\left[(\Delta x)^2 + (\Delta y)^2\right]^{0.5}$ (등방, 정사각형 블록일 경우 $0.2\Delta x$)에서의 정상상태 압력 p_o가 격자블록 압력 p_{ij}와 같으면 시뮬레이터와 저류층 거동이 적절하게 일치한다.

그림 6.11과 같이 다수의 블록을 통과하는 시추정의 경우 총 생산량은 각 층의 생산성 지수(productivity index, PI) J_i에 따라 할당된다. 총 오일 생산량 q_{ot}가 설정되어 있을 경우 격자블록 i의 오일 생산량 q_{oi}는 다음과 같다.

$$q_{oi} = q_{ot}\frac{J_{oi}\Delta p_i}{\sum_{i=1}^{n} J_{oi}\Delta p_i} \tag{6.12}$$

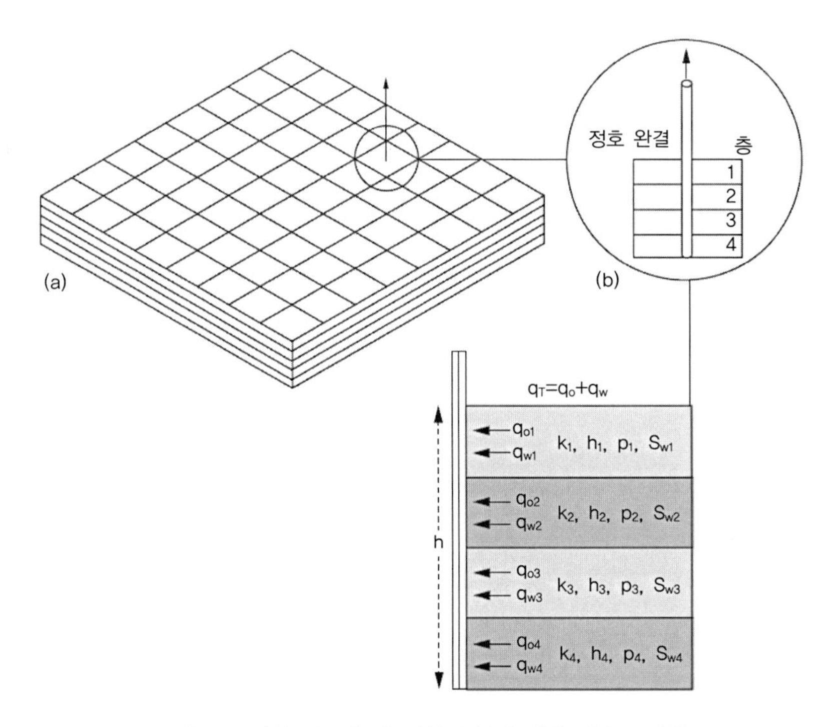

그림 6.11 다층 시스템 내 다상 유동에 대한 정호 모델링

여기에서 하첨자 o는 오일을 나타내며 Δp_i는 격자블록 내 압력 강하, J_{oi}는 오일 생산성 지수로서 $J_{oi} = \dfrac{2\pi\left[khk_{ro}(S_o)\right]_i}{\mu_o \ln\left(\dfrac{r_{ei}}{r_w}\right)}$ 이다.

6.4 시뮬레이션 절차

프로젝트에 따라 활동(activity)별 노력의 배분은 달라질 수 있지만 대부분의 시뮬레이션 연구는 기본적으로 동일한 종류의 활동을 수반한다. 그림 6.12는 유전에 대한 최초의 포괄적 연구나 이전 저류층 연구에 대한 주요 경신에 대하여 가장 중요한 활동들과 상대적인 소요 시간을 나타낸 도표이다.

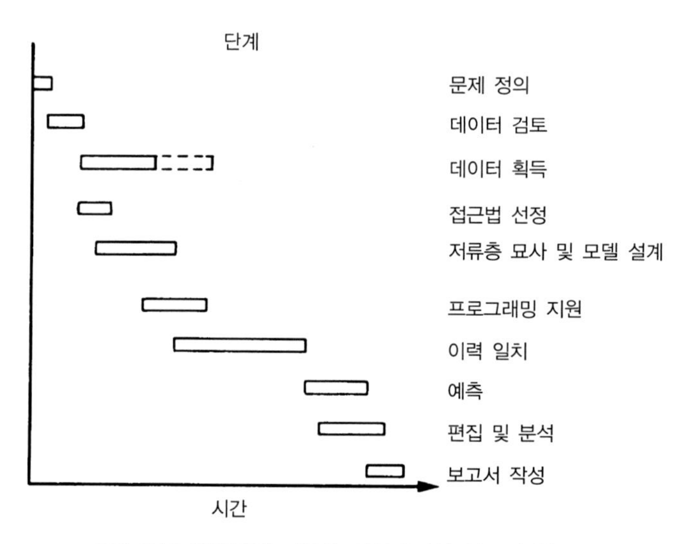

그림 6.12 전형적인 저류층 시뮬레이션 연구의 활동들

6.4.1 문제 정의

연구 수행의 1단계는 저류층 수행 문제와 관련 운영 문제를 정의하는 것이다. 필요한 수행 예상, 필요 시점, 저류층 관리에 기여 등을 판별할 저류층 및 운영 환경에 관하여 충분한 정보를 수집해야 한다. 적절한 배경 데이터를 확보하는 대로 연구의 실질적 목적을 명확하고 간결하게 정의한다. 실질적인 목적을 신중하게 수립하면 작업이 진행됨에 따라 많은 의사결정이 자연적으로 뒤따른다. 이 단계는 비교적 짧지만 수행할 프로젝트의 효율성에 큰 영향을 미칠 수 있다.

연구의 목적과 범위가 명확해지면 저류층 유체 역학에 대한 사전 분석을 수행해야 한다. 이 분석은 이전 평가 결과를 이용하거나 수계산(hand calculation), 소규모 시뮬레이션 모델, 연구 중인 저류층과 유사한 다른 저류층의 수행 검토 등을 통하여 이루어진다. 이러한 분석의 목적은 주요 고갈 메커니즘을 판별하고 저류층 수행을 지배하는 인자를 인식하는 데 있다. 이를 통하여 저류층 모델에 필요한 복잡성의 정도를 결정하고 모델 설계를 개시하며 모델 수립에 필요한 데이터를 판별할 수 있다.

6.4.2 데이터 검토

일반적으로 수집한 데이터들은 즉시 사용할 수 있을 정도로 조직화되어 있지 않으므로 검토 후 재편해야 한다. 자세한 데이터 검토는 시간 소모적이고 지루한 작업이므로 주의를 기울여야 한다. 가용 데이터를 검토하면 해결해야 할 결함과 불일치를 발견하게 된다. 충분한 데이터가 있는지 데이터의 품질이 연구의 목적을 충족할 만한 충분한 정확도로 모델을 수립하는 데 적정한지 결정해야 한다. 가용 데이터가 적정하지 않으면 목적을 축소 또는 방향을 재설정하거나 추가로 데이터를 수집해야 한다. 표 6.4는 일반적으로 모델 구축에 필요한 암석 및 유체 물성 데이터이다.

표 6.4 암석 및 유체 물성

구분	기호	정의
초기 조건을 묘사하는 데이터		
암석	D	지층 상부 심도
	h_t	총 지층 두께
	h_n	순 생산구역 두께
	ϕ	초기 압력에서 공극률
	$p_{cwo}(S_w)$	배수(drainage) 물/오일 모세관 압력 함수
	$p_{cgo}(S_g)$	배수 가스/오일 모세관 압력 함수
유체	B_o	오일 용적계수
	B_w	물 용적계수
	B_g	가스 용적계수
	ρ_o	표준 상태에서 오일 밀도
	ρ_w	표준 상태에서 물 밀도
	ρ_g	표준 상태에서 가스 밀도
가스/오일 대체를 묘사하는 추가 데이터 (S_g 증가)		
암석	k	절대 투과도
	$k_{rg}(S_o)$, $k_{ro}(S_o)$	가스 및 오일 상대 투과도 함수 (배수)
	c_f	암석 압축도
유체	$R_s(p)$	용존 가스와 압력
	$B_o(p)$	오일 용적계수와 압력
	$B_g(p)$	가스 용적계수와 압력
	$\mu_o(p)$	오일 점도와 압력
	$\mu_g(p)$	가스 점도와 압력
	c_o	오일 압축도
	c_w	물 압축도
물/오일 대체를 묘사하는 추가 데이터 (S_w 증가)		
암석	$k_{rw}(S_w)$, $k_{ro}(S_w)$	물 및 오일 상대 투과도 함수 (침수, imbibition)
	$p_{cwo}(S_w)$	침수 물/오일 모세관 압력 함수
유체	$B_w(p)$	물 용적계수와 압력
	$\mu_w(p)$	물 점도와 압력
가스 캡(S_w=간극수) 또는 대수층($S_g=0$) 침투 오일을 묘사하는 추가 데이터		
암석	$k_{rg}(S_o)$, $k_{ro}(S_o)$	가스 및 오일 상대 투과도 함수 (침수)
	$k_{ro}(S_w)$, $k_{rw}(S_w)$	가스 및 물 상대 투과도 함수 (침수)
	$p_{cgo}(S_g)$	침수 가스/오일 모세관 압력 함수
3상 유동을 묘사하는 추가 데이터		
암석	$k_{rg}(S_w)$, $k_{ro}(S_w)$, $k_{rw}(S_w)$	3상 상대 투과도 함수

6.4.3 연구 접근법 선정

유체역학 문제를 정의한 후 이를 푸는 데 적합한 시뮬레이션 모델을 결정해야 한다. 전체 저류층에 대하여 모델링을 시도하는 것이 항상 필요한 것은 아니다. 예를 들어 원뿔화(coning)의 경우 개별 정, 단면, 또는 부분 모델을 사용해도 충분하다. 정호 주변의 유동을 분석하거나 저류층의 일부에는 정밀 미세 격자를 사용하고 전체 저류층 거동을 연구할 때는 전체 유전 모델을 복합적으로 사용할 수 있다.

연구 접근법 선정에 영향을 미치는 인자로는 (1) 저류층 역학 문제를 적절하게 풀 수 있는 가용 시뮬레이터, (2) 정호나 설비를 모델링하기 위하여 변경해야 할 프로그래밍, (3) 연구 목적을 충족하는 데 필요한 시뮬레이터 실행 유형과 횟수, (4) 연구에 활용할 수 있는 시간, 인력, 전산 자원 및 재원, (5) 편집 필요성, (6) 연구를 정시에 완수하는 데 필요한 가용 주변 자원 등이다.

6.4.4 모델 설계

시뮬레이션 모델의 설계는 모델링 대상 프로세스의 유형, 유체역학 문제의 난이도, 연구의 목적, 저류층 묘사 데이터의 품질, 시간 및 예산 제약, 연구 결과의 수용에 필요한 신뢰도 수준 등의 영향을 받는다. 사용할 시뮬레이터의 유형이나 저류층 모델의 설계 시 시간 또는 비용 제약 조건이 영향을 미친다. 격자 수나 개별 정호의 세부 사항들도 영향을 미친다. 표 6.5는 모델 선정 및 설계를 위한 기본적 결정 사항들을 요약한 것이다.

표 6.5 모델링 접근법 선정을 위한 결정 사항

항목	유형
모델링 철학	개념 모델 실제 모델
유체 묘사	블랙 오일 다성분

저류층 유형	단일 공극 저류층
	균열 저류층
	  이중 공극 수식화
	  이중 투과도 수식화

회수 프로세스	1차 고갈
	2차 횟수
	증진횟수
	  혼합 대체
	  화학공법
	  열공법

모델 범위	단일정 모델 단면 모델 창 모델 전영역 모델
모델 차원	0차원 모델(탱크형 모델) 1차원 모델 2차원 모델 다층 모델 3차원 모델

방정식 풀이	비선형 방정식 풀이
	  IMPES
	  SEQ
	  SS
	  완전 음역
	선형 방정식 풀이
	  직접 해법
	  반복 해법

저류층 시뮬레이션의 기본 접근법은 크게 개념 모델링과 실제 모델링으로 나눌 수 있다. 개념 모델링은 실제 저류층 영역과 동일한 모델 대신 평균 물성을 사용하는 모델이다. 일반적으로 모델의 크기가 작기 때문에 저류층 정보 획득에 사용한다. 실제 모델링은 실제 저류층을 나타내는 모델을 사용하는 것으로 저류층 관련 공학 문제에 바로 적용할 수 있다.

저류층의 유형은 크게 단일 공극 저류층과 균열 저류층으로 나눌 수 있다. 단일 공극 저류층은 단일 공극계 내에서 유체가 이동하는 모델이다. 균열 저류층은 균열로 이루어진 공극계와 암체(rock matrix) 내 공극계 등 두 개의 공극계로 구성되어 있다. 암체에서 균열로만 유동을 허용할 때 이중 공극 모델(dual-porosity model), 암체 간 유동까지 허용할 때 이중 투과도 모델(dual-permeability model)이라고 한다.

모델 설계의 제1단계는 물리적 시스템의 기하학적 형상을 나타내는 데 필요한 공간 차원의 수를 결정하는 것이다. 아래에 제시하는 모델 유형은 비용, 난이도, 시간의 증가 순이다.

- 탱크 모델(0차원): 저류층 평균 압력 거동 계산에 사용되는 물질 평형식
- 1차원 모델: 물성 변동에 따른 저류층 수행의 민감도(sensitivity) 분석 등에 제한적으로 사용
- 2차원 평면(직교, 원통, 곡선 좌표계) 모델: 평면 유동 패턴이 저류층 수행을 지배하는 경우에 사용
- 2차원 단면(직교, 방사 좌표계) 모델: 정호 함수 또는 유사함수 개발, 경계면 속도가 일정한 경우, 수직 효과가 우세한 경우(가스 또는 물 원뿔화) 등에 사용
- 다층 모델: 동일 유전 내 다수 저류층이 서로 영향을 미치는 경우 사용
- 3차원 모델: 저류층의 기하학적 형상, 저류층 내 유체 거동이 복잡하고 수직 및 평면 유동이 모두 중요한 경우 사용

모델링 대상 프로세스에 따라 시뮬레이터의 유형을 분류할 수도 있다. 다상 시스템에 가장 널리 사용되는 시뮬레이터는 비혼합(immiscible), 블랙 오일 시뮬레이터이다. 블랙 오일 시뮬레이터에서는 탄화수소 상이 단일 성분으로 구성되어 있고 유체 상거동이 온도와 압력만의 함수라고 가정한다. 부화가스(enriched gas) 주입, 고압 가스 주입, 계면활성제/폴리머 주입, 증기 공법 등 복잡한 프로세스를 시뮬레이션할 경우 정호 열 손실 또는 탄화수소 상 거동 등의 인자를 예측하기 위하여 보조 프로그램의 지원을 받는 특수 목적 시뮬레이터를 이용해야 한다. 표 6.6은 대상 프로세스별로 시뮬레이터를 비교한 것이다.

- 다성분 시뮬레이션(compositional simulation): 가스 콘덴세이트나 휘발성 오일과 같은 경질유 저류층에서 기액 평형은 압력뿐 아니라 성분에 의하여 결정되므로 탄화수소 상 성분을 결정하기 위하여 평형상수 또는 상태 방정식을 사용한다.
- 혼합 대체(miscible displacement): 응축 가스공법, 기화 가스공법, 이산화탄소 혼합 대체 등의 프로세스를 시뮬레이션한다.
- 화학공법(chemical flooding): 계면활성제, 공계면활성제(cosurfactant), 오일, 물, 폴리머 등 다성분의 화학제를 포함한 슬러그를 지층에 주입하는 프로세스에 대하여 유체 유동과 분산, 흡착 분배 등에 의한 질량 전달을 시뮬레이션한다.
- 열공법(thermal method): 증기 자극(steam stimulation), 증기공법(steam drive), 원위치 연소(in-situ combustion) 등의 프로세스를 시뮬레이션하기 위하여 유체 및 열 유동을 계산한다.

표 6.6 시뮬레이터의 프로세스 유형별 비교

유형	수치 안정성 특성	수치 정확성 문제	대상 프로세스	난이도	상대적 계산 비용	산업계 활용 정도
블랙 오일			1차고갈 수공법 비혼합 가스 주입 침수	통상적	저렴 = 1	높음 >90%
다성분 모델	다성분	이산화탄소 없으면 안정적이나 포함 시 종종 문제 발생	수치 분산	가스 주입 가스 순환 이산화탄소 주입 WAG(water alternating gas)	높음	고가(3～20)
	임계점 부근 다성분			임계점 부근 가스 주입 콘덴세이트 개발 MWAG (miscible water alternating gas)	높음	초고가(5～30)
폴리머	종종 문제 발생	수치 분산 뱅크 정의 격자 방향 효과	폴리머 공법 정호 부근 물 차단	높지 않음	보통 (2～5)	보통–높음
	계면활성제			미셀 공법 저장력 폴리머 공법	높음	고가(5～20)
열 모델	증기	불안정성 가능성 높음	격자 방향 효과	증기 자극 증기 공법	높지 않음	고가(3～10)
	원위치 연소	불안정성 가능성 매우 높음	격자 방향 효과 뱅크 정의	원위치 연소	매우 높음	고가(10～40)

시간 및 공간 증분의 선택은 모델 유형, 저류층 물성의 변동성, 해법의 종류와 밀접하게 연관되어 있다. 격자블록과 시간간격의 크기는 (1) 원하는 특정 시점과 위치에서 포화율과 압력 인지, (2) 저류층의 기하학적 형상, 지질, 초기 물성을 적절히 묘사, (3) 포화율과 압력의 동적 변화를 충분한 정밀도로 묘사, (4) 저류층 유체역학을 적절히 모델링, (5) 시뮬레이터의 해법부 수학과 양립할 수 있도록 충분히 작아야 한다. 그림 6.13은 저류층 시뮬레이션에서 사용되는 격자화(gridding) 기법의 유형을 나타낸 것이다. 격자화 기법 중 국지적 격자 미세화(local grid refinement, LGR)는 관심 지역에 사용한 미세 격자가 저류층 경계까지 연장되지 않도록 함으로써 통상적인 미세 격자의 경우보다 격자블록의 수가 적도록 한다. LGR 기법은 (1) 시간에 따른 미세 격자 영역의 변동 여부에 따라 동적(dynamic) 및 정적(static) LGR로 (2) 좌표계에 따라 직교 및 복합(hybrid) LGR로 분류한다(그림 6.14).

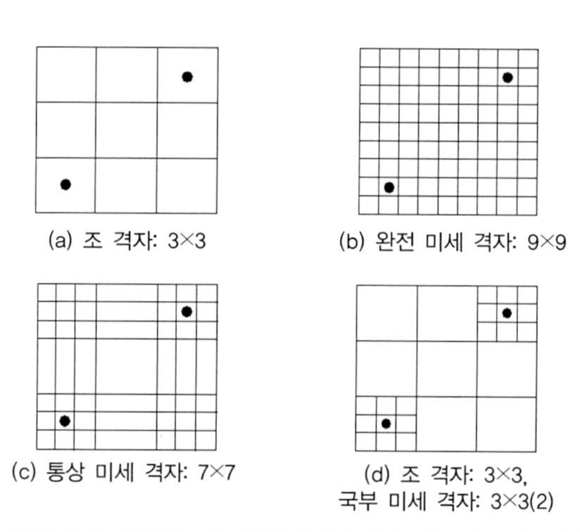

그림 6.13 저류층 시뮬레이션에서 사용되는 격자화 기법

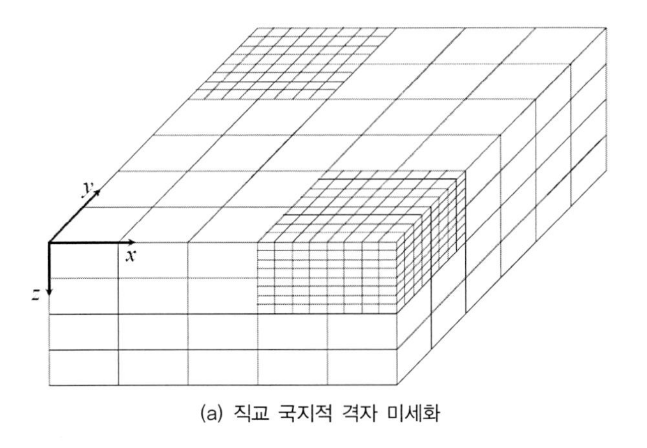

(a) 직교 국지적 격자 미세화

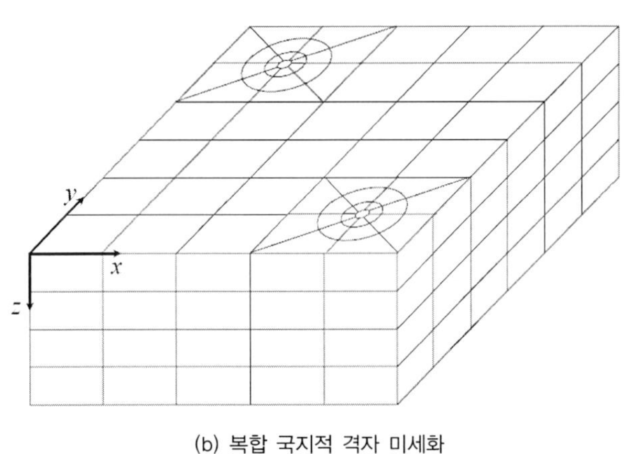

(b) 복합 국지적 격자 미세화

그림 6.14 좌표계에 따른 국지적 격자 미세화의 분류

수평 및 수직 방향의 격자 증분은 수행 예측의 결과 및 계산 효율에 큰 영향을 미친다. 일반적으로 다음과 같은 지침을 바탕으로 격자블록의 크기를 선정한다.

- 압력과 포화율을 알아야 하는 위치에서는 미세 격자를 사용한다.
- 저류층의 형상, 지질, 물성을 묘사할 수 있어야 한다. 외부 경계와 셰일, 저류층 비연속면, 비전도성 단층 등의 내부 방벽(barrier)을 모델에 포함시켜야 한다. 공극률과 투과도의 급격한 변화는 층간 경계로 표현한다. 전이 영역이나 초기 유체 물성의 변동이 큰 영역에서는 미세 격자를 사용한다.

• 저류층 내 압력, 개별 유체의 위치 및 이동, 정호에서의 주입/생산 거동 등 포화율과 압력의 동적 거동을 적절하게 묘사할 수 있어야 한다.

시간간격의 크기는 수치 안정성 기준을 만족할 뿐만 아니라 회수 프로세스의 물리적 법칙을 반영할 수 있을 정도로 작아야 한다. 일반적으로 유동 변화와 방향이 안정화되었을 때 비교적 동일한 크기의 큰 시간간격이 사용된다. 이 시기에 시간간격의 크기는 출력 빈도, 입력 데이터의 변경 시점, 저류층 관리활동 등에만 영향을 받는다. 다른 기간 동안에는 미리 정해진 인자가 설정 범위 또는 허용한계 내에 오도록 조정한다. 대부분의 시뮬레이터는 사전에 선택된 인자들을 계산하고 이 인자들의 변화가 특정 허용한계를 만족하도록 시간간격을 자동적으로 조정할 수 있다. 일반적으로 가장 널리 사용하는 인자로는 1) 압력 변화, 2) 포화율 변화, 3) 물질수지 오차, 4) 시간 절단오차(truncation error) 등이 있다.

6.4.5 프로그래밍 지원

적절한 시뮬레이터를 선정하고 모델을 설계한 후 프로그램의 일부를 문제에 맞추어 조정할 필요가 있다. 가장 일반적으로 정호 관리 및 결과 편집 등을 수정한다.

정호 관리 프로그램은 유전 운영 조건 및 제약 사항을 시뮬레이터의 수학적 경계조건으로 해석하는 논리를 이용하여 시뮬레이션을 자동화하는 데 도움을 준다. 통합 정호 관리 루틴(routine)은 실질적인 저류층 관리를 시뮬레이션하는 데 필요한 주요 결정을 내릴 수 있도록 충분한 로직과 운영 지침을 포함할 수 있다. 대부분의 시뮬레이터는 정호 생산량이나 압력을 설정하고 운영 방침을 반영하여 생산 구간, 정호, 정호군(well group), 저류층, 유전 단계에서 운영 제한 조건을 만족시키도록 설계되어 있다. 그림 6.15는 로직에 따른 정호 관리 제어의 계층 구조를 나타낸다. 어떤 경우 관리 루틴은 지상 설비, 정호 및 유선 수력학, 인공 채유, 생산 목표, 규정 또는 계약에 따른 제약 조건을 반영하고 있다. 때때로 다상 유동 파이프라인 시뮬레이터를 저류층 시뮬레이터와 연계하여 시뮬레이션 중 생산 및 주입 시설의 역압력(back pressure)을 저류층 모델에 부과한다. 일반적으로 정호의 추가, 폐쇄, 작동 로직을 정호 관리 루틴에 포함시킨다.

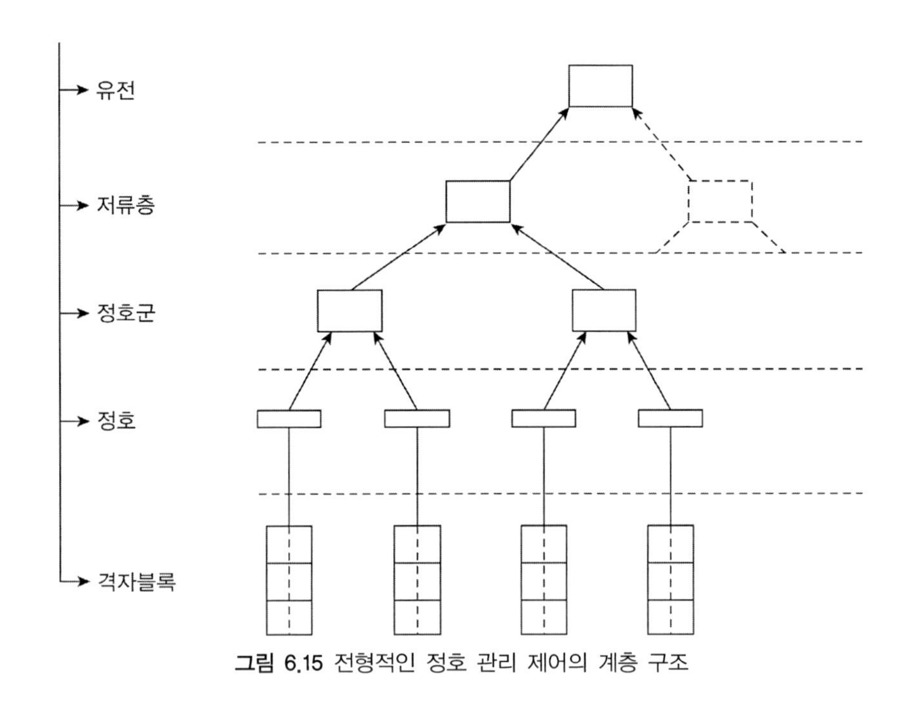

그림 6.15 전형적인 정호 관리 제어의 계층 구조

편집 패키지(package)를 사용하면 시뮬레이션 결과를 표와 그래프로 명확하게 요약할 수 있다. 편집 패키지로부터의 전형적인 결과물은 (1) 정호, 영역, 유전별 생산 및 주입 개요, (2) 정호 현황 보고서(시추정, 보수정, 폐쇄정), (3) 포화율 및 압력 등가선 지도, (4) 영역별 공극체적 가중 평균 압력, (5) 영역별 회수율 등이다.

6.4.6 이력 일치

저류층 모델을 수립한 후 시뮬레이터가 유전 거동을 복제할 수 있는지 시험해야 한다. 일반적으로 모델에 사용한 저류층 모델은 생산 및 주입 데이터를 이용하여 시뮬레이터를 실행한 후 계산된 압력 및 유체 유동을 실제 저류층 수행과 비교하여 검증한다. 보다 엄격한 검증을 할 때에는 개별 정호의 과거 거동도 계산한다. 이력 일치의 1차적 목적은 저류층 모델을 시험하고 개선하는 것이다. 이 외에도 유체 분포, 유체 이동, 고갈 메커니즘의 검증 또는 판별 등 저류층의 현재 상황을 이해하는데 기여한다. 데이터가 없는 영역에서의 오일 및 가스 부존량 등 저류층 묘사를 추론하고 데이터 획득 계획 수립하는 데도 도움을 준다. 때때로 케이싱 누수, 부적적한 유체 할당 등 주요 생산 문제를 발견할 수도 있다. 또한 지속적으로 경신된 모델은 저류층 감시 도구로 활용할 수 있다.

이력 일치에 사용하는 데이터는 연구 범위에 따라 달라지나 저류층 압력과 생산 데이터를 포함한다. 일반적으로 일치시키는 데이터는 압력, 물/오일 비(WOR), 가스/오일 비(GOR), 물 및 가스 도달 시간, 유체 포화율 등이다. WOR, GOR, WGR 이력을 일치시키는 것이 유효 영역 및 영역 연속성 추정치의 타당성을 확인하는 데 가장 좋은 방법이다.

이력 일치의 주요 단계는 다음과 같다. (1) 수행 이력 데이터를 수집한다. (2) 데이터를 조사하여 품질을 평가한다. (3) 이력 일치의 구체적 목적을 설정한다. (4) 가용 데이터를 바탕으로 1차 모델을 개발한다. (5) 1차 모델로 이력을 시뮬레이션한 후 결과를 실제 유전 이력과 비교한다. (6) 모델의 만족도를 결정한다. 만족스럽지 않다면 단순 모델이나 수계산으로 관측 및 계산 이력 간 일치를 개선시킬 수 있는 모델 물성을 판별하기 위하여 결과를 분석한다. (7) 자동 일치 프로그램의 사용 여부를 결정한다. (8) 모델을 수정한다. 제안된 수정 사항의 현실성을 검증하기 위하여 지질, 시추, 생산 운영 담당자와 상의한다. (9) 과거 수행 데이터의 일부 또는 전부를 시뮬레이션 후 일치 개선하고 6단계에서와 같이 결과를 분석한다. (10) 관측 데이터와 만족한 일치를 얻을 때까지 6, 8, 9단계를 반복한다.

다음과 같은 이력 일치의 일반적 전략을 활용하는 것이 효율적이다. (1) 체적 평균 압력을 일치시킨다. 이는 저류층 시스템의 총괄 압축도를 확인하기 위한 과정으로 수계산이나 단순 모델로 신속히 수행한다. (2) 유동 패턴 수립을 위하여 압력 구배를 전반적으로 일치시킨다. 저류층과 대수층의 넓은 영역에 대하여 투과도 분포를 변화시킨다. (3) 일부 격자의 물성 변경을 통하여 보다 정밀하게 압력을 일치시킨다. 이 단계에서 저류층 묘사에 상당한 변화가 발생한다. (4) 접촉면 이동, 포화율, WOR, GOR, WGR 등을 영역 범위에서 일치시킨다. (5) 개별 정호의 거동을 일치시킨다.

모델과 유전 간에 충분한 일치를 얻을 때까지 모델의 입력 인자들을 조정한다. 이력 일치를 위하여 저류층 인자를 조정할 때 가용 데이터를 이용하여 실제 저류층을 정확하게 묘사하도록 해야 한다. 통상 (1) 유전의 압력 구배를 일치시키기 위하여 저류층 투과도, (2) 수직 유체 이동을 일치시키기 위하여 셰일이나 저투과성 영역의 투과도와 범위, (3) 동적 포화율 분포와 압력 구배를 일치시키기 위하여 상대투과도/포화율 관계, (4) 자연 수침(water influx)을 일치시키기 위하여 대수층의 크기, 공극률, 두께, 투과도를 조정한다. 그림 6.16~6.19는 4단계로 체계화한 이력 일치의 구체적 절차를 나타낸 것이다.

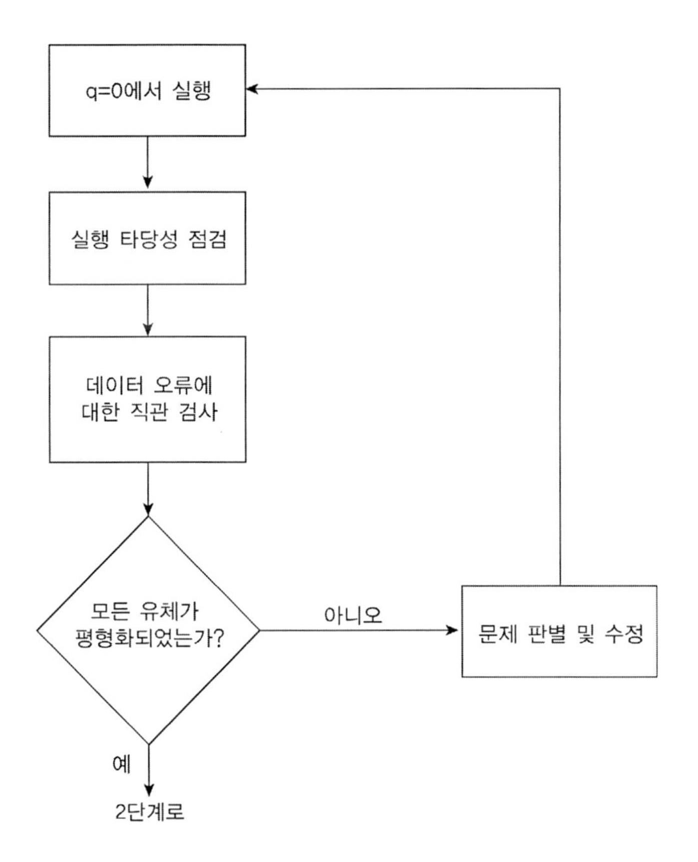

그림 6.16 이력 일치의 제1단계(초기화)

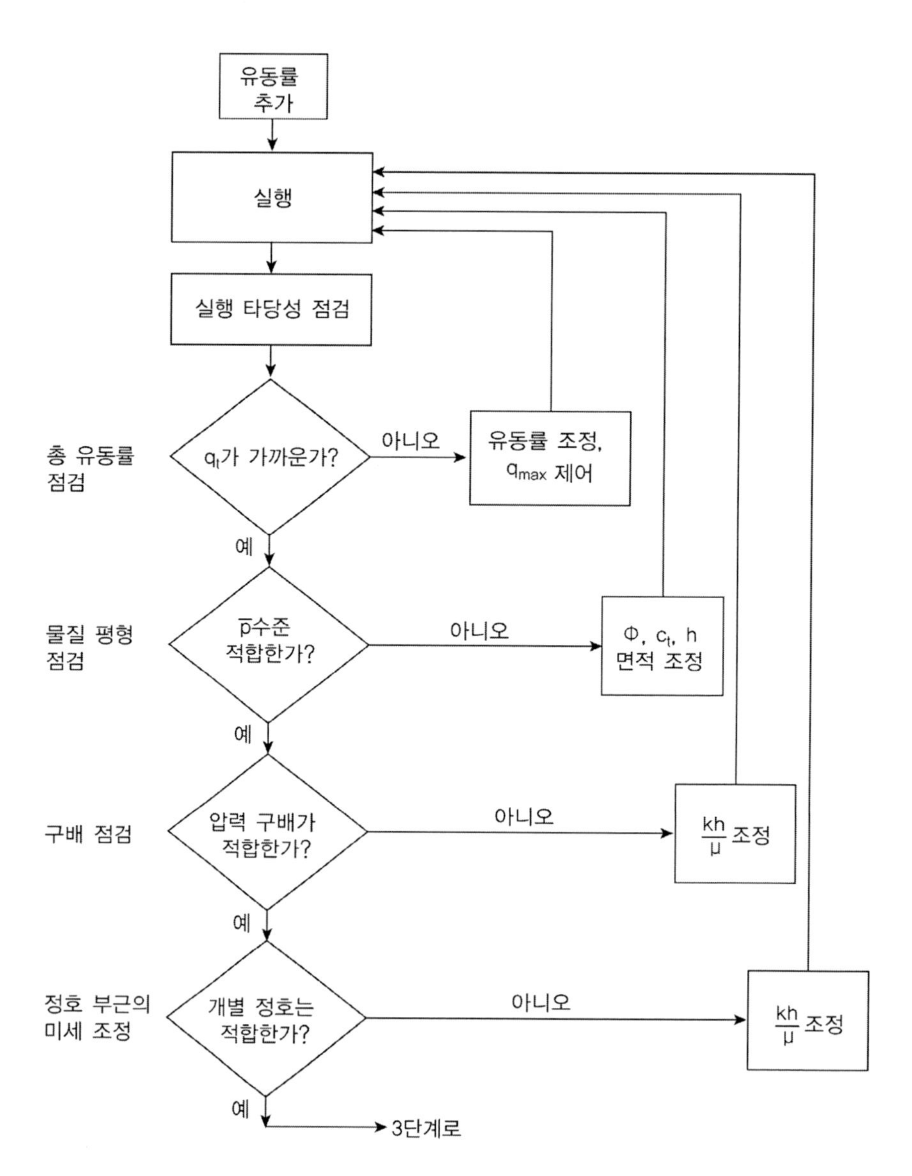

그림 6.17 이력 일치의 제2단계(압력 일치)

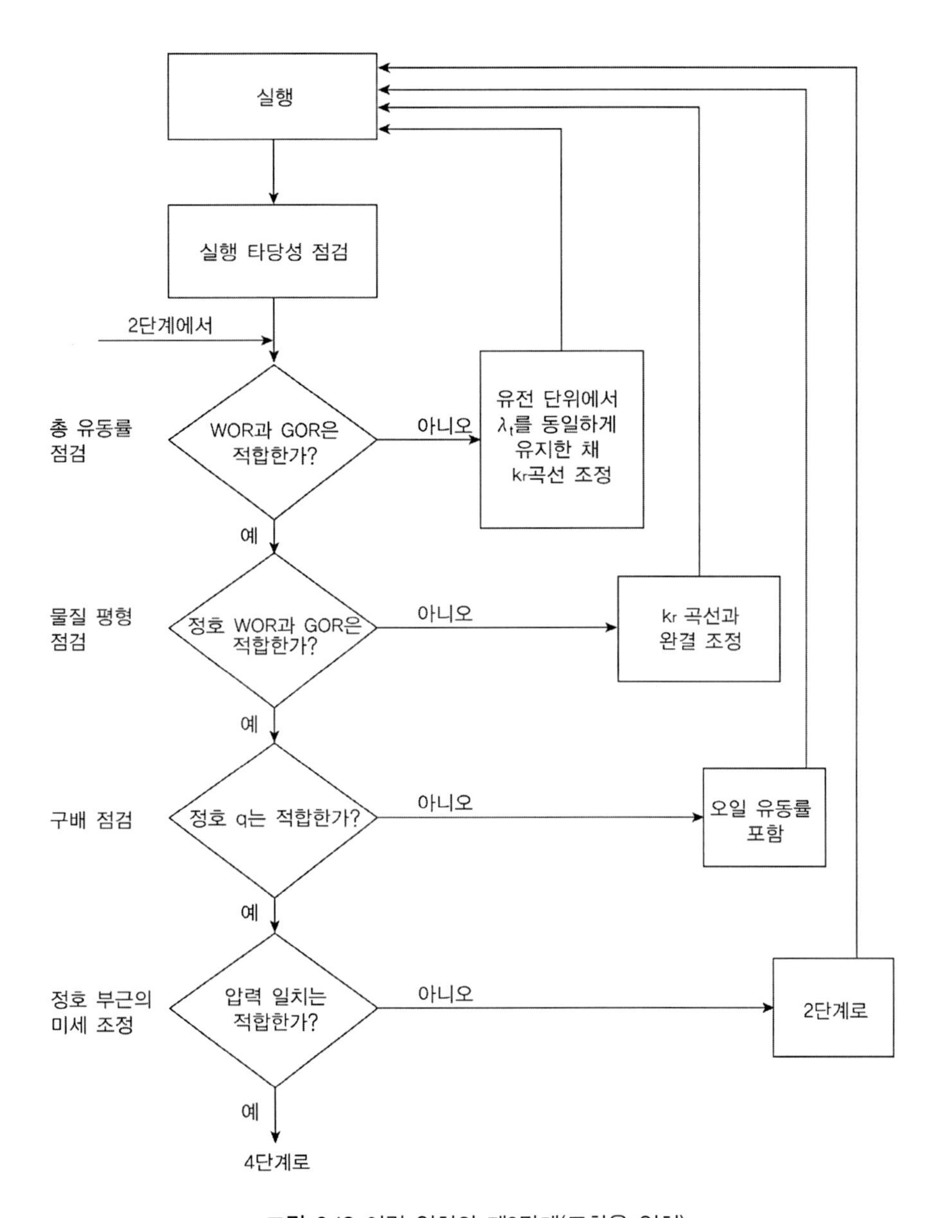

그림 6.18 이력 일치의 제3단계(포화율 일치)

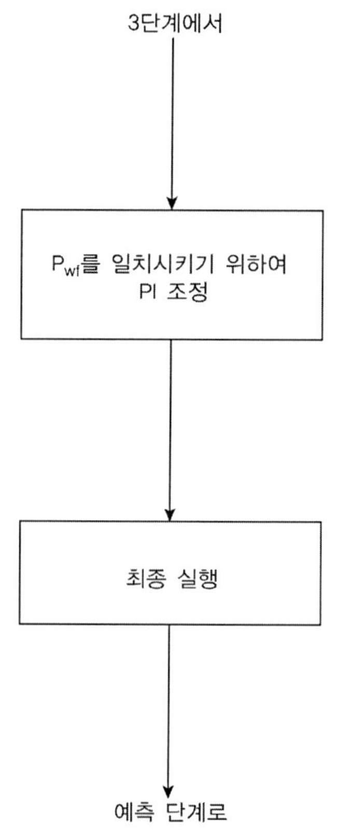

그림 6.19 이력 일치의 제4단계(정호 압력 일치)

수행 이력이 없으면 이 단계를 수행할 수 없다. 이러한 상황에서는 예측을 적절히 정성화해야 한다.

6.4.7 수행 예측 및 결과 분석

용인할 수 있는 수준의 이력 일치를 얻으면 유전의 미래 수행을 예측하고 연구의 설정 목적을 달성하는 데 모델을 이용한다. 그림 6.20에 나타낸 것과 같이 대부분의 저류층 시뮬레이션 연구는 다른 운영 조건이나 2가지 이상의 저류층 묘사 하에서 미래 수행을 예측한다.

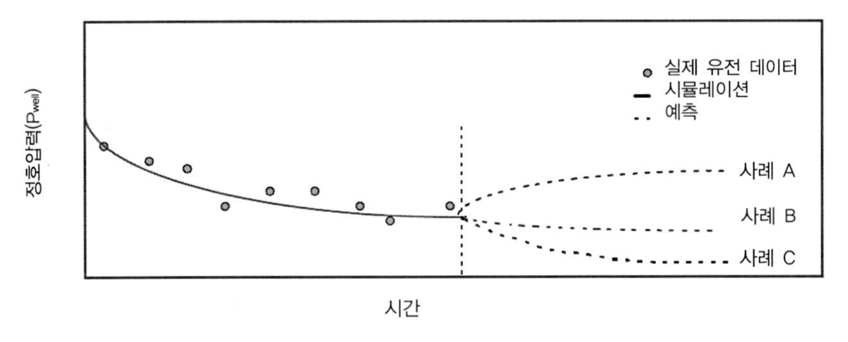

그림 6.20 정호의 이력 일치 후 예측

시뮬레이션 연구 착수와 동시에 예측 사례에 대한 계획을 수립해야 한다. 실행해야 할 예측 사례의 수는 시간과 경비의 제한을 받는다. 시뮬레이션 예측은 각 운영 계획의 대안에 대한 평가를 통하여 이루어진다. 기존 운영 전략을 지속할 경우를 기본 사례(base case)로 설정하고 대안 전략을 사용한 대안 사례와 비교한다. 대안 사례의 경우 특정 운영 변수가 저류층 거동에 미치는 영향을 결정하기 위하여 광범위한 값을 이용한다. 중요 저류층 및 운영 인자의 변동에 따른 거동 변화를 평가하기 위하여 민감도 분석을 수행한다. 민감도 분석은 중요 인자의 판별, 가능한 거동의 범위 정의, 추가 데이터 수집 또는 저류층 수행 감시 프로그램 설계에 도움을 준다.

시뮬레이터를 이용한 예측에 필요한 입력 데이터는 다음과 같다.

- 개별 정호 데이터: 비교적 복잡하지 않는 예측의 경우 개별 정호에 대하여 격자 위치, 정호 번호, 유형(생산정, 주입정), 일정 유량 또는 일정 압력 조건, 정호 관리 루틴 등이 필요하다. 대부분의 개별 정호 데이터는 정호 기록, 최근 정호 시험 결과, 생산 및 운영 담당자와의 토의로부터 얻을 수 있다.
- 정호 제약조건 데이터: 생산 또는 주입정에 부과된 제약 조건에는 GOR, WOR, $Q_{L,\max}$, $Q_{o,\max}$ 등이 있다. 이러한 제약 조건들을 점검하여 정해진 범위를 벗어나면 정호 관리 루틴의 지침에 따라 정호는 폐쇄, 수리, 또는 감축된다.
- 신규정 시추 데이터: 정호 관리 루틴은 신규정 시추 시점과 위치를 결정하는 기준을 가지고 있다. 시추 계획은 (1) 정호 관리 루틴이 설정된 생산 또는 주

입율을 유지하기 위하여 자동으로 제어, (2) 현재 계획, 리그 가용성, 각 정호의 시추 및 완결 소요 시간 등을 고려하여 사전 결정, (3) 연 단위로 사용자의 수를 설정, (4) 시뮬레이터 외부에서 수동으로 제어 등으로 나눌 수 있다.

- 설비 관련 데이터: 설비 관련 데이터는 희망 목표 유동률, 최대 및 최소 용량, 운영 압력 등을 다룬다. 일반적인 제약 조건으로는 오일, 가스, 물의 최대 처리 용량, 주입 시스템의 최대 유동률과 압력, 신규시설 설치 일정 등이 있다.

시뮬레이션의 결과에 대하여 타당성과 정확성을 지속적으로 검토해야 한다. 기본 사례를 1차적으로 예측하고 차후 예측 실행의 결과와 비교한다. 기본 사례 예측 시 2~5년 정도의 단기간을 예측하고 그 결과를 검토한 후 계속 진행한다. 이러한 1차 실행에서 입력 데이터의 오류를 발견하고 문제점을 해결한다. 보다 긴 시간에 대하여 실행을 연장하면서 전 예측 기간이 될 때까지 이러한 뛰어넘기(leap-frogging) 과정을 반복한다. 예측 기간 연장 시 예측 유동률, 예측 정호 활동(폐쇄, 시추, 재완결 등), 예측 포화율 및 경계면 이동, 계산 압력 등을 검토해야 한다.

시뮬레이터 실행으로 생성할 수 있는 수행 예측에는 (1) 오일 생산량, (2) WOR과 GOR, (3) 정호 및 정호 보수 필요성, (4) 저류층 압력 거동, (5) 유체 경계면의 위치, (6) 영역별 회수율, (7) 설비 요구량에 대한 일반적 정보, (8) 최종 회수율 추정치 등이 있다.

예측에서 가장 어려운 측면은 컴퓨터 실행의 결과를 평가하는 것이다. 저류층 시뮬레이터는 수십만 줄의 결과를 생성하므로 시뮬레이션의 목표를 충족하는 데 필요한 결과에 집중해야 한다.

수행 예측의 정확도는 모델의 특성과 저류층 묘사의 정확성 및 완결성에 달려 있다. 따라서 의도한 사용에 적합한지 결정하기 위하여 시뮬레이션의 품질을 추정해야 한다.

6.4.8 보고서 작성

시뮬레이션의 최종 단계는 결과와 결론을 명확하고 간결한 형태로 조합하는 것이다. 수치 모델에 사용하거나 시뮬레이션으로부터 생성된 데이터는 너무 많기 때문에 표, 그래프, 그림 등으로 요약해야 한다. 요약을 준비하기 위하여 시뮬레이션의 입출력 자료를 재구성, 요약, 분석하는 데 관련된 계산 과정을 편집(editing)이라고 한다.

보고서 작성에 사용하는 유형은 작은 연구의 경우 간단한 사내 메모에서 전체 유전 연구의 경우 복수의 보고서까지 다양하다. 보고서의 유형과 크기에 상관없이 연구의 목적 기술, 사용한 모델 설명, 결과 및 결론 제시를 포함해야 한다.

6.5 현황 및 발전 방향

저류층 시뮬레이터는 개발자 및 활용자에 따라 범용, 연구용, 내부용 시뮬레이터 등 크게 세 가지로 나눌 수 있다. 일반적으로 석유 산업계에서 널리 사용되는 범용 시뮬레이터로는 Schulumberger의 ECLIPSE, Computer Modeling Group의 IMEX (Implicit-Explicit Black Oil Simulator), STARS(Steam, Thermal, and Advanced Processes Reservoir Simulator), GEM(Generalized Equation-of-State Model Compositional Reservoir Simulator), Halliburton 산하 Landmark의 NEXUS(Next Generation Reservoir Simulator), Beicip-Franlab의 PUMAFLOW, Tempest의 MORE(Modular Oil Reservoir Evaluation) 등이 있다.

Stanford University 에너지자원공학과의 GPRS(General Purpose Research Simulator), University of Texas at Austin 석유공학과의 UTCHEM(University of Texas Chemical Flooding Simulator), Institute for Computational and Applied Mathematics의 IPARS(Integrated Parallel Accurate Reservoir Simulators), Mining University of Loeben의 SURE 등 주요 대학에서는 연구용 소프트웨어를 개발하고 있다. 연구 기관들이 개발한 시뮬레이터로는 미국 에너지성(Department of Energy)의 BOAST (Black Oil Applied Simulation Tool), 프랑스 IFP(Institut Francçais du Pétrole)의 Athos, 미국 Lawrence Berkeley 국립 연구소의 TOUGH(Transport of Unsaturated Groundwater and Heat) 등이 있다. 연구용 코드는 새로운 수치 기법, 프로그래밍 기법, 행렬 해법 등을 시험하여 성공적일 경우 상업용 소프트웨어에 통합된다.

메이저 석유회사들은 독자적인 내부 저류층 시뮬레이터를 개발하기 위하여 인력을 확보하고 있다. 주요 내부 시뮬레이터로는 Exxonmobil의 EMpower, Shell의 MORES(Modular Reservoir Simulator), Saudi Aramco의 POWERS(Parallel Oil, Water, and Gas Enhanced Reservoir Simulator), ConocoPhillips의 PSIM(ConocoPhillips Reservoir Simulator), ChevronTexaco의 CHEARS(Chevron's Reservoir Simulator) 등이 있다. 이러한 내부 코드의 목적은 사내 소프트웨어 개발 인력을 유지하고 내부 연구 결과를 신속하게 적용하며 특정 사례 연구에 내부 시뮬레이터를 신속하게 적용하기 위함이다.

현재 저류층 시뮬레이션에서의 주요 연구 주제 및 방향은 다음과 같다.

- 병렬 구조
- 새로운 행렬 해법 사용
- 새로운 유형의 이산화
- 새로운 음역성 정도
- 복잡한 지질학적 특성을 해결하는 데 유용한 비구조 격자
- 열, 폴리머, 전기 가열, 증기 주입, CO_2 주입 등 새로운 물리 프로세스
- 파이프라인 망 통합, 암석 역학에 사용하는 비선형 유한요소 소프트웨어 연계, 화학 소프트웨어 연계, 유동 프로세스 소프트웨어 연계 등의 연계 기법
- 이력 일치를 위하여 작업 흐름 내 저류층 시뮬레이션의 통합
- 이력 일치에 앙상블 칼만 필터(ensemble Kalman filter) 등 새로운 기법 이용
- 생산 시나리오 및 오일 회수에 대한 최적화 기법 이용
- 계산 시간 감축을 위한 다중 크기(scale) 접근법
- 저류층 모델 내 물성의 불확실성을 통합하기 위한 기법 이용
- 지능형 정호(intelligent well)의 모델링
- 유선 기법
- 균열 저류층 및 이중 공극 전달 방정식

· 참고문헌 ·

Abou-Kassem, J.H., Farouq Ali, S.M., and Islam, M.R., 2006, *Petroleum Reservoir Simulation: A Basic Approach*, Gulf Professional Publishing, Houston, Texas, U.S.A.

Aziz, K. and Settari, A., 1979, *Petroleum Reservoir Simulation*, Applied Science Publishers, Ltd., Essex, England.

Chavent, G. and Jaffre, J., 1986, *Mathematical Models and Finite Elements for Reservoir Simulation*, Elsevier Scientific Publishers, Amsterdam, The Netherlands.

Carlson, M.R., 2003, *Practical Reservoir Simulation; Using, Assessing and Developing Results*, PennWell Corp., Tulsa, Oklahoma, U.S.A.

Chen, Z., Huan, G., and Ma, Y., 2006, *Computational Methods for Multiphase Flows in Porous Media*, Society for Industrial and Applied Mathematics, Philadelphia, Pennsylvania, U.S.A.

Chen, Z., 2007, *Reservoir Simulation; Mathematical Techniques in Oil Recovery*, Society for Industrial and Applied Mathematics, Philadelphia, Pennsylvania, U.S.A.

Crichlow, H.B., 1977, *Modern Reservoir Engineering-A Simulation Approach*, Prentice-Hall, Inc., Englewood Cliffs, New Jersey, U.S.A.

Ertekin, T., Abou-Kassem, J.H., and King, G.R., 2001, *Basic Applied Reservoir Simulation*, Soc. Pet. Eng., Richardson, Texas, U.S.A.

Ewing, R., 1983, *The Mathematics of Reservoir Simulation*, Society for Industrial and Applied Mathematics, Philadelphia, Pennsylvania, U.S.A.

Fanchi, J.R., 2000, *Integrated Flow Modeling*, Elsevier Science B.V., Amsterdam, The Netherlands.

Fanchi, J.R., 2002, *Shared Earth Modeling*, Elsevier Science, Woburn, Massachusetts, U.S.A.

Fanchi, J.R., 2006, *Principles of Applied Reservoir Simulation*, 3rd Ed., Gulf Professional Publishing, Houston, Texas, U.S.A.

Islam, M.R., Mousavizadegan, S.H., Mustafiz, S., and Abou-Kassem, J.H., 2010, *Advanced Petroleum Reservoir Simulation*, Scrivener Publishing LLC., Salem, Massachusetts, U.S.A.

Koederitz, L.F., 2005, *Lecture Note on Applied Reservoir Simulation*, World Scientific Publishing Company, Singapore.

Mattax, C.C. and Dalton, R.L., 1990, *Reservoir Simulation*, Soc. Pet. Eng., Richardson, Texas, U.S.A.

Peaceman, D.W., 1977, *Fundamentals of Numerical Reservoir Simulation*, Elsevier Scientific Publishing Co., Amsterdam, The Netherlands.

Satter, A., Iqbal, G.M., and Buchwalter, J.L., 2008, *Practical Enhanced Reservoir Engineering Assisted with Simulation Software*, PennWell Corp., Tulsa, Oklahoma, U.S.A.

Teknica, 2001, *Reservoir Simulation*, Teknica Petroleum Services, Ltd., Calgary, AB, Canada.

Thomas, G.W., 1982, *Principles of Hydrocarbon Reservoir Simulation*, International Human Resource Development Corp., Boston, Massachusetts, U.S.A.

Wattenbarger, R.A., 2000, *Reservoir Simulation Application*, Class Note, Texas A&M University, College Station, Texas, U.S.A.

07

회수증진법

석·유·개·발·공·학

07 회수증진법

7.1 오일회수증진법의 정의

석유회수과정을 일차회수, 이차회수, 삼차회수로 구분할 때, 삼차회수과정은 이차회수(주로 물주입법)에 의한 석유 생산이 진행된 이후 이차회수로는 더 이상의 경제적인 회수가 어렵다고 판단되는 경우 실시되는 것을 말하며 일반적으로 저류층 내에 존재하지 않는 물질, 즉 혼합가스(miscible gases)나 다른 화학물 주입 또는 열에너지를 새로이 주입함으로써 오일의 회수를 도모하는 방법이다(Lake, 1989). 이러한 전통적인 분류는 석유 회수단계를 일반적인 회수과정에 따라 분류한 것으로서 이러한 과정으로 생산되지 않는 특수 저류층의 석유 회수과정을 설명하기에는 다소 어려운 면이 있다. 대표적인 예로 최근 회수량이 증가하고 있는 캐나다 앨버타 주의 초중질유(extra heavy oil)의 회수과정을 들 수 있다. 초중질유와 같이 원유의 점성도가 매우 높은 경우 자체 회수기능에 의한 경제적인 회수가 어려우므로 일차회수 과정이 생략된다. 또한 이 경우에는 일반적으로 물주입법에 의한 경제적인 석유 생산도 기대할 수 없으므로 일차, 이차회수 과정을 생략한 채 회수 초기단계에서부터 열회수법(thermal recovery)을 적용한다. 이와 같이 일차회수 과정이나 이차회수 과정이 생략된 경우에는 전통적인 분류에 따라 석유회수과정을 설명하기 부적절하므로 '삼차회수 과정(tertiary recovery)'보다는 '오일회수증진

(EOR)'이라는 말이 보다 많이 사용되고 있다.

EOR의 정의에 있어서 회수기능과 주입물질에 특별한 제약을 두지는 않으나 물이나 가스 주입에 의한 압력유지기법(pressure maintenance process)은 EOR의 범주에 포함시키지 않고 이차 회수법으로 분류한다.

오일회수증진법에 사용되는 유체로는 이산화탄소, 질소 등의 기체와 폴리머(polymer), 계면활성제, 탄화수소 용매 등의 액체 등이 있으며, 주입된 유체는 석유를 저류층에서 밀어내어 생산정을 통해 회수될 수 있도록 한다. 또한 주입된 유체는 저류암 및 저류층 유체와 반응하여 생산에 용이한 조건을 만들기도 하는데 이러한 작용으로는 계면장력의 감소, 석유부피의 팽창, 석유 점성도의 감소, 습윤성 변화, 상변화 등이 있다.

7.1.1 EOR 공법의 분류

다양한 물리/화학적 특성을 갖는 석유의 회수를 위하여 다양한 형태의 오일회수증진법이 개발되었다. 가장 많이 사용되고 있는 오일회수증진법으로는 화학공법(chemical processes), 열회수법(thermal methods), 가스공법(gas methods) 등으로 분류할 수 있다.

화학공법은 석유를 밀어내기 위하여 계면활성제나 알칼리와 같은 화학물을 주입하여 상변화 및 계면장력의 감소 등을 발생시켜 미시적 치환효율을 증가시키고, 유동도 제어법은 폴리머를 이용한 물의 농화(thickening)나 폼(foam)을 이용하여 가스 유동도를 감소시켜 체적 치환효율을 증가시키는 기법이다.

가스공법은 저류층에 탄화수소나 질소 또는 석유에 직접 혼합되거나 저류층 내에서 혼합을 발생시키는 유체를 주입하는 기법으로 이산화탄소 주입 등이 이에 해당하며 상의 거동으로 혼합과정을 파악할 수 있다.

열공법은 석유 회수율을 향상시키기 위하여 열에너지를 주입하거나 저류층 심도에서 열을 발생시키는 기법으로 증기주입법이나 현장연소법 등이 이에 해당한다.

이외의 기타 방법으로는 미생물 이용법(microbial-based techniques) 등이 있다(임종세, 2007).

7.1.2 오일회수증진법의 적격성 판단

EOR 공법의 분류는 회수기능에 따라 분류한 것으로서 특정 기법을 어느 한 기법으로 명확히 분류하기에는 다소 어려움이 있다. 이는 분류된 각 기법의 기능이 다소 중복되는 부분이 있기 때문이다.

일반적으로 석유자원의 특성과 저류층 물성에 따라 적용 가능한 EOR 공법은 다르다. 표 7.1은 각 EOR 기법을 적용할 수 있는 저류층 특성과 석유 물성의 범위를 나타낸 것이다. 일반적으로 혼합 이산화탄소 주입법은 이산화탄소와 석유가 혼합되기에 충분할 만큼의 압력(MMP: Minimum Miscible Pressure)이 필요하며, 적용 심도는 석유의 API도에 따라 정해진다. 증기주입법의 경우는 열의 손실로 인한 증기 제어의 어려움 때문에 대상 심도를 제한하고 있으며, 계면활성제나 폴리머 주입법도 온도에 따른 폴리머 골격의 열화(degradation) 때문에 대상 심도를 제한하고 있다.

표 7.1 EOR 기법의 적용 범위(Taber *et al.*, 1997)
(a) [원유 성분에 따른 분류]

회수증진법		비중 API	점도 (cp)	구성성분
가스주입 공법	질소 (& Flue Gas)	>35↗ 48↗	<0.4↘ 0.2↘	다량의 C1~C7
	탄화수소	>23↗ 41↗	<3↘ 0.5↘	다량의 C2~C7
	이산화탄소	>22↗ 36↗	<10↘ 1.5↘	다량의 C5~C12
화학적 공법	교질입자/폴리머, 알칼리/계면활성제/폴리머, 알칼리	>20↗ 35↗	<35↘ 13↘	가벼운 중개물함유, 알칼리 주입을 위한 유기산(organic acids) 함유
	폴리머	>15	<150, >10	N.C.2
열 공법	연소 (Combustion)	>10↗ 16→?	<5,000→1,200	알스팔트 성분 포함
	증기(Steam)	>8-13.5→?	<200,000→4,700	N.C.

(b) [저류층 특성에 따른 분류]

EOR method		오일포화율 (%PV)	지층 타입	두께(ft)	평균 투수율 (md)	깊이 (ft)	온도 (°F)
가스주입 공법	질소 (& Flue Gas)	>40↗75↗	사암 또는 탄산염	Thin unless dipping	N.C.	>6,000	N.C.
	탄화수소	>30↗80↗	사암 또는 탄산염	Thin unless dipping	N.C.	>4,000	N.C.
	이산화탄소	>20↗55↗	사암 또는 탄산염	(wide range)	N.C.	>2,500	N.C.
화학적 공법	교질입자/폴리머, 알칼리/계면활성제/ 폴리머, 알칼리	>35↗53↗	사암	N.C.	>10↗450↗	>9,000 ↘3,250	>200 ↘80
	폴리머	>50↗80↗	사암	N.C.	>10↗800↗	<9,000	>200 ↘140
열 공법	연소 (Combustion)	>50↗72↗	다공질 모래/ 사암	>10	>50	<11,500 ↘3,500	>100 ↗135
	증기 (Steam)	>40↗66↗	다공질 모래/ 사암	>20	>200↗2,540↗	<4,500 ↘1,500	N.C.

1. 밑줄친 수치는 현재의 오일사업현장의 평균 수치임. ↗는 더 높은 수치가 좋다는 것을 의미함.
2. N.C = not critical
3. >5 md from some carbonate reservoir
4. Transmissibility >20 md-ft/cp
5. Transmissibility >50 md-ft/cp

오일회수증진법(EOR)은 알려진 트랩 내에서 오일 매장량을 새로이 증가시킬 수 있는 적시의 기회를 제공한다. 따라서 성공적인 EOR의 수익성을 개선이 필요하다. 이를 위하여 위의 표 7.1와 같이 지난 수년간 EOR 프로젝트의 의사결정을 다루는 수많은 방법적 전략이 개발되어 왔다. 그 중 의사결정 및 위험 관리를 위한 작업흐름도가 특히 유용하다. 이 작업 흐름도에서 많은 EOR 프로세스들의 결정적 변수에 기반을 둔 적격성 평가는 예비 형식의 실행가능성을 결정하는데 유용하다. 유망 EOR 전략은 저류층의 간략화된 부분에 대한 해석적 또는 수치적 유망 광구 시뮬레이션을 통하여 추가로 평가한다. 2단계에서 유망한 결과가 나오면 상세 평가에 들어간다. 상세 평가는 의사결정자에게 추천하기 위하여 불확실성을 줄여 보다 완전한 경제성 평가를 가능하게 하는 과정이다. 작업흐름이 성공적으로 완성되면 프로젝트를 이행한다.

특정 저류층에서 EOR 프로세스의 선정은 여러 인자들에 의하여 결정된다. Taber *et al.* (1997a, 1997b)은 성공적인 프로젝트의 저류층과 오일 특성을 결합하고 서로 다른 EOR 유체에 의한 오일 대체에 필요한 최적 조건을 반영하여 적격성 평가 기준을 제시하였다. Henson *et al.* (2002)은 저류층 불균질도가 IOR의 성공에 미치는 영향에 대하여 연구 결과를 발표하였다. 이들에 따르면 폴리머 공법은 측면 및 수직 불균질도가 모두 저-보통일 경우 성공적으로 수행되었다. 측면 불균질도가 증가함에 따라 수평 유동에 대한 차폐로 공법 경계면의 왜곡 및 분산으로 야기되어 폴리머 공법의 효율이 감소한다.

Alvarado *et al.* (2008)은 해석적 시뮬레이터인 SWORD를 이용하여 Wyoming 저류층들의 적격성을 평가하였다. 이 소프트웨어는 1) 회수 인자 추정, 2) 적용성 평가 등 두 가지 절차를 이용할 수 있다. 회수 인자 추정은 대규모 데이터베이스 내에서 사례 근접성을 추적하여 유사 사례를 탐색하는 방법이다. 이 적격성 평가 절차의 주요 산출물은 주어진 저류층이 속한 저류층 유형의 평균 회수 인자와 이 유형의 저류층에 사용된 회수 프로세스이다. 이 전략은 '경험 기반' 적격성 평가로 부를 수 있다. SWORD에서 적용성 평가를 하려면 저류층과 유체를 묘사하는 12개 암석물리학적 인자를 알아야 한다. 각 인자들에 대하여 상, 하한이 주어져야 한다.

표 7.2 Input parameters for SWORD applicability screening module

	인자(parameter)	단위(unit)	최소(Min)	최대(Max)
1	심도(depth)	ft		
2	투과도(permeability)	md		
3	두께(thickness)	ft		
4	온도(temperature)	°F		
5	오일 점도(oil viscosity)	cp		
6	압력(pressure)	psi		
7	오일 밀도(oil density)	°API		
8	이방성(anisotropy, kv/kh)	(0~1)		
9	점토 함량(clay content)	(0~1)		
10	염도(salinity)	mg/L		
11	현재/초기 오일 포화율(oil saturation)	(0~1)		
12	고/저 투과도 비(high/low perm. ratio)			

기준치 범위(reference interval)는 각 인자에 대하여 적정 구간(comfort zone)을 나타낸다. 퍼지 논리에 사용하는 것과 유사한 삼각함수 간 중복 면적으로부터 주어진 저류층 또는 유체 물성이 적정 구간과 얼마나 근접한지 나타내는 지표를 얻는다. 이러한 표현법은 참조표(look-up table) 절차에서 사용되는 통상적인 계속/중지 결정법(go no-go approach)을 완화하고 순위 지표를 만든다. 주어진 EOR 기법에 대한 최종 지표는 통상 모든 12개 저류층/유체 특성에 상응하는 지표의 평균이다. 이 지표는 0과 1 사이의 값을 가지며 1일 때 최대 중복을 나타낸다(이근상, 2008).

EOR 공법의 기술적 적용범위 및 대상유전의 적합한 EOR 기법 선택에 대한 연구가 진행 중이며, 이러한 수치상의 제약은 각 기법에 따른 대략적인 범위를 나타낸 것으로 향후 운영 기술이 향상되거나 새운 기법이 개발될 경우 극복될 수 있을 것으로 판단되다.

7.2 EOR 공법의 종류와 기본 메커니즘

전통적으로 오일회수는 1차, 2차, 3차 회수의 3단계로 구분해왔다. 생산초기 단계인 1차 생산은 저류층 내에 자연적으로 존재하는 축출 에너지로부터 기인한 것이다. 2차 생산은 1차 생산이 감퇴한 후 이행되며 물이나 가스의 주입을 통하여 자연에너지를 보충한다. 3차 생산은 2차 생산이 비경제적이 된 후 혼합 가스, 액체 화학물질, 열 에너지 등을 사용하여 추가로 오일을 회수하는 것이다. 이러한 단계는 반드시 시간 순서대로 수행되는 것은 아니기 때문에 3차 회수보다는 증진회수로 표현하는 것이 보다 적합하다(이근상, 2008).

7.2.1 화학적 공법

화학적 회수 증진법(Chemical EOR) 프로세스에서는 한 종류 이상의 유체를 저류층으로 주입한다. 주입 유체와 주입 프로세스는 저류층 내에 존재하는 자연 에너지를 보충하여 오일을 생산정으로 축출한다. 또한 주입 유체는 저류층 암석/오일

시스템과 상호 작용하여 오일 회수에 유리한 조건을 만든다.

1) 폴리머 주입 공법(polymer flooding process)

다양한 회수 증진 기법 중 폴리머 공법은 많은 저류층에 대하여 기존 수공법의 훌륭한 대안으로 인정받고 있다. 기존의 수공법은 자연적으로 발생한 저류암의 균열이나 높은 투과도를 갖는 투수층에서는 물이 석유를 뒤에서 밀어내기보다는 유동에 대한 저항이 작은 주변지역으로 흘러가려는 경향을 보이는 단점이 있다. 또한 점성이 매우 높은 중질유 지역에서도 물의 흐름에 대한 중질유의 강력한 저항력으로 인하여 비슷한 현상이 발생하게 된다. 이러한 지역에서는 수공법의 사용에 많은 어려움이 따르며 이러한 문제점을 극복하기 위하여 물은 더욱 점성이 높을 필요가 있는데, 이를 위하여 가장 많이 사용하는 것이 폴리머이다. 폴리머는 단량체(monomer)끼리의 공유결합으로 이루어진 긴 체인 형태의 거대분자(macromolecule)로 대표적인 폴리머로는 폴리아크릴아미드(polyacrylamide, 그림 7.1)와 잰탄 검(xanthan gum, 그림 7.2)을 들 수 있다. 폴리아크릴아미드는 합성 폴리머로서, 폴리머 공법에서 가장 많이 사용되는 폴리머(>95%)이며, 분자량 5백만~2천만을 갖는 선형 구조이다. 분말, 젤, 혹은 용액 상태로 공급되며, 선형구조이므로 물리적 및 화학적 용인에 의해 열화(degradation)하기 쉽다. 잰탄 검은 미생물에 의해 탄수화물로 발효시킨 다당류로 분자량 2백만~8백만 정도의 반유연성 거대분자이며, 분말 혹은 천연발효 용액 형태로 공급된다. 생물학적 열화에 민감하나, 저류층 염도에 대한 저항력 및 전단에 대한 높은 안정도를 가지므로 폴리아크릴아미드에 비해 열악한 환경에서도 적용 가능하나 고가인 것이 단점이다.

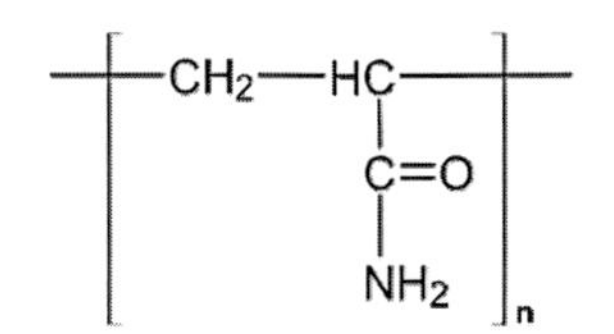

그림 7.1 폴리아크릴아미드의 단위 분자 구조

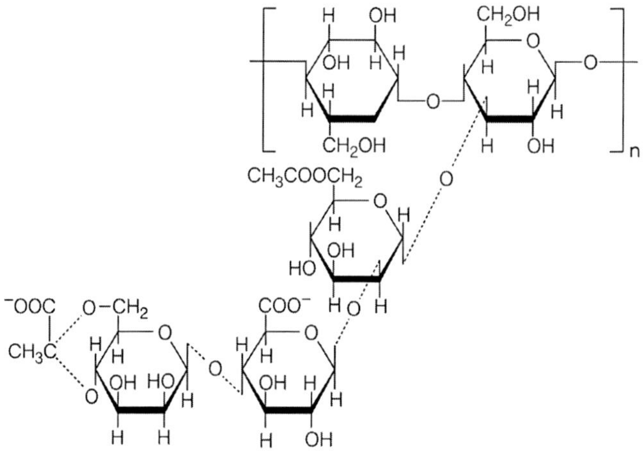

그림 7.2 잰탄 폴리머의 일반적인 단위 분자구조

기존의 수공법 기법과 설비에 대하여 최소의 수정만으로도 고점성 폴리머 용액을 주입하여 저류층 오일과 주입 유체 간의 유동도 비를 개선함으로써 추가적인 오일 회수가 가능하다(Chang, 1987; Needham and Doe, 1987; Taylor and Nasr-El-Din, 1998). 유동도비는 다음과 같이 주입유체와 오일과의 유동도의 비로서 정의된다.

$$M = \frac{\lambda_d}{\lambda_o} \tag{7.1}$$

여기서, 오일의 유동도 λ_o, 주입유체의 유동도 λ_d는 각각 다음과 같다.

$$\lambda_o = \frac{k_o}{\mu_o}, \lambda_d = \frac{k_d}{\mu_d} \tag{7.2}$$

여기서, k_o, k_d는 오일 및 주입유체의 유효투수도이며, μ_o, μ_d는 오일 및 주입유체의 점도이다.

따라서 유동도를 나타내는 식 (7.2)를 식 (7.1)에 대입하면 유동도비는 식 (7.3)과 같이 되며 다음과 같은 특성을 갖는다.

$$M = \frac{\lambda_d}{\lambda_o} = \frac{k_d \mu_o}{k_o \mu_d} \tag{7.3}$$

- 유동도 제어는 각 유체의 유동도비로 나타낼 수 있다.
- 저류층 상태에서 오일의 물성은 불변이므로, 주입유체의 점도를 높이거나, 유효 투수도를 낮추어, 유동도비를 저하시킬 수 있다.
- 폴리머 공법의 경우, 공극 내 폴리머의 흡착(adsorption) 및 체류(retention)에 의해 투수도를 낮출 수 있으며 또한 폴리머에 의해 점도를 크게 할 수 있어 복합적인 효과에 의해 주입유체의 유동도를 현저하게 낮출 수 있다.
- 유동도 제어 값을 낮춤으로써, 소공률을 높일 수 있다. 그러나 유동도비를 너무 낮출 경우 주입효율을 저하시킬 수 있으므로 작업기간 및 저류층 특성을 고려하여 최적의 값을 선택해야 한다.

수용성 폴리머는 두 가지 방법으로 유동도에 영향을 미친다. 첫째, 폴리머 용액의 겉보기 점도는 물보다 크다. 폴리머 용액은 비뉴턴 유체이므로 전단율에 대하여 상당한 민감도를 나타낸다. 용액은 함수 유형과 농도에도 민감하여 겉보기 점도에 영향을 미칠 수 있다. 둘째, 폴리머는 다공성 매체에 흡착되거나 역학적으로 포획된다. 이러한 폴리머 정체는 용액 내 폴리머 양을 감소시키고 다공성 매체의 유효 투수도를 감소시킨다. 폴리머 용액의 유동도는 점도와 유효 투수도 감소의 복합 효과로 인해 피축출 물/오일 뱅크(bank)의 유동도보다 작아진다. 이러한 유동도비의 저하는 거시적 체적 접촉 효율의 증가와 접촉 영역 오일 포화율의 저하를 통하여 수공법의 효율을 증대시킨다(Needham and Doe, 1987).

그림 7.3은 일반적인 물주입법과 폴리머 공법의 대체 효율을 상징적으로 나타낸 것으로, 일반적인 물주입법에서 석유보다 유동도가 큰 물은 석유보다 먼저 생산정까지 최단거리로 이동하려는 경향을 나타낸다. 물보다 유동도가 작은 폴리머를 쓰

면 이러한 경향은 감소하고 석유의 뒤에서 마치 피스톤과 같이 석유를 생산정 쪽으로 밀어내는 역할을 하여 석유의 회수율을 높이게 된다.

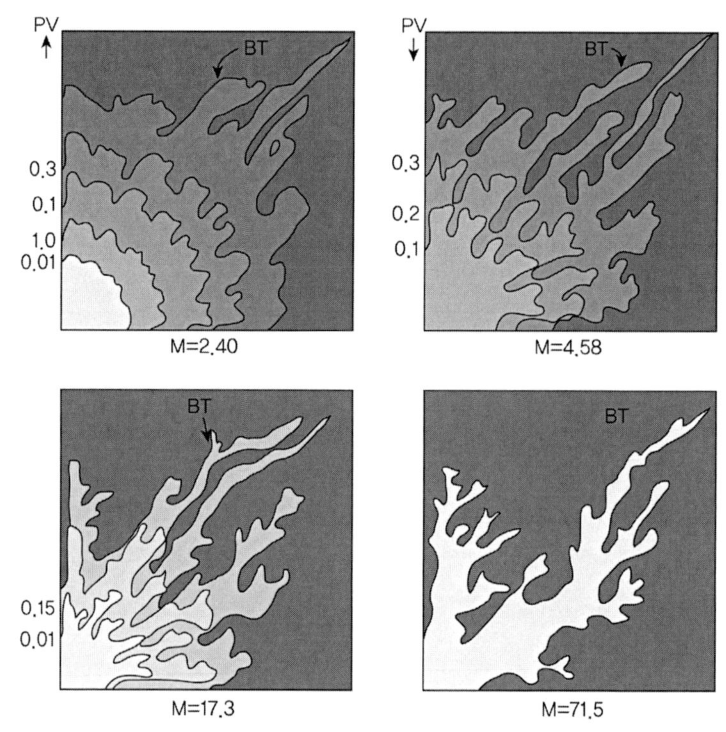

그림 7.3 물주입법과 폴리머 주입법의 접촉 효율 비교

일반적인 폴리머 주입법은 다음의 방식으로 진행된다(그림 7.4).

① 저류층 내 염수에 의해 폴리머의 점도가 떨어지는 것을 방지하기 위해 필요에 따라 염도가 매우 낮거나 순수한 물을 주입한다.

② 이후 수백 ppm 정도의 농도를 갖는 폴리머 수용액을 주입한다.

③ 폴리머에 추진력을 제공하기 위하여 물(염도가 매우 낮거나 순수한 물)과 염수를 주입한다.

④ 생산정을 통해 석유를 생산한다.

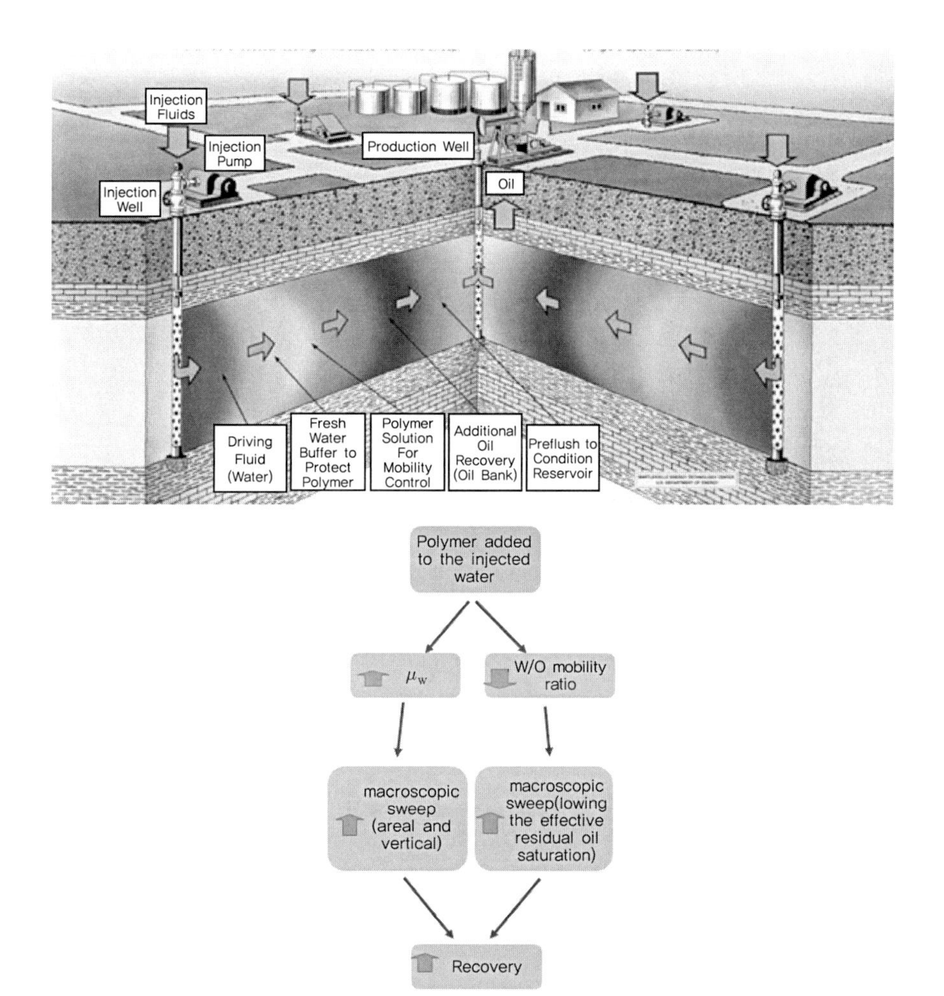

그림 7.4 폴리머 주입법의 과정과 원리(U.S. DOE)

폴리머 공법은 많은 성공적 적용 사례에도 불구하고 때때로 기술적 또는 경제적 측면에서 비효율적일 수 있다. 가장 중요한 문제점 중 하나는 폴리머 용액을 저류층으로 주입할 때 주입정 압력이 균열 유발 압력 이하가 되도록 주입률을 제한해야 하므로 주입도가 낮다는 점이다. 폴리머 용액의 고점성으로 인하여 비파쇄 유정에서의 주입도는 수공법에 비하여 현저히 낮으며 이는 폴리머 공법의 중요한 단점이다(이근상, 2010).

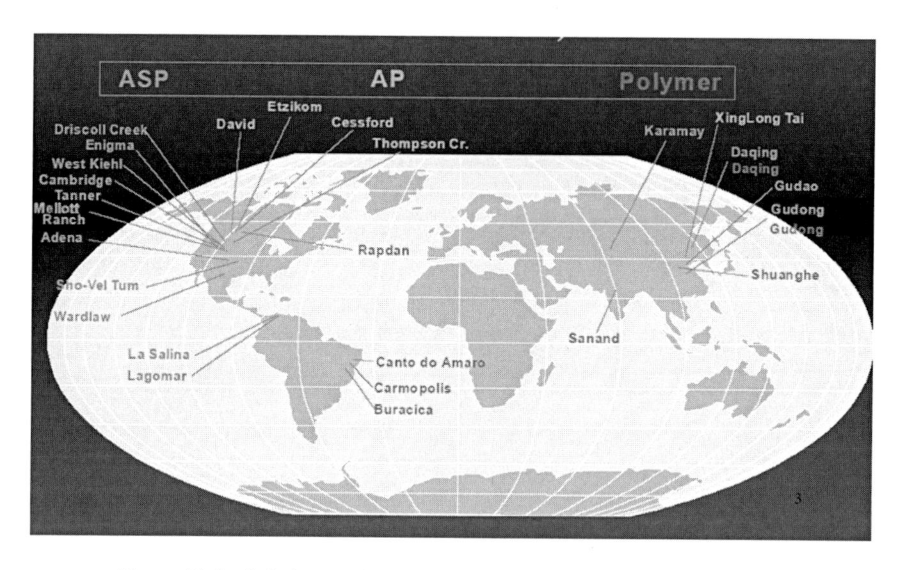

그림 7.5 현재 세계적으로 진행 중인 폴리머 공법 프로젝트(Surtech, 2009)

폴리머 용액의 대표적인 유동적 특성으로는 점탄성(viscoelasticity)과 전단 희박(shear thinning)과 전단 농후(shear thickening) 현상(그림 7.6)이 있다. 점탄성은 고체와 같은 성질을 갖는 탄성(elasticity)과 유체와 같은 성질을 갖는 점성(viscosity)을 동시에 가지는 폴리머의 성질을 말하며, 탄성은 공극 내에서 폴리머끼리의 흡착을 어느 정도 방지해주어 공극이 막히는 것을 막아주며, 점성의 경우 폴리머가 저류층 골고루 침투하도록 해준다. 높은 분자량, 농도, pH 상태의 폴리머의 경우 높은 탄성을 가지나 염도가 높은 경우에는 폴리머의 탄성 효과가 줄어든다.

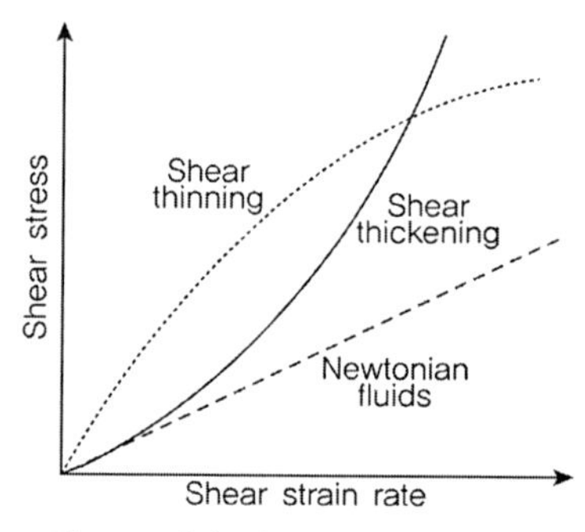

그림 7.6 전단 희박과 전단 농후 현상

전단 희박 현상은 전단변형률이 증가할수록 점도가 감소하는 성질이며, 전단 농후 현상은 전단 희박 현상과는 반대로 전단속도가 증가할수록 점도가 증가하는 현상으로, 고분자 폴리머 용액은 큰 전단변형률 영역에서 전단 농후 현상을 나타내고 있다. 전단 농후 현상을 가지는 폴리머가 높은 투수율층으로 유입될 경우 전단속도의 증가로 점도가 증가하게 되므로 유체 자체의 흐름도가 떨어져 폴리머가 낮은 투수율 층으로 유입되도록 하는 효과를 갖게 되어 수직적인 적합제어(conformance control) 가능성을 제시한다.

2) 알칼리 주입 공법

알칼리 주입법(alkaline flooding process)은 알칼리 수용액을 주입하여 저류층 심도에서 석유의 산(acid)과 반응시킴으로써 저류층 내에서 계면활성제를 생성시키는 기법이다. 생성된 계면활성제는 계면장력을 감소시키거나 자발적 유화(emulsification)를 유도하거나 습윤도(wettability)를 변화시키는 등의 방법으로 석유 회수율을 향상시킨다.

알칼리 공법은 그림 7.7의 과정으로 이루어진다. 이러한 과정은 교질입자 중합체 주입공법(micellar polymer flooding process)과 계면활성제를 주입한다는 점에서 유사하지만, 알칼리는 지하심부 저류층 내에서 반응하여 형성된다.

높은 pH는 수산화 음이온(OH^-)의 고농도를 가리킨다. OH^-와 H^+ 두 이온의 농도는 물의 해리현상을 통해 관련되어 있고, 수용상태의 물농도는 거의 일정하기 때문에 OH^-의 농도가 증가하면 H^+의 농도가 감소한다. 이러한 관계는 저류층으로 높은 pH를 형성시키는 두 가지 방법을 제안한다. 수산기를 함유하고 있는 매체의 해리 과정 또는 수소이온과 결합하기 좋아하는 화학물질의 추가이다.

다양한 화학물질들이 높은 pH를 얻고자 사용될 수 있으나, 그 중 가장 보편적으로 수산화나트륨, 나트륨 실리케이트, 탄산나트륨이 사용된다. NaOH는 해리작용으로 인해 OH^-를 발생시킨다.

$$NaOH \rightarrow Na^+ + OH^-$$

알칼리 주입법은 석유 내에 산성분이 많은 저류층에 적합하나 석유생산 효율이 낮기 때문에 그 자체로는 거의 사용되지 않고, 폴리머를 주입하는 유동도 제어법이나 화학 공법에 알칼리를 첨가하여 두 방법의 복합된 장점을 추구하는 방법들이 연구되고 있다. 이 복합 방법들을 Alkaline Polymer(AP) flooding과 Alkaline-Surfactant Polymer(ASP) flooding이라 한다.

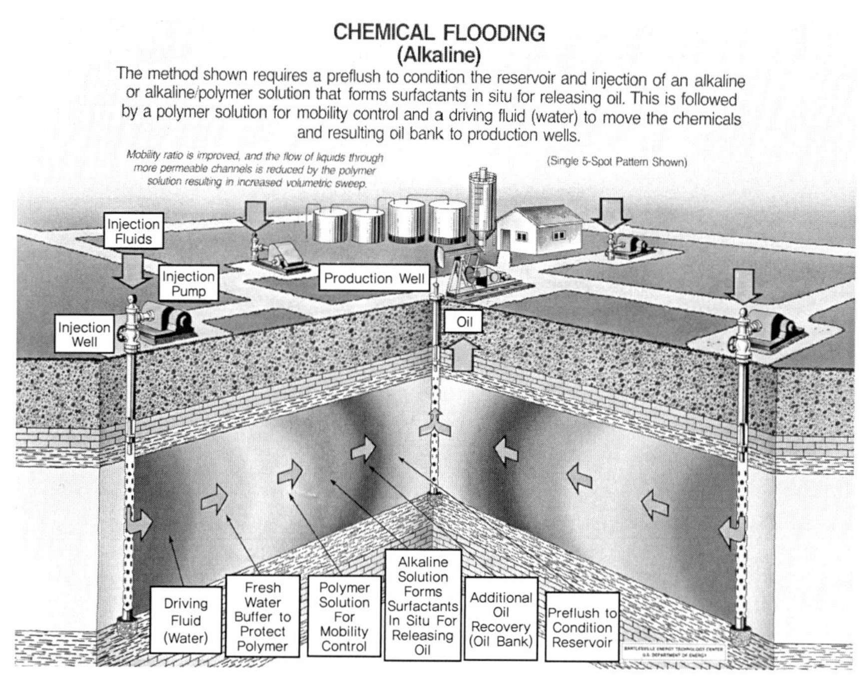

그림 7.7 알칼리 주입 공법의 과정(U.S. DOE)

3) 교질입자 중합체 주입공법

화학공법에서 주로 사용되는 대체유체는 교질입자(micellar) 용액으로 불리는 다성분 화학제로 여기에는 계면활성제(주로 anionic surfactants)와 보조 계면활성제(cosurfactant, 주로 알코올), 물이 포함된다. 또한 보통 교질입자 용액의 점성도를 높이기 위해서 소량의 폴리머가 첨가되어 이를 교질입자 중합체 주입공법(Micellar-Polymer(MP) flooding process)이라 한다. 교질입자 주입공법은 마치 설거지과정에서 접시와 기름의 점착력을 제거하는 세제와 같은 역할을 하는 교질입자 용액을 저류층에 주입하여 공극 내에 갇혀 있던 석유를 분리해 석유 회수율을 향상시키는 기법이다. 이때 사용되는 교질입자 용액은 저류층 내에서 오일과 물 사이의 계면장력과 모세관 압력을 감소시키고, 트랩구조로 이루어진 공극에 작용하여 오일을 회수하는 계면활성제 또는 그러한 계면활성제를 형성시키는 화학물질을 포함한다. 또한 오일을 안정화시키고 저류암에 흡수되는 것을 방지하기 위해 점도를 조절하는 보조 계면활성제와 전해물을 포함한다.

교질입자 중합체 주입공법은 저류층 안에 교질입자 슬러그의 주입을 이용한다. 그림 7.8은 교질입자 중합체 주입 결과의 이상적인 모습을 보여준다. 이 처리과정은 보통 3차 주입으로 적용되고, 연속적인 주입이 이행된다. 전체 과정은 다음과 같이 구성된다.

① Preflush: 저류층 내 함유되어 있는 소금물의 염분농도를 변화(일반적으로 낮춤)시켜 계면활성제와 혼합하여 계면활성도의 감소가 발생하지 않도록 하기 위해 주입되는 낮은 염분의 소금물 양을 말하며, 저류층에서 흐를 수 있는 공극 부피에 0%~100%로 주입된다.

② MP slug: 필드 안에서 V_{pf}의 5%~20% 정도의 양을 가진 교질입체 슬러그의 부피에는 주요 오일회수 매개물인 기초적인 계면활성제를 포함한다. 몇몇의 다른 화학물질은 설계 목적에 따라 포함된다.

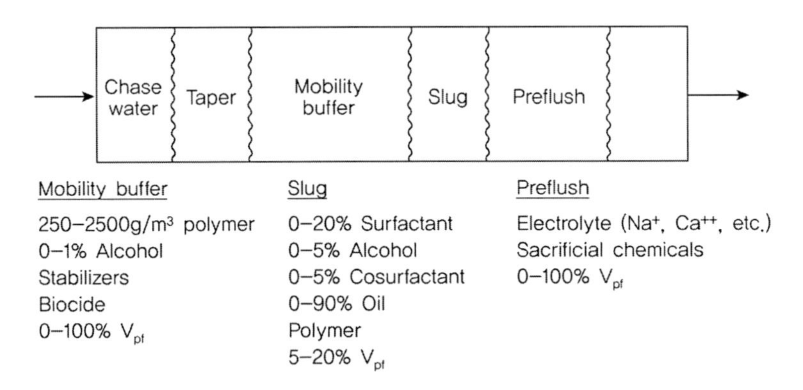

그림 7.8 교질입자-중합체 주입공법의 이상적인 단면도(Lake, 1984)

③ Mobility buffer: 이 유체는 교질입자 중합체 슬러그와 저류층 내 체류되어 있는 유체를 생산정으로 몰아내기 위한 수용성 중합체의 희석액으로, 이 유체의 부피는 오일회수능력을 좌우하는 아주 중요한 변수이다. 폴리머 공법과의 차이는 교질입자 중합체 주입공법의 목표는 잔류오일(residual oil) 감소이고 폴리머 공법은 유동오일(movable oil) 증대이다.

④ Mobility buffer taper: 이 유체는 중합체를 함유한 소금물로서, Mobility buffer와 접촉되어 있는 곳에서의 중합체의 농도가 높고 점점 뒤로 가면서 중합체의 농도가 낮아져 함유하지 않게 된다. 이와 같이 폴리머의 점차적인 농도감소는 mobility buffer와 뒤따르는 순수한 물 사이의 서로 다른 유동도비에 의한 영향을 완화시킨다.

⑤ Chase water: Chase water는 단순히 계속적으로 주입되는 폴리머의 높은 비용을 줄이기 위한 목적으로, mobility buffer와 taper가 적절히 주입되었다면 이때의 물이 회수되기 전에 교질입자 중합체 슬러그가 회수된다.

교질입자 중합체 주입공법은 현재 EOR 방법에서 가장 회수 효율이 높은 것 중 하나이다.

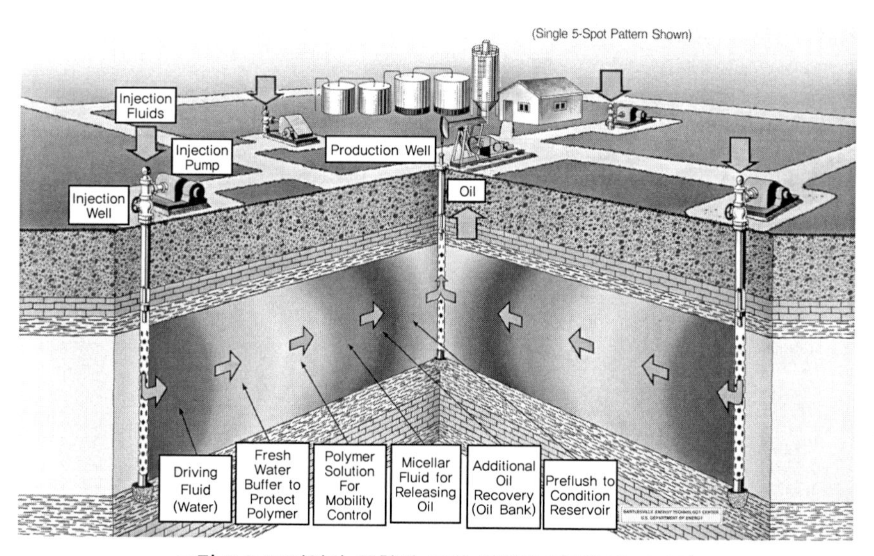

그림 7.9 교질입자 중합체 주입 공법의 과정(U.S. DOE)

4) 거품주입 공법

계면활성제는 단순히 계면장력을 저하시키는 것뿐만 아니라 습윤도, 유상화 유입의 촉진, 점성도 감소, 그리고 분산을 안정화시키는 등 회수증진을 위해 다양한 역할을 한다. 이러한 계면활성제를 이용하는 방법 중 하나가 바로 거품주입 공법(foam flooding)이다. 이 공법은 기체상의 유동도를 저하시키기 위해 안정적인 거품 형태로 계면활성제를 사용한다. 여기서 계면장력의 감소는 중요한 메커니즘이 되지 않는다.

거품주입 공법에서 거품은 교질입자 주입에서 유동도를 제어하기 위해 중합체의 대안으로서 이용된다. 게다가, 혼합주입에서 유동도를 제어하기 위한 매개물이나, 유정처리(well treatment)를 위해 사용될 수 있다. 또한 열회수법에서 유동도 제어를 위해 제시되고 검사되어 왔다.

거품은 액체 안에서 가스 기포가 흩어져 있는 것을 말한다. 이러한 상태는 보통 불안정하고 몇 초안에 빠르게 없어진다. 그러나 액체에 계면활성제가 첨가되면 안정성이 크게 향상되어 지속적으로 거품상태를 유지할 수 있다. 거품제로써 사용되는 계면활성제는 교질입자 중합체 주입공법에서 기술되는 많은 속성들을 가지고 있다. 수성(aqueous) 거품의 경우, 계면활성제가 물 용해성을 높이기 위해 좀 더 작은 분자량을 가지는 것이 바람직하다. Fried(1960)와 Patton(1981)은 계면활성제가 가지고 있는 유동도 제어 퍼텐셜에 대한 광범위한 목록을 제작한 바 있다. 물론 우리는 이러한 계면활성제는 교질입자 중합체 계면활성제의 바람직하지 못한 성질 -고염분의 소금물, 온도, 오일성분, 그리고 유지력에 대한 예민한 자극 반응성- 역시 가지고 있다는 것을 상기해야 한다.

물리학적으로 거품은 다음 3가지 측정방법에 의해 특성을 기술할 수 있다.

① 품질(quality): 거품 안의 기체 부피는 총 거품 부피에 대한 분수 또는 퍼센트로 표현된다. 거품의 품질은 가스 부피가 변화 할 수 있고 액체에 용해되어 있던 가스가 용해상태에서 벗어나 기화 될 수 있기 때문에 온도와 압력에 따라 가지각색이다. 거품의 품질은 많은 경우에 대략 97%까지 꽤 높고, 90% 보다 높은 질의 거품은 건성 거품이다.

② 평균 거품 크기: 거품의 구조(texture)라고도 한다. 거품구조의 범위는 콜로이

드 크기(0.01～0.1㎛)부터 미세 에멀젼까지 광범위한 구조변화가 가능하다. 그림 7.10은 전형적인 거품 크기 분포도를 보여준다. 거품구조는 거품이 투과성 매체에서 어떻게 흐를 것인지를 결정한다. 평균 거품 크기가 공극 직경보다 더 작으면 거품은 기공채널에서 분산되는 형태로 흐르고, 평균 거품 크기가 공극 직경보다 크면 거품은 개별적인 가스 거품이 분리된 일련의 얇은 막처럼 흐를 것이다.

③ 거품 크기의 범위: 위에서 언급한 것처럼 넓은 분포 범위에 있는 거품이 더 불안정할 확률이 높다.

우리는 이러한 거품의 측정기준과 지역 다공성 매체 특성 사이의 상관관계를 이해할 수 있다. 거품의 품질은 공극과 관계되고, 공극 평균 크기는 거품의 구조와, 그리고 거품 크기분포는 공극 크기분포와 관계된다. 다공성 매체 안에 흐르는 거품의 다양한 특성은 유사한 양의 상대적 크기를 비교해서 설명된다.

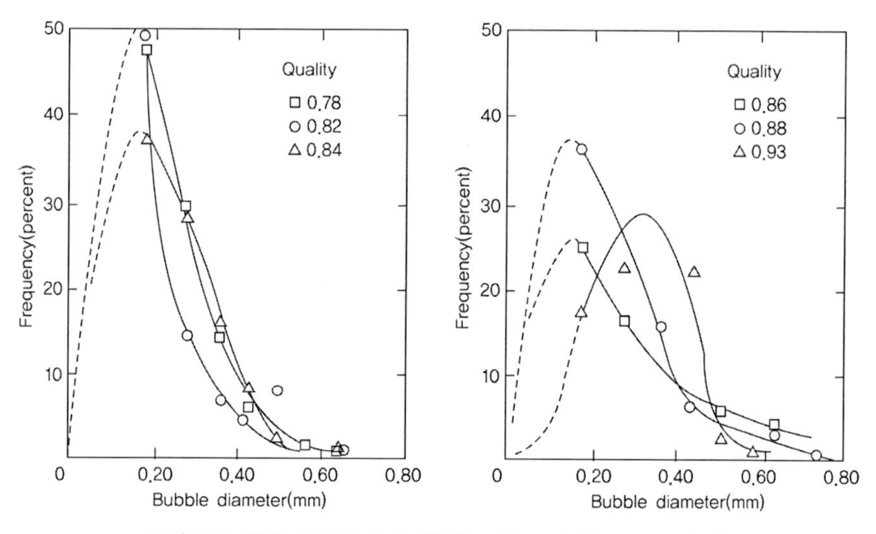

그림 7.10 거품 크기의 도수 분포(David and Marsden, 1969)

7.2.2 열회수법

중질유나 오일샌드[1])와 같이 점성이 매우 높은 석유 저류층에서는 일차생산에 의한 회수율은 매우 낮고, 물주입법에 의한 생산도 기대할 수 없다. 열회수법(thermal methods)은 이러한 저류층에서 생산을 위한 방법으로 유일하다. 열회수법은 저류층 내에 의도적으로 열을 주입하여 석유 회수율을 향상시킨다. 현재 EOR 기법 중 가장 많이 사용되는 기법으로, 주입된 열은 저류층의 온도를 높여 석유의 점성도를 감소시켜 석유를 생산정으로 밀어내는 역할을 한다.

열회수법에 의한 석유회수기능은 치환과정(Displacement Processes/Drive Processes)과 열자극 과정으로 나뉜다. 치환과정은 생산정 주변의 석유를 밀어내어 생산하는 것으로 그 원리는 물주입법과 유사하다. 일반적으로 대체과정은 주입정과 생산정 사이 전 구간의 저류층 유체 내에 열을 전달하며 열은 열수주입이나 증기주입과 같이 지상에서 주입하거나 현장 연소와 같이 저류층에서 발생시킨다. 열자극 과정은 생산정 주변 석유의 점성도를 감소시키거나 시추공 주변의 아스팔트 등을 제거함으로써 저류층 투과도를 증가시키기 위하여 열을 주입한다.

1) 증기주입 공법

증기주입 공법(steam flooding)은 저류층의 온도를 높이기 위하여 고온의 증기를 주입하는 기법으로 주입된 고온의 증기에 의해 점성도가 감소하거나 부분적으로 기화된 석유의 부피가 팽창하면서 석유를 생산하는 기법이다. 증기주입법은 점성도가 매우 높아 상업적인 생산이 어려운 중질유 저류층에서 많이 사용되며, 경우에 따라서는 경질유의 추가생산을 위한 방법으로 사용되기도 한다. 증기주입법에 의해 석유를 생산하는 과정은 다음과 같다(그림 7.11).

① 먼저 고온의 증기를 저류층 내에 연속적으로 주입한다.

② 주입된 증기로 인하여 주변지층에 의한 열손실이 발생하면서 열수도 액화된다.

---

1) 오일샌드란 역청(bitumen), 모래(sand), 물(water), 그리고 점토(clay)가 자연 상태에서 혼합물로 나타나는 것을 말하며, 주로 캐나다 알버타주의 3개 지역, 즉 Athabasca, Peace River, 그리고 Cold Lake에서 발견됨

③ 액화된 증기에 새로운 증기가 계속적으로 공급되면서 석유를 생산정으로 밀어 낸다.

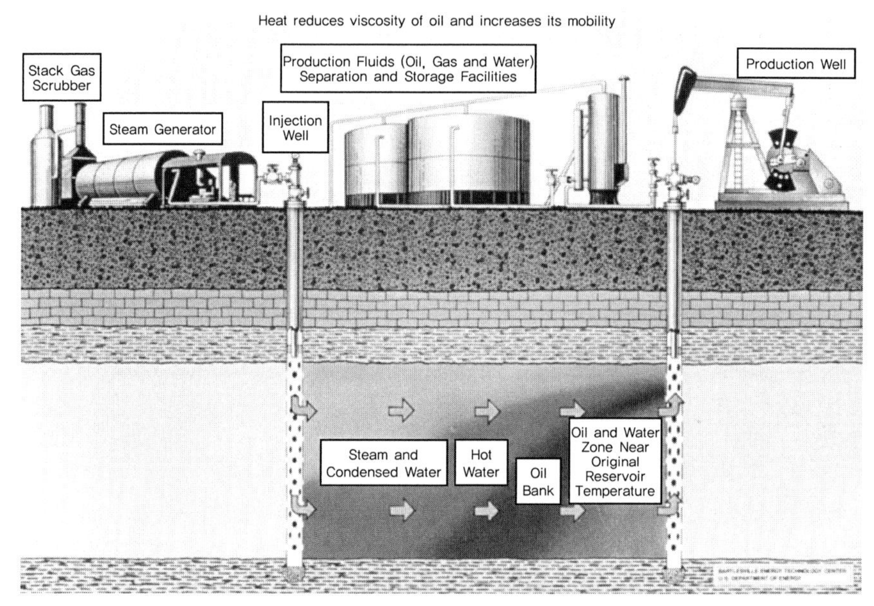

그림 7.11 증기주입 공법 과정(U.S. DOE)

증기주입법은 일반적으로 열수주입법(hot-water flooding)에 비해 에너지 효율이 크고, 또 주기적 증기자극법에 비해 열전달이 용이하며 회수율이 50% 이상으로 높다는 장점이 있다. 증기주입법의 가장 큰 문제점은 증기가 석유나 물보다 가볍기 때문에 저류층 상부로 이동하려는 경향을 보인다는 점이나 이러한 현상은 증기와 접촉하고 있는 지역으로부터 멀리 떨어진 지역까지의 열전도에 의해 보상될 수 있으며, 열전도에 의해 가열된 저류층 체적은 구조에 따라 큰 영향을 받는다.

증기의 점성도가 물이나 석유의 점성도에 비해 작기 때문에 유동도 제어 역시 증기주입법 문제가 되고, 또 다른 문제점으로는 열손실과 높은 온도로 인한 장비의 훼손과 지상에서의 증기 누출로 인한 오염가스 방출 등을 들 수 있다.

2) 증기배유 공법

증기배유 공법(Steam Assisted Gravity Drainage: SAGD)은 지하에 매장되어 있는 캐나다의 오일샌드를 회수하기 위해 Butler에 의해 처음 제안되었다. 이 공법은 최근 중질유나 역청, 오일샌드 등의 생산에 최근 가장 많이 이용되는 있는 기법으로 일반적인 진행 방법은 다음과 같다.

① 저류층의 하부에 수직적으로 5m 정도 간격이 되게 두 개의 수평정을 설치한다.

② 상부의 수평정으로 증기를 주입하여 주입된 증기는 상승하면서 수평정 상부에 증기챔버(chamber)를 형성한다.

③ 상승한 증기는 챔버 벽면에서 석유를 가열하여 활성화시키고 활성화된 석유는 챔버 벽면을 따라 낙하한다.

④ 하부의 수평정을 통해 이를 회수한다.

⑤ 증기 챔버의 크기가 커지도록 증기를 연속적으로 주입한다.

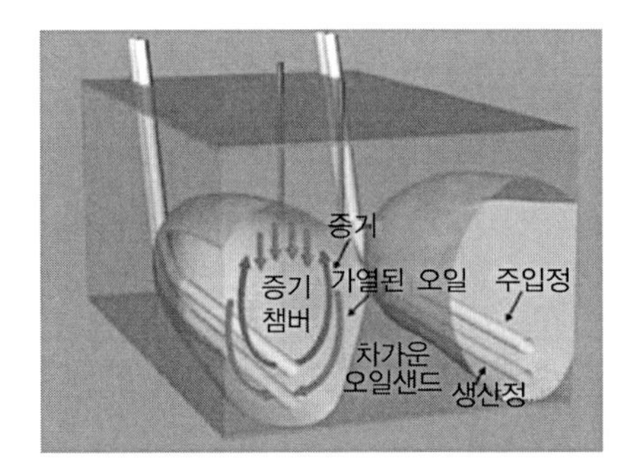

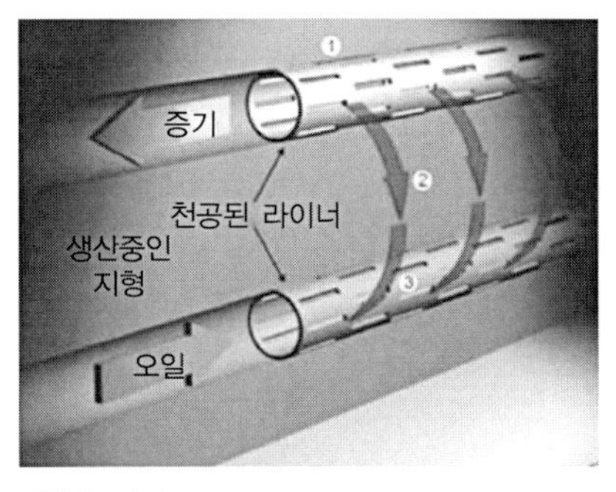

그림 7.12 SAGD 공법 과정

SAGD 공법은 증기와 생산되는 유체 사이의 밀도 차와 수직투과도가 이 기법에 있어 가장 중요한 요소가 된다. 현재 SAGD공법의 효율성을 높이기 위하여 변형된 다양한 형태의 기법들이 개발되고 있다.

■ SW-SAGD(Single-Well SAGD) 공법

SW-SAGD 공법은 하나의 수평정을 사용하여 기존의 두 개의 유정을 사용한 SAGD 공법과 유사한 회수 메커니즘을 이용할 수 있도록 고안되었다(그림 7.13). 이 공법은 기존의 SAGD공법보다 경제적이면서 중력에 대해 안정적이라는 이점이 있다. 또한 증기챔버가 확립되면 낮은 SOR(Steam-Oil-Ratio)생산이 가능해진다.

SW-SAGD공법은 단일의 유정을 통해 증기를 주입하고 오일을 생산하는 메커니즘으로 이루어져 있고, 증기는 단열 튜빙을 통해 주입되고 응축된 수증기와 유동성을 가지게 된 오일은 분리된 튜빙스트링(tubing string)을 통해 회수된다. 이러한 방법은 기존의 SAGD공법에서 기초한 것으로 주요 생산 메커니즘은 중력에 의한 회수이다.

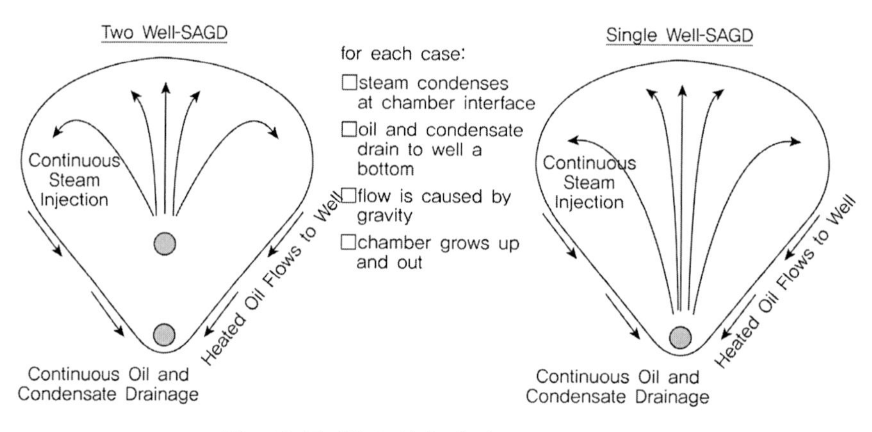

그림 7.13 증기챔버 성장 비교(Falk *et al.*, 1996).

■ ES-SAGD 공법

ES-SAGD는 증기를 주입하는 기존의 SAGD공법에 솔벤트를 첨가하여 SAGD성능을 확장하고 개량하는 것을 목표로 하는 방법이다. 여기서의 개량은 더 높고 빠른 배수비율, 적은 에너지의 소비, 그리고 물의 필요조건과 온실가스발산의 감소를 포함하고 있다.

ES-SAGD는 Hybrid 공정에 적은 농도의 솔벤트를 증기와 함께 주입하게 되면, 증기 챔버의 가장자리에서 응축된 증기와 함께 솔벤트가 응축되고, 챔버에서 응축된 솔벤트의 표면을 따라 묽게 희석된 오일의 점성도가 감소하면서 중력에 의하여 생산정에 모이게 된다. 적정한 솔벤트와 함께 주입된 ES-SAGD공법과 증기만을 사용하는 공법을 비교한 결과 솔벤트를 함께 주입한 경우에 오일 배수율이 높다. 또한 솔벤트의 탄소수가 증가함에 따라 기화 온도가 증가한다. 이 중 헥산은 탄소수와 온도와의 관계에서 증기가 가지는 온도를 넘지 않으면서, 높은 배수율을 가지는 솔벤트이다.

■ X-SAGD(Cross-SAGD) 공법

X-SAGD공법은 생산정과 주입정을 기존의 SAGD공법과 같이 평행하게 두지 않고, (그림 7.14)와 같이 서로 직각이 되게 교차시키는 방법이다. 공정 초기에 역청 회수가 어느정도 진행된 후 주입정과 생산정의 교차점을 포함하는 유정 일부분을 막음(plugback)으로써 스팀이 직접 생산정으로 유출되는 것을 방지하고 스팀 챔버가 저류층 내에서 수평방향으로 성장하게 하여 회수량을 증가시킨다.

Plugback 기법으로는 다음과 같이 크게 두 가지 방법이 있다.

① 일정 시간 생산 후 주입정과 생산정의 교차지점 부위를 막아 스팀이 직접 생산정으로 유출되는 것을 막는 방법으로 플러깅 부위를 완벽하게 막아 스팀이 저류층으로 들어가지 못하게 하는 방법과 플러깅 부위에 스팀이 제한적으로 주입될 수 있게 하는 방법이 있다.

② 공정 처음부터 주입정과 생산정의 교차점을 포함한 특정 부분에 일정간격으로 유정완결을 수행하는 방법이다.

X-SAGD공법은 SAGD 방법에 비해 생산기간이 급격히 단축될 뿐만 아니라 CSOR이 작아 경제성이 뛰어난 장점이 있다.

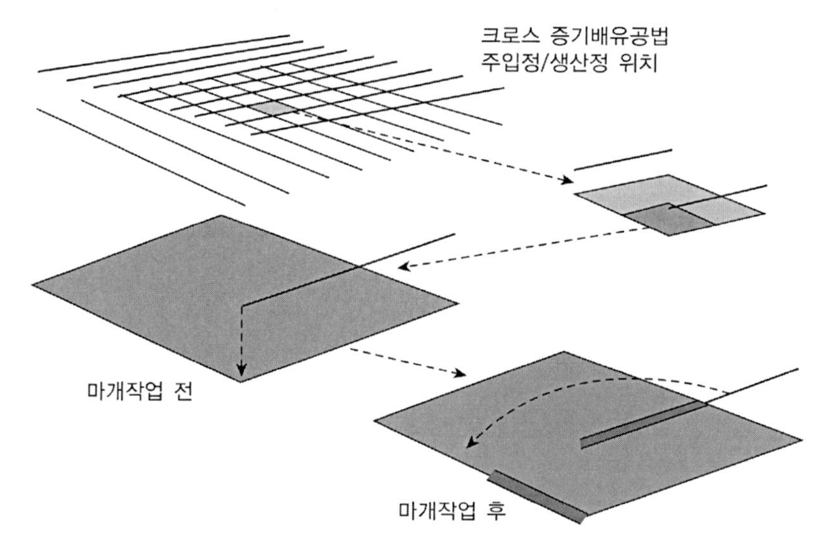

그림 7.14 X-SAGD 모식도

■ Fast-SAGD & Hybrid-SAGD 공법

Fast-SAGD 공법과 Hybrid-SAGD 공법은 기존의 중질유 회수공법인 SAGD공법과 CSS공법의 결합형태라고 볼 수 있다. SAGD공법의 단점인 스팀의 미약한 수평방향 확산을 보완하기 위하여 SAGD공법에 적용하는 주입정과 생산정 사이에 CSS공정을 수행할 보정 수평정을 배치하는 방식이다(그림 7.15). 보정 수평정의 도입으로 인해 스팀의 영향이 미치지 못한 부분에까지 스팀의 확산을 촉진시켜 열효율을 높이고 결과적으로 회수량을 증가시킨다.

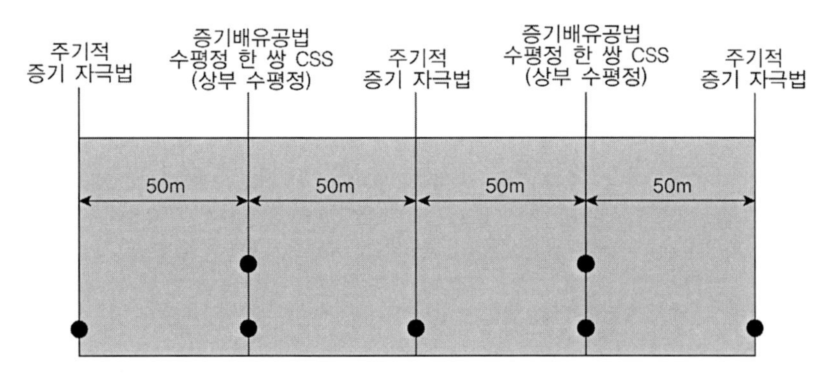

그림 7.15 Fast-SAGD와 Hybrid-SAGD의 유정배치도(Couskuner, 2009)

Fast-SAGD와 Hybrid-SAGD의 차이점은 운전방식에 있다. Fast-SAGD는 우선 SAGD 공법의 수평정을 이용하여 기존의 SAGD공법을 운행하고, 증기 챔버가 저류층 상단의 지층에 도달하면 보정 수평정에서 CSS공법을 수행시킨다. CSS 공정을 수행하여 증기챔버가 서로 접촉하여 충분히 성장되면 보정 수평정을 생산정으로 전환하여 수행하는 방식이다. 반면 Hybrid-SAGD는 공정 초기에 SAGD 주입정과 보정 수평정을 동시에 CSS공법으로 운행한다. 각 유정의 증기챔버가 서로 접촉하면 SAGD공법으로 전환하여 수행하고 보정 수평정 역시 생산정으로 전환하여 운행하는 방식이다.

■ VAPEX(Vapor Extraction) 공법

전체적인 개념은 기존의 증기배유공법과 유사하며 단지 증기배유공법에서는 증기를 이용하여 원유를 회수하는데 반해 VAPEX기법에서는 솔벤트를 이용하는 점이 다르다(그림 7.16). 이때의 솔벤트는 액체상태의 솔벤트보다 우수한 driving force와 높은 솔벤트 회수율을 나타내기 때문에 기화된 상태의 솔벤트를 사용한다. 즉, 기화된 솔벤트를 주입정에 주입하면 주입정 주위에 솔벤트 Chamber가 생성되면서 서서히 역청을 녹이기 시작하고 주입정 하부에 위치한 생산정으로 원유를 생산한다. VAPEX기법에서 가장 중요한 점은 솔벤트가 증기상태로 유지되어 점성도가 높은 중질유를 효율적으로 개질(upgrading)시킬 수 있어야 하며 이를 위해서는 저류층의 온도와 압력을 고려한 솔벤트의 선택이 중요하다. 예를 들어 고압의 저류층에서 증기압력이 상당히 낮은 프로판이나 부탄을 솔벤트로 주입했을 경우 증기 상태의 솔벤트를 유지하는 데 상당히 어렵게 된다.

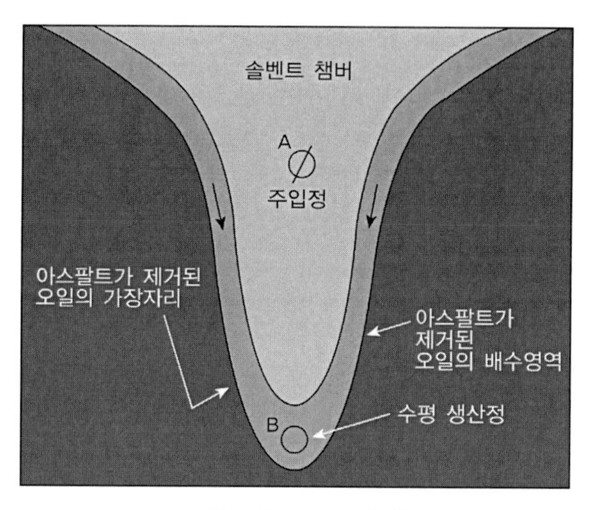

그림 7.16 VAPEX 공법

VAPEX 공법은 증기가 아닌 솔벤트를 주입하여 오일을 회수하는 공법으로 증기주입 기법인 SAGD와 비교할 때 단지 3%의 에너지만 필요로 한다. 또한, 중질유의 점성도가 큰 주요요인인 아스팔트 성분을 제거해주는 지하심부개질 효과가 있고, 증기를 사용하지 않아 증기공정 시 발생하는 온실가스 및 물 오염 문제를 야기하지 않는 장점이 있다.

반면에, 주입한 솔벤트를 회수하여 재사용하기가 어려워 경제적인 측면에서 어려움이 있고, slovent의 확산을 이용하기 때문에 공정 진행속도가 증기기법에 비해 1/1000 이상 느려 생산성이 현저히 떨어진다.

■ LASER(Liquid Addition to Steam for Enhancing Recovery) 공법

LASER 공법은 CSS(Cyclic Steam Stimulation)기법을 보완한 것으로서 증기를 주입

하여 오일샌드를 생산하는 CSS에 액체 탄화수소(C5+)를 첨가하여 회수율을 높이는 방법이다(그림 7.17). 이때 첨가된 액체 탄화수소는 증기와 만나면서 기화되어 광범위하게 Heavy Oil에 접촉되는 방식으로 기존의 스팀만 주입한 CSS 기법의 오일-증기비(OSR: Oil-Steam-Ratio)를 증대시키는 효과가 있다.

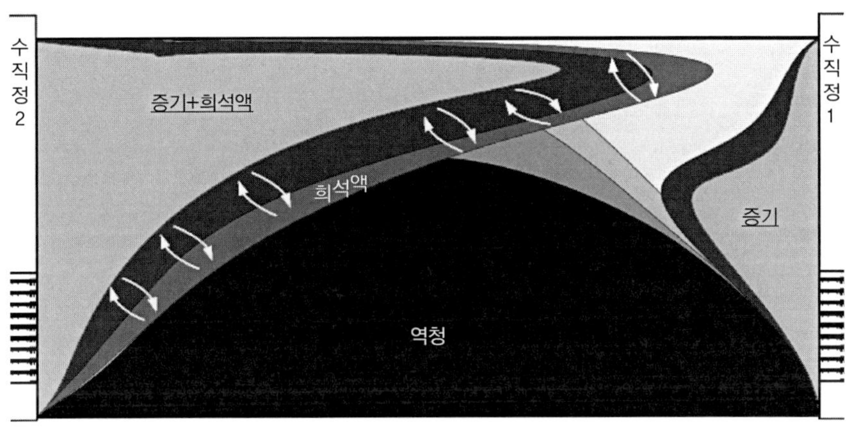

그림 7.17 LASER 공법

LASER 공법은 기존 CSS 기법의 회수율(25%)을 최대 40% 이상 개선시킬 수 있지만(그림 7.18), LASER 공법이 수행될 수 있는지 여부는 솔벤트에 의한 비용증가면 및 적용 적합성 등이 평가되어야 한다.

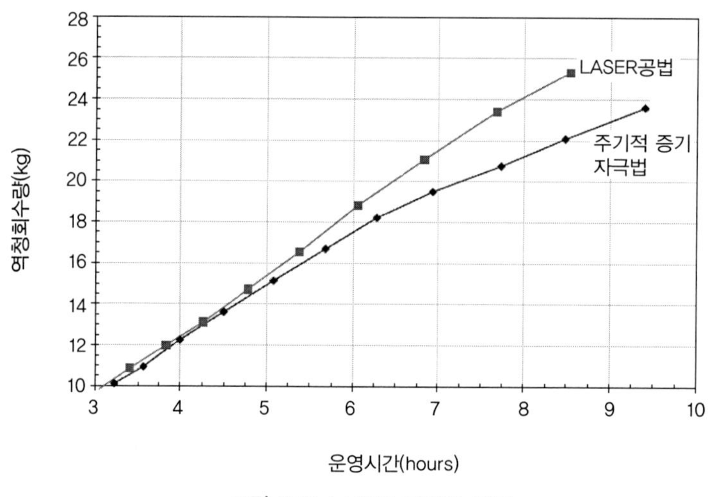

그림 7.18 LASER 공법의 장점

3) 주기적 증기 자극법

주기적 증기 자극법(cyclic steam stimulation process)은 중질유의 일차생산과정에서 회수율을 증가시키기 위하여 이용되는 기법으로 'steam huff-and-puff'로도 불린다.

주기적 증기자극을 이용한 석유회수과정은 다음과 같다(그림 7.19).

① 1~2주 또는 좀 더 긴 기간에 걸쳐 고온의 증기를 고압으로 석유층에 주입한다.

② 고압은 지층의 균열(fracture)을 발생시키거나, 또는 원래 있던 균열을 넓히고, 고온은 중질유 및 비투멘의 점성도를 감소시킨다.

③ 주입된 열이 저류층에 흡수(soak)되도록 1~2주 동안 주입을 중지한 채로 놓아두었다가 같은 유정에서 가열된 중질유를 생산한다.

④ 위의 증기주입에서 가열된 중질유 생산의 과정을 5, 6회 정도 반복하나 경제성을 고려하여 지속 여부를 판단한다.

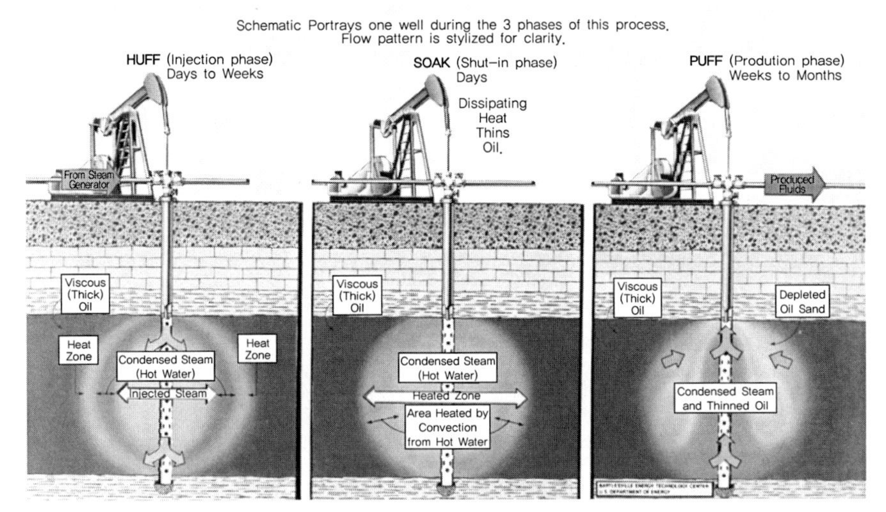

그림 7.19 주기적 증기자극 공법 과정(U.S. DOE)

주기적 증기자극법의 가장 큰 장점은 증기주입법에 비해 생산이 빠르다는 점이며 가장 큰 단점은 회수율이 원시 부존량의 15~30%로 낮다는 점이다.

4) 현장연소 공법

현장연소법(in-situ combustion process)은 전통적인 방법으로 생산이 어려운, 점성이 매우 높은 중질유의 회수를 위하여 저류층 석유를 연소시키는 방법으로 'fire flooding'이라고도 불린다. 저류층 유체의 연소는 지층을 통해 생산정으로 이동하는 연소면(combustion zone)을 만들며, 이 연소면은 석유회수에 필요한 증기 및 가스의 추진을 가능하게 한다. 이 기법은 다음의 과정을 통해 진행된다(그림 7.20).

① 주입정을 통해 열원을 주입한다. 열원으로는 전기적 열원이나 가스버너가 사용될 수 있으며 자발적인 산화반응에 의한 경우도 있다.

② 주입정에 공기를 주입한 후 발화가 이루어질 때까지 열원을 가동한다.

③ 주변지층을 가열한 후에 열원은 폐기되며 공기는 이후의 연소를 위해 계속적으로 주입된다.

④ 간혹 물이 공기와 함께 주입되기도 하는데 이는 열 침투율을 높이고 필요한 공기의 양을 감소시키는 역할을 하는 증기를 생성하기 위해서이다.

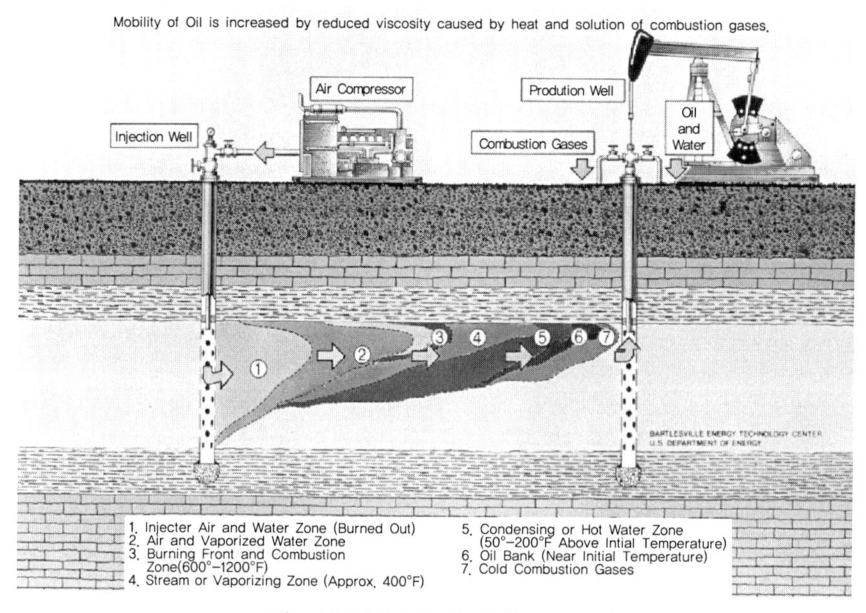

그림 7.20 현장 연소법 과정(U.S. DOE)

현장 연소법의 장점은 높은 효율성에 있다. 연소를 진행하는 데 원시 부존량의 약 30%에 해당하는 석유가 소비된다. 이 비율은 석유의 성분과 포화율, 연소상태와 저류암의 물성에 따라 다르게 나타난다. 가장 큰 문제점은 연소방향의 제어에서 오는 어려움을 들 수 있으며, 저류층 특성과 유체분포에 따라 연소는 불규칙하게 이동할 수 있어 이는 효율을 떨어뜨리거나 연소를 멈추게 할 수도 있다. 또한 연소 시 발생하는 고열로 인하여 장비상의 문제가 발생할 수도 있으며 밀도가 가벼운 공기의 상승으로 인하여 오염물질 배출이 발생할 수도 있다. 이 방법은 이런 여러 가지 이유들 때문에 현재 거의 적용되지 않는다.

■ THAI(Toe-to-Heel-Air-Injection) 공법

Toe-to-Heel-Air-Injection의 약자로 수직의 주입정(Toe)에서 가스 및 가스+물을 주입하여 저류층의 오일을 연료로 연소시켜 중질유의 점성도를 감소시킨 후 중력에 의해 아래의 수평정(Heel)에서 생산하는 원리이다(그림 7.21).

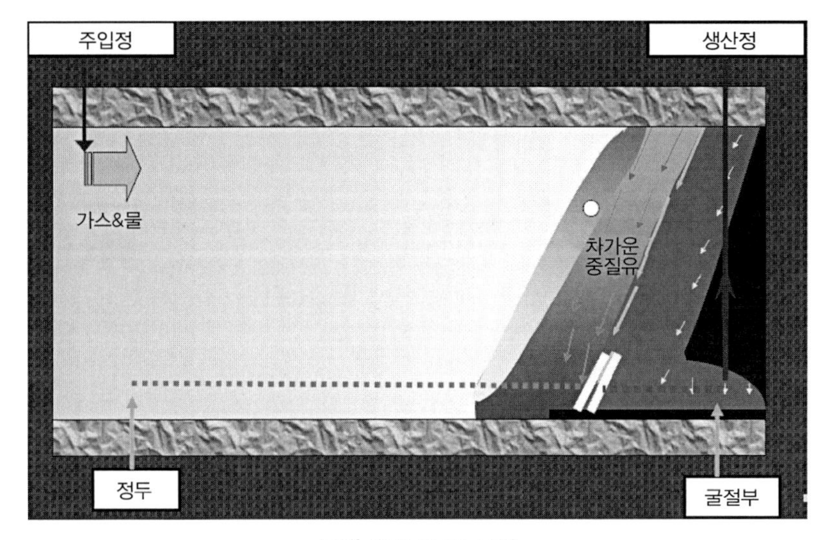

그림 7.21 THAI 공법

THAI 공법은 저류층의 원유를 이용하므로 기존의 열회수법에 비해 증기나 솔벤트 비용이 들지 않는 경제적인 기법이고, 증기를 사용하지 않아 증기 공정 시 발생하는 온실가스 및 물 오염 문제 등 환경오염을 최소화할 수 있다.

또한, 1개의 수평정만 사용하기 때문에 상대적으로 박층(저류층 두께 10 m 미만)에서도 운용이 가능하며 증기공법 시 증기공법 적용의 한계점이 될 수 있는 셰일층 및 대수층이 있는 곳에서도 THAI 공법을 이용한 원유회수가 가능하다.

반면에, 저류층을 연소시켜 원유를 회수하는 기법이기 때문에 고온에서 견딜 수 있는 생산정 등의 장비확보가 어렵고, 지상에서 공기주입을 통해 저류층을 연소시켜 원유를 회수하는 기법이기 때문에 공정 제어가 쉽지 않으며 제어가 잘못될 경우 저

류층 전체가 산화될 수 있는 단점이 있다. THAI 공법은 우수한 Sweep efficiency로 인하여 회수율이 최대 80%까지 도달한다.

7.2.3 혼합유체 주입법

혼합유체 주입법(Miscible fluid flooding)은 저류층 압력과 온도조건 하에서 석유와 쉽게 혼합되는 이산화탄소나 질소, 탄화수소 용매 등을 주입하여 유동에 대한 석유의 저항력을 감소시킴으로써 석유가 쉽게 생산되도록 하는 기법이다.

이 기법은 주입유체와 석유의 혼합에 따라 두 종류로 분류할 수 있는데 하나는 주입유체가 저류층 석유와 바로 혼합되는 FCM(First Contact Miscible)법이며 다른 하나는 주입유체가 석유와 바로 혼합되지는 않으나 저류층 유동 중 성분변화를 일으킨 후 혼합되는 MCM(Multiple Contact Miscible)법이다. FCM법의 주입유체로는 LPG가 많이 사용되며, MCM법에서는 이산화탄소와 질소, 이산화탄소-질소 혼합가스가 많이 사용된다.

FCM법은 저류층 압력과 온도 조건 하에서 석유에 바로 혼합되는 유체를 주입하여 유동에 대한 석유의 저항력을 감소시켜 석유 회수율을 증가시키는 기법이다. 일반적으로 탄화수소 계열의 유체가 많이 주입되는데 그 중에서도 주로 LPG가 많이 이용된다. LPG 주입 후에는 건성가스(dry gas)와 물을 교대로 주입한다. LPG등의 탄화수소 용매는 값이 비싸기 때문에 이 방법은 극히 제한된 지역 이외에는 거의 사용되고 있지 않다.

혼합유체 주입법의 가장 많은 형태는 이산화탄소 주입에 의한 MCM법이다. 이 기법에서 주입유체는 석유와 바로 혼합되지 않고 저류층 유동 중 석유와 성분교환을 일으킨다. 성분교환에 의한 성분변화는 석유와의 혼합을 발생시키며 주입유체가 혼합된 석유는 유동성을 가져 생산이 용이해진다. 이 기법에 사용되는 주입유체로는 이산화탄소와 질소가 있다. 주입되는 이산화탄소는 미국의 서부지역과 같이 지하에서 자연적으로 발생한 것이거나 인위적인 제조 또는 분리된 것을 이용한다.

이산화탄소 주입을 통한 석유생산과정은 다음과 같다(그림 7.22).

① 이산화탄소가 주입되기 전 일차, 이차 생산으로 낮아진 저류층 압력을 상승시

키기 위하여 저류층으로 물을 주입한다.

② 저류층 압력이 적정 수준까지 상승하면 이산화탄소를 주입한다.

③ 주입된 이산화탄소와 석유는 초기에는 혼합하지 않으나 시간이 지나면서 석유 속의 가벼운 탄화수소 성분이 이산화탄소로 이동하기 시작한다.

④ 가벼운 탄화수소 성분이 이산화탄소로 이동하면서 이산화탄소와 석유의 접촉면에서 이산화탄소와 가벼운 탄화수소 성분이 혼합된 혼합지역이 생성된다.

⑤ 이 혼합지역은 적정한 압력과 온도 조건 하에서 석유에 용해되면서 석유는 유동성을 갖게 된다.

⑥ 지상에서 생산된 석유로부터 이산화탄소 성분을 분리하며 분리된 이산화탄소는 다시 저류층으로 주입된다.

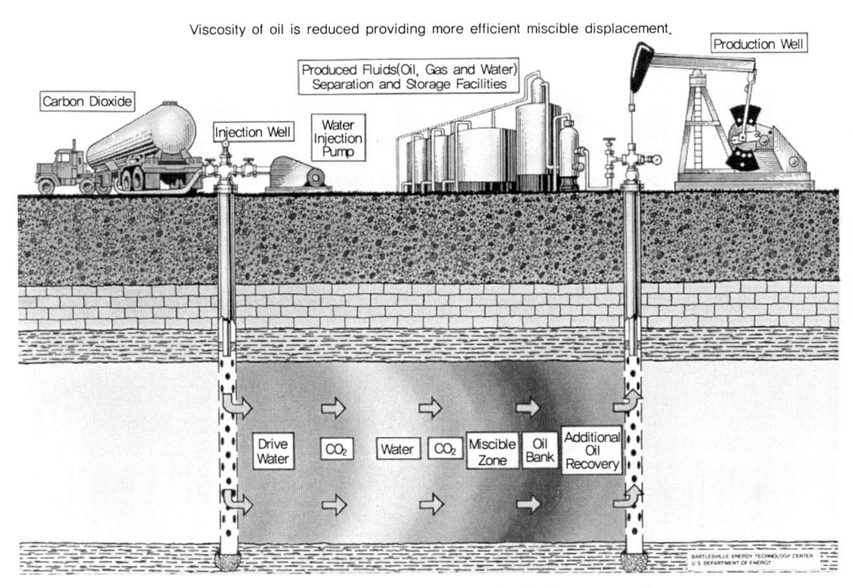

그림 7.22 이산화탄소 주입법 과정(U.S. DOE)

이산화탄소 주입법에서 발생할 수 있는 가장 큰 문제점은 이산화탄소의 유동도가 석유나 물보다 크므로 이산화탄소의 fingering이 발생하여 회수율을 떨어뜨린다는 점에 있는데 이산화탄소의 유동도로 인해 발생하는 이러한 문제점은 물과 가스를 슬러그(slug) 형태로 주입하는 방식인 WAG(Water-Alternating-Gas Process)법에 의해 개선할 수 있다.

· 참고문헌 ·

이근상, 2008, "폴리머 공법에 의한 유동도 제어 프로세스의 수치 시뮬레이션," *한국지구시스템공학회지*, 제45권 5호, pp. 433-440.

임종세, 2007, "석유회수증진(EOR)기술 동향," *석유*, 2007년 6월호 pp. 123-142.

Green, D.W. and Willhite, G.P., 1998, *Enhanced Oil Recovery*, SPE Textbook Series, Richardson, Texas, U.S.A.

Needham, R.B. and Doe, P.H., 1987, "Polymer Flooding Review," *J. of Petrol Tech.*, pp. 1,503-1,507.

Chang, H.L., 1978, "Polymer Flooding Technology-Yesterday, Today, and Tomorrow," *J. of Petrol. Tech.*, pp. 1,113-1,128.

Alvarado, V., Thyne, G., and Murrell, G.R., 2008, "Screening Strategy for Chemical Enhanced Oil Recovery in Wyoming Basins," SPE 115940 paper presented at SPE Annual Technical Conference and Exhibition held in Denver, CO, Sept. 21-24.

Taber, J.J., Martin, F.D., and Seright, R.S., 1997a, "EOR Screening Criteria Revisited-Part 1: Introduction to Screening Criteria and Enhanced Recovery Field Projects," *SPE Reservoir Eng.*, pp. 189-198.

Taber, J.J., Martin, F.D., and Seright, R.S., 1997b, "EOR Screening Criteria Revisited-Part 2: Applications and Impact of Oil Prices," *SPE Reservoir Eng.*, pp. 199-205.

Henson R., Todd, A., and Corbett, P., 2002, "Geologically Based Screening Criteria for Improved Oil Recovery Projects," SPE 75148 paper presented at SPE/DOE Improved Oil Recovery Symposium held in Tulsa, Oklahoma, U.S.A, April 13-17.

Lake, L.W., 1989, *Enhanced Oil Recovery,* Richardson, Texas, U.S.A.

National Energy Technology Laboratory, U.S. Department Of Energy(DOE), http://www.netl.doe.gov.

Lake, L.W., 1984, "A Technical Survey of Micellar Polymer Flooding," presented at Enhanced Oil Recovery, A Symposium for the Independent Producer, Southern Methodist University, Dallas, Texas.

David, A. and Marsden Jr., S.S., 1969, "The Rheology of Foam," SPE 2544, presented at the 44th Annual Fall Technical Conference and Exhibition of the Society of Petroleum Engineers, Denver, Colorado, U.S.A.

Polikar, M., 2000, "Fast-SAGD: Half the Wells and 30% Less Steam," presented at SPE/CIM International Conference on Horizontal Well Technology, Calgary, Alberta, Canada, November 6-8.

Coskuner, G., 2009, "A New Process Combining Cyclic Steam Stimulation and Steam-Assisted Graviry Drainage: Hybrid SAGD," *J. of Canadian Petrol. Tech.*, Vol. 48, No. 1, pp. 8-13.

08

광구권 계약 및 경제성 평가

석·유·개·발·공·학

08 광구권 계약 및 경제성 평가

8.1 광구권 계약

8.1.1 광구권 계약의 중요성

석유(petroleum)란 자연발생적으로 지하에 존재하는 탄화수소의 혼합물로 온도, 압력, 조성에 따라 액체, 기체, 고체의 상(phase)을 가진다. 석유는 액체인 원유, 기체인 천연가스, 고체인 역청과 그 수반물로 이루어진다. 8장에서 석유는 그 정의에 의해 원유나 천연가스를 포함한다. 또한 유전을 특별히 분리하여 명시하지 않은 경우, 원유와 천연가스, 그리고 오일샌드나 셰일가스 같은 비전통자원(unconventional resources) 광구를 포함한다.

광구권(mineral right)은 해당 광구를 탐사하고 개발할 수 있는 권리로 '광권', '광업권' 등으로도 불리지만 여기서는 광구권으로 통일하여 사용한다. 석유자원의 탐사, 시추, 개발, 생산과 관련된 상류부분 석유사업을 간단히 E&P 사업(exploration & production business)이라 한다. E&P 사업자는 개인, 민간기업, 전문에너지기업, 공기업, 합작회사 등 매우 다양할 수 있지만 8장에서는 기업을 기준으로 설명하며 대표용어로 '사업자'라 하였다.

E&P 사업은 자원을 가진 당사자(개인, 기업, 국가 등)와 이들 자원의 탐사, 시추,

개발, 생산에 참여하고자 하는 사업자가 참여하는 글로벌사업이다. 최근에는 자원의 중요성과 제한된 자원의 확보경쟁으로 인하여 세계적인 자본과 힘이 E&P 사업에 집중되고 있다. 이와 같은 글로벌시장에서 효과적으로 석유사업을 추진하기 위해서는 사업자가 세계에서 차지하는 위치와 한계를 바탕으로 유망한 사업에 선택적으로 투자해야 한다.

E&P 사업에 참여하기 위해 사업자는 반드시 기술적 성공 여부와 수익성을 고려해야 한다. 이들과 더불어 고려해야 하는 항목이 계약(contract)이다. 광구권 계약은 사업자와 광구권 소유자 사이에 이루어진 구속력 있는 약속으로 석유사업에 관련된 전반적인 내용을 담고 있다. 그림 8.1은 광구권 소유자와 사업자 및 서비스를 제공하는 회사 등이 다양한 계약으로 연결된 모습을 보여준다.

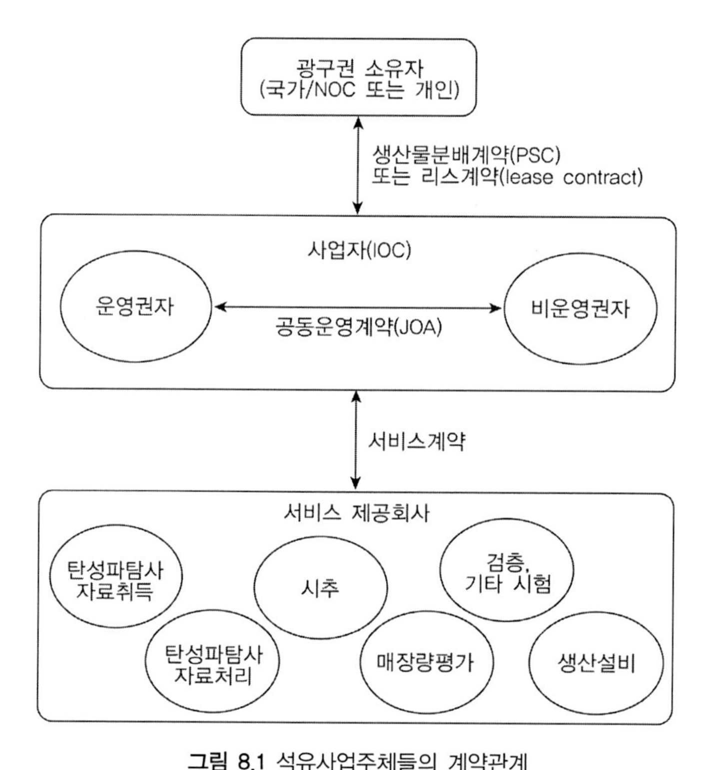

그림 8.1 석유사업주체들의 계약관계
(여기서, NOC(national oil company), IOC(international oil company), JOA(joint operating agreement), PSC(production sharing contract))

계약의 이행에 대하여 상호간 의견충돌이 있을 때 법정에서 시시비비를 가리는데 이때 기준이 되는 것 또한 계약내용이다. 석유사업은 계약에 의해 시작되고 진행되며 마무리되므로 계약내용은 사업의 수익성도 좌우한다. 특히 광구권 소유자와의 계약 및 사업자간의 공동운영계약에 의해 사업비용을 부담하고 수익을 창출하며 이익을 분배하므로, 성공적인 투자와 사업의 성공을 위해 계약에 대한 이해는 필수적이다.

석유를 대상으로 하는 E&P 사업은 지하에 존재하는 석유를 탐사하고 개발하는 사업으로 일반 사업과는 조금 다른 특징을 지닌다. 아래는 석유개발 절차에 따른 주요 항목으로 다음과 같이 요약할 수 있다.

- 광구권 확보(lease contract 또는 PSC)
- 탐사(exploration)
- 시추(drilling)
- 개발(development)
- 생산(production)
- 광구권 반납(relinquishment)

광구권 확보는 본격적인 E&P 사업의 시작점이다. 광구권은 광구소유주인 개인이나 정부로부터 사업자가 유전의 탐사, 시추, 개발, 생산을 진행하기 위해 필요한 권리이다. 광구권의 종류에는 크게 두 가지 형태가 있다. 하나는 사업자가 광구권을 확보하여 광구의 개발을 진행하는 것이다. 다른 하나는 정부가 광구권을 가진 채 사업자는 개발 및 생산 활동을 진행하고 그 결과에 따른 보상을 받는 것이다.

탐사는 지하에 석유가 존재할 만한 집적구조(trap)를 찾아내는 과정이다. 일반적으로 탐사작업은 광역적 지질조사 자료를 바탕으로 탄성파탐사를 실시하는 것으로 시작된다. 취득된 탄성파탐사 자료를 처리하고 해석하여 석유의 부존가능성이 있는 구조를 찾아낼 수 있다. 여러 구조 중에서 석유를 생성하는 근원암, 석유의 이동시기 및 경로, 석유를 저장할 수 있는 다공성 매질을 지닌 저류암, 그리고 석유의 이동을 제한하는 덮개암 분석으로 각 구조의 리스크를 판단한다. 집적구조의 크기와 리스크를 고려하여 시추대상 구조로 결정된 것이 유망구조(prospect)이다.

시추의 종류는 그 목적에 따라 탐사시추(exploration drilling), 평가시추(appraisal drilling), 개발시추(development drilling)로 분류된다. 탐사시추는 지질 및 물리탐사의 결과로 도출된 유망구조 내에 실제로 석유가 부존하는지 확인하는 시추이다. 탐사시추에 성공한 후 해당 구조에 부존하는 석유의 분포범위(또는 연장)을 확인하기 위해 평가시추를 실시한다. 필요한 평가시추를 통하여 매장량평가와 경제성 분석을 실시하여 개발이 가능하다고 판단되면 본격적으로 생산을 위한 개발계획을 수립한다.

개발단계에서는 향후 생산계획을 고려하여 생산되는 석유의 처리(processing), 보관(storage), 그리고 운반(transportation)을 위한 생산설비를 건설한다. 설치되는 생산시설은 계획한 생산량과 유정의 개수에 직접적으로 관계가 있다. 개발시추는 일정한 면적이나 유정간격을 기준으로 생산을 위한 유정을 시추하는 것으로 수 년에 걸쳐 점진적으로 이루어질 수 있다.

대부분의 저류층은 생산이 지속되면서 저류층의 압력이 점차 감소하고 생산량도 줄어든다. 생산량을 늘리기 위한 다양한 증진회수법(improved oil recovery, IOR)이 적용되지만 결국 생산량은 감소하게 된다. 만약 석유의 생산을 통한 이익이 운영비보다 작아지는 경제적 한계에 다다르면 유정을 폐기(abandonment)하거나 증진회수를 실시하기 위한 주입정으로 전환한다. 비록 생산량이 경제적 한계생산량 이상이더라도 계약기간이 만료되면 광구권을 반납하거나 협상을 통해 계약기간을 연장해야 한다. 최종적으로 광구권을 반납하면 해당 사업은 마무리 된다. 따라서 사업자의 입장에서 계약기간은 매장량평가나 생산량결정에 매우 중요한 인자이다.

8.1.2 석유사업의 위험성

석유사업은 다른 사업과 달리 탐사기간 3～10년, 개발 및 생산기간 20～30년 정도로 장기간에 걸쳐 진행된다. 석유사업은 탄성파탐사 자료의 취득이나 해석은 물론 시추와 개발을 위해서도 막대한 투자를 요하는 사업이다. 광구권확보에서 탐사, 시추, 개발 단계까지 대규모 투자가 지속되며 생산이 시작된 후에야 수익을 창출할 수 있다. 이와 같은 특징으로 인하여 잘 준비되지 못한 사업은 각 단계마다 존재하는 여러 가지 위험성으로 인해 실패할 수 있다. 석유사업에 존재하는 위험성은 다음과 같이 크게 세 가지로 분류할 수 있으며 표 8.1은 구체적인 내용을 보여준다.

- 기술적 위험
- 경제적 위험
- 정치적 위험

기술적 위험은 석유의 발견, 개발, 생산에 관련된 정보의 불확실성이나 기술의 한계에 따른 위험이다. 여기에는 탄성파탐사 자료를 취득하고 해석하였으나 시추를 계획할 만한 유망구조를 도출하지 못한 경우, 유망구조는 발견하였으나 시추결과 석유가 없는 경우, 또는 경제성이 있을 만큼 충분한 양이 부존하지 않는 경우 등이 포함된다. 또한 저류층의 조건이나 운영의 미숙으로 인하여 원하는 생산량과 회수율을 유지하지 못하는 경우도 기술적 위험에 속한다.

경제적 위험은 긴 사업기간 동안 경제적 상황의 변화로 인해 발생할 수 있는 위험을 말한다. 이익을 창출할 수 있는 생산단계까지 투자가 진행될 때 이자율이나 환율이 변동하면 투자에 부담이 된다. 생산단계에서는 유가변동으로 인한 위험이 존재한다. 사업을 시작할 당시 예상한 유가를 기준으로 경제성 평가가 이뤄지므로 유가의 변동은 사업의 수익성과 직결된다. 특히 유가의 하락으로 인해 투자비용을 회수하지 못하거나 손실이 계속하여 커질 경우 사업을 계속 진행하기 어려울 수 있다. 최근에는 고유가가 지속되는 추세이지만 국제적 상황변화에 따라 유가가 급등락하는 모습도 보이므로 이에 대한 대비도 필요하다.

그러나 무엇보다도 사업의 성공적 진행에 큰 영향을 미치는 것은 광구를 소유한 국가의 정치적 위험이다. 해당 국가가 정치적으로 불안정할 경우에 정권이 바뀌거나 석유개발과 관련된 정책이 바뀔 수 있다. 이에 따라 이미 체결한 계약이 무효화 되거나 계약의 내용이 강제적으로 수정되어 경제적 부담이 가중될 수 있다. 이러한 국제분쟁의 경우 국제재판을 진행하지만 긴 재판기간과 비용으로 인하여 적절한 보상을 받기는 어렵다. 과거 중동지역의 석유국유화와 최근 신자원민족주의에서 볼 수 있듯이 정치적 위험은 일시적이지 않고 사업자에게 결코 유리하게 진행되지 않는 만큼 이에 대한 고려가 필수적이다. 기술적 위험성은 집적구조와 풍부한 양의 석유가 발견되면 감소하지만 경제적, 정치적 위험은 오히려 증가하는 일면이 있다.

E&P 사업을 성공적으로 수행하기 위해 필요한 세 요소는 자금, 전문인력, 그리고

파트너이다. 전략적 차원에서 탐사사업과 개발 및 생산 사업에 자금을 적절히 배분하여 다양한 포트폴리오를 구성하는 것이 필요하다. 탐사부터 생산까지 전 과정에 대한 기술력과 전문인력의 확보는 매우 중요하다. 탐사시추의 성공확률이 25%라고 하여 4개의 시추공 중 하나를 성공한다는 보장이 없다. 기술력을 바탕으로 잘 준비된 석유개발사업은 성공할 가능성이 높지만 그렇지 않은 경우는 막대한 손실만을 유발할 수도 있다. 제한된 기술력으로 사업을 진행할 경우 신뢰할 만한 사업파트너를 갖는 것은 좋은 대안 중 하나이다. 그러나 지속적이고 성공적인 사업을 위해서는 반드시 전문기술인력이 확보되어야 한다.

표 8.1 석유개발사업에서 위험의 종류

<table>
<tr><th colspan="2">위험의 종류</th><th>내 용</th></tr>
<tr><td rowspan="3">기술적 위험</td><td>지질학적 위험</td><td>• 탐사단계에서 직면하게 되는 위험
• 필요한 자료의 부재 또는 불확실성
• 근원암, 저류암, 덮개암, 저류구조 등의 존재 여부
• 석유의 생성(generation), 이동(migration), 집적(accumulation)의 부재위험</td></tr>
<tr><td>공학적 위험</td><td>• 매장량 등에서 공학적 계산 또는 모델링의 한계
• 목표구조까지 시추를 하지 못하게 되는 위험
• 생산광구 운영상의 위험
• 저류층의 압력 유지 및 관리 위험</td></tr>
<tr><td>사업 고유 위험</td><td>• 한정된 자료 및 자료의 불확실성
• 지질구조의 복잡성(비균질성 및 이방성)
• 긴 사업기간
• 다수의 이해 관계자
• 실패시 잔존가치가 낮음</td></tr>
<tr><td rowspan="3">경제적 위험</td><td>유가위험</td><td>• 유가의 변동 및 급등락
• 예측의 어려움</td></tr>
<tr><td>금융위험</td><td>• 큰 초기 투자비용
• 긴 투자비 회수기간
• 투자비용의 조달 및 금융비용
• 이자율 변동</td></tr>
<tr><td>환율위험</td><td>• 환율의 변동
• 환율변동에 따른 자금조달의 어려움</td></tr>
<tr><td rowspan="2">정치적 위험</td><td>국가위험</td><td>• 해당 국가의 경제적 불안정성
• 국가의 금융 및 세제 제도</td></tr>
<tr><td>정치적 위험</td><td>• 투자 대상국의 정치적 불안정성
• 자원의 국유화
• 투자와 사업장에 따른 새로운 규제의 적용</td></tr>
</table>

8.1.3 광구권 계약의 단계

광구권 확보란 E&P 사업을 추진하기 위한 권리를 계약을 통해 획득하는 것으로 그에 따른 대가를 지불한다. 계약을 체결하기 위한 단계는 다음과 같다.

- 자원보유국의 입찰공지
- 자원보유국의 입찰자료 판매
- 추가 자료수집
- 기술자료 평가(매장량, 리스크)
- 경제성 평가
- 입찰서 제출 및 발표
- 계약조항 조율
- 광구권 계약

그림 8.2는 국내에서 E&P 사업이 이루어지는 실무과정을 보여준다. E&P 사업에 관심이 있는 사업자는 다른 회사가 진행하고 있는 사업에 참여할 수도 있고(farm in) 새로운 신규사업을 진행할 수도 있다. 물론 사업의 측면에서 현재 진행하고 있던 사업에 다른 동업자를 참여시키거나 광구권을 매각할(farm out) 수도 있다.

신규사업을 추진할 경우에는 광구권 분양에 참여한다. 관심 있는 국가에서 공지된 광구권 입찰내용을 확인한 후 입찰대상에 대한 자료를 매입하고 수집한다. 주변광구의 탐사자료나 생산자료를 수집하고 입찰광구의 자료가 존재하거나 공개된 경우 이를 활용한다. 이러한 자료를 바탕으로 광구의 탐사비용, 예상되는 자원량, 수반되는 위험요소 등을 평가한다. 처음으로 개발하는 광구일 경우 인근지역의 자료와 지질조사를 통해 석유부존 가능성을 판단한다. 인근지역의 탐사자료나 생산자료만 있다면 이를 토대로 평균적으로 발견되는 매장량을 기준으로 사업의 경제성을 평가한다. 탄성파탐사자료가 광구의 분양자료에 있을 경우에는 이를 해석하여 발견 가능한 모든 유망구조에 대한 자원량 분석을 통해 경제성 평가를 진행한다.

사업의 유망성 및 경제성 평가에서 회사 내부의 의사결정 지침을 만족하면 단독 또는 다른 사업자와 공동으로 입찰에 참여한다. 입찰에 성공하면 광구권을 소유할 수 있는 최소작업량, 자원보유국에 지불할 로열티, 비용회수, 세금, 계약연장 조건 등 체결할 계약의 중요한 내용들을 조정한다. 이러한 세부사항의 조율을 통하여 양 쪽 의견의 타협점을 찾게 되면 본계약을 체결한다. 그러나 실제 사업에서는 입찰에 제시한 내용 외에는 자원보유국의 요구사항을 수용하는 것이 대부분이다.

모든 계약이 완료되면 계약에 따라 탐사, 시추, 개발, 생산이 이루어진다. 이 과정에서 해당광구의 운영을 맡은 운영사가 전체적인 사업의 작업계획과 예산을 수립하고 모든 참여사는 공동운영계약에 따라 운영회의에 제안된 작업계획 및 예산을 승인 또는 수정하게 된다. 운영권자는 승인된 사업비 내에서 작업을 진행하고 타 참여사에게 작업진행현황을 보고하며 비운영권자는 운영권자의 사업수행에 대한 감사를 실시할 수 있다. 향후 사업이 생산단계로 진행되면 운영권자는 각 참여사에게 생산물량 또는 생산에 따른 수익을 계약내용에 따라 분배한다. 각 참여사는 투자비, 감가상각, 비용처리 등 회계업무를 수행한다.

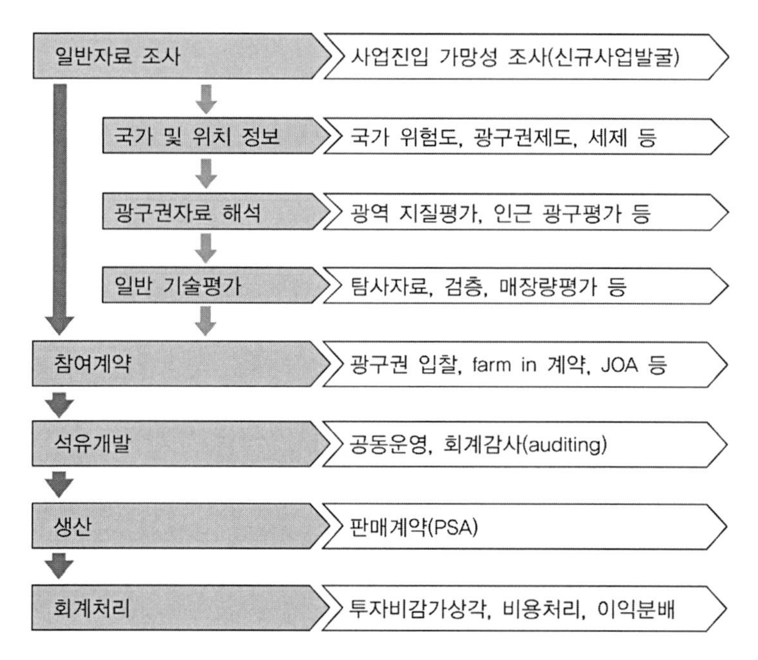

(여기서, JOA(joint operating agreement), PSA(purchase and sales agreement))

그림 8.2 국내 석유개발 실무과정

8.1.4 광구권 계약의 분류

석유자원의 탐사와 개발을 주 목적으로 하는 E&P 사업은 '계약의 꽃'이라 불릴 정도로 모든 것이 계약에 의해 이루어진다. 광구권의 계약과 소요비용의 부담, 그리고 이익의 분배를 결정하는 기준이 되는 것이 각 나라의 석유회계 시스템(petroleum fiscal system)이다. 이것은 정부와 E&P 사업자가 계약내용에 따라 돈을 지불하는 방식으로 매우 다양한 형태가 존재한다. 한 나라에서 두 가지 이상의 석유회계 시스템을 사용하기도 한다.

석유회계 시스템은 각국의 경제 및 석유사업 시스템이 적용되어 다양한 계약형태로 존재한다. 그림 8.3은 광물자원의 소유형태에 따른 석유회계 시스템 분류로 광구권 시스템(concessionary system)과 계약 시스템(contractual system)을 보여준다. 광구권 시스템은 개인이 광물의 소유권을 가질 수 있는 미국과 캐나다에서 주로 행해지는 계약 시스템으로 로열티-세금 시스템(royalty-tax system)이라고도 한다. 이 시스템에서 광구권을 가진 개인이나 정부는 로열티를 받으며 정부는 추가적으로 세금을 받게 된다.

계약 시스템에서는 정부가 지하에 부존하는 광물의 소유권을 가진다. 사업자는 생산물분배계약(production sharing contract, PSC)이나 서비스 계약(service contract)에 따라 생산된 현물이나 생산물 판매로 얻은 이익의 일부를 받는다. 계약 시스템은 개발생산의 이익을 현물로 받는 PSC와 현금으로 받는 서비스 계약으로 나뉜다. 이 두 가지 계약은 이익의 형태만 다를 뿐 나머지는 동일하다.

서비스 계약은 사업실패의 위험성을 갖느냐 가지지 않느냐에 따라 다시 순수 서비스 계약과 리스크 서비스 계약으로 나뉜다. 순수 서비스 계약은 탐사 및 개발에 필요한 기술력을 제공하고 그에 대한 수수료를 받는다. 리스크 서비스 계약의 경우 서비스 제공 계약조건에 따라 사업실패의 위험성을 부담하며 사업의 성공, 실패 여부에 따라 서비스료를 받는다.

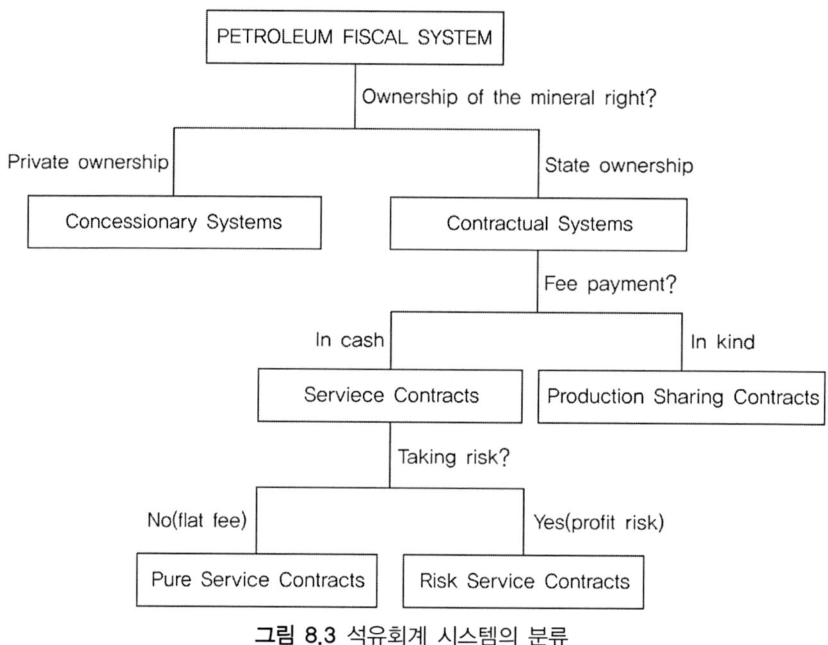

그림 8.3 석유회계 시스템의 분류

1) 계약 관련 용어

계약의 종류는 개인이나 기업이 광구권을 소유할 수 있는지에 따라 크게 두 가지로 나눌 수 있지만 사용되는 용어는 비슷하므로 이러한 항목들에 대한 이해가 필수적이다. 여기서는 다음과 같은 용어들에 대하여 설명한다.

- 로열티(royalty)
- 링펜싱(ring fencing)
- 보너스(bonus)
- 이익원유(profit oil)
- 비용회수 한계(cost recovery limit)
- 작업지연부과금(delay rental)
- 오버라이딩 로열티(overriding royalty)
- 이익배당표(division order)

로열티는 본래 광구권을 소지한 개인이나 정부가 자원개발을 허가함에 따라 얻는 일종의 '토지임대비'로 생산을 위한 비용을 전혀 부담하지 않는 특징이 있다. 로열티는 생산이 시작되면 지불되는 금액으로 미리 정해진 일정액 또는 생산량에 비례한 금액으로 부과된다. 로열티는 다른 요소들에 비해 계산이 간단하고 확인하기도 쉽다. 그러나 로열티는 사업자의 비용을 증가시키는 효과가 있어 경제적 한계생산량을 높이고 생산기간을 단축시킬 수 있다.

링펜싱은 동일한 사업자가 한 국가의 여러 지역에서 E&P 사업을 진행하는 경우에 적용되는 조건으로 한 지역에서 발생하는 손익을 그 지역에 제한하는 것이다. 즉, 한 지역에서 경제성 있는 저류층을 발견하고 생산하여 얻은 이익을 다른 지역에서 실패한 탐사비용 등을 회수하는 데 사용할 수 없다는 조건이다. 이는 자원보유국이 석유가 생산되는 지역에서 발생하는 수익에 대한 세금을 확보하려는 목적에서 비롯한 것이다. 여러 지역 중 한 지역에서 성공한다 해도 나머지 지역의 비용을 회수할 수 없기 때문에 사업자에게는 부담으로 작용한다. 따라서 일부 자원보유국에서는 투자를 장려하기 위해 일정기간이나 일정지역에 대하여 이를 허가하기도 한다.

보너스는 석유사업의 각 단계마다 또는 계약을 갱신할 때마다 사업자가 광구권 소유자에게 지불하는 금액이다. 계약이 처음으로 체결되었을 때 서명 보너스(signing bonus)를 지급한다. 이외에도 석유발견, 경제성이 있다고 판단되는 석유의 생산결정, 생산시작, 목표생산량 달성 등 각 단계에 따라 추가적으로 보너스를 지불하기도 한다. 보너스는 탐사와 개발 비용에 포함되어 사업자의 자금부담을 증가시킨다. 특히 국가의 정치적 또는 지질적 위험성이 높다면 사업자가 투자하는 데 방해요소가 된다. 계약은 쌍방 간의 동의에 의해 이루어지므로 보너스가 높은 경우 로열티나 세금의 비율을 낮춤으로써 사업자의 재정부담을 줄이기도 한다.

이익원유는 PSC에서 사용되는 개념으로 생산된 원유에서 비용부분을 제외한 이익을 생산된 현물로 표현한 것이다. 이익원유분배는 주로 생산량이나 이와 유사한 지표를 사용하여 생산량에 따라 비례적으로 부과한다. 대부분의 산유국에서 채택하고 있는 이익원유분배는 자원보유국이 비용지분의 분담 없이 월등히 많은 양의 이익원유를 가져간다는 특징이 있다. 예를 들어 85%/15% 인도네시아 분배(Indonesian 85%/15% split)는 이익원유의 85%를 정부가 가지고 사업자는 15%를 가지는 구조이다. 사업자는 15% 이익원유에 대하여 정해진 세금을 추가로 정부에 납부하여야 한다.

PSC에서 사업자가 회수가능한 비용의 한계를 정하는데 이를 비용회수한계라 한다. 석유생산으로 수익이 창출되면 먼저 로열티를 우선적으로 지급하고 운영비와 개발 및 탐사 비용을 순차적으로 회수한다. 만약 회수하여야 할 비용이 설정된 한계를 초과하면 미회수된 차액은 다음 회수기간으로 넘어간다. 이를 통해 정부는 각 분기마다 생산물분배와 세금을 받을 수 있게 되지만 사업자의 투자비용회수는 더 늦어지게 된다.

작업지연부과금은 사업자가 광구에서 탐사나 생산과 관련된 작업을 진행하지 않을 경우 광구권 소유자에게 지불하는 벌금(penalty fee)이다. 석유계약의 특성상 계약 내용에 명시된 작업량을 정해진 기간까지 완료하여야 하는데 이를 위반하게 될 경우에 약속된 금액을 지불한다. 소유한 광구권에 대해 개발을 진행하고 있지 않으나 광구권 기간을 연장하고 싶을 경우에도 작업지연부과금을 지불해야 한다. E&P 사업이 진행되어 생산이 이뤄져야 광구권 소유자가 이익을 얻을 수 있으므로 작업지연부과금은 사업수행을 촉진하고 광구권만 선점하는 것을 방지하는 역할을 한다.

Overriding royalty는 생산이 시작되면 비용지분을 가지지 않더라도 E&P 사업자로부터 받는 로열티다. 유망한 광구를 소유한 사업자가 다른 사업자에게 광구권을 넘기는 경우 비용지분은 모두 전가시키고 이익지분을 일부 남기는 경우가 있다. 또한 북미의 경우 광구권을 가진 원래의 주인도 overriding royalty를 소유하며 또 overriding royalty를 받는 조건으로 서비스를 제공하는 계약을 할 수도 있다. E&P 사업의 성공적 진행으로 생산이 시작되면 overriding royalty 소유자는 이익지분에 비례하여 로열티를 받는다.

이익배당표는 사업자와 이익지분소유자 사이의 이익분배관계를 나타낸 표이다. 이익배당표를 통해 각각에게 돌아가는 수익을 계산할 수 있으며 각자의 이익에 직결되는 부분으로 구체적이고 명확히 작성해야 한다. 보통 소숫점 일곱째 자리까지 명시한다. 이미 언급한 대로 overriding royalty 소유자도 이익을 배당받는다.

2) 광구권 시스템

광구권 계약은 150년이 넘는 E&P 역사를 가진 미국과 캐나다를 중심으로 발전한 계약 시스템이다. 계약에 따라 사업자는 로열티, 보너스, 세금 등을 해당자에게 지불한다. 광구권 시스템에서는 사업의 성공 여부에 따라 실패할 경우 사업실패에 따른 비용을 사업자가 전부 책임지고 성공 시에는 다양한 비용을 제한 이익을 모두 갖는다. 현재 생산단계에 있다면 저류층의 생산이 경제적 한계생산 이상으로 지속되는 한 계약기간이 만료되어도 생산완료시점까지 자동으로 연장되는 것이 대부분이다.

그림 8.4는 본 계약 시스템에 따른 미국에서의 전형적인 이익분배 흐름을 나타내는 현금흐름표이다. 이미 언급한 대로 개인이 광구권을 소유한 경우 로열티를 받게 되고 세금은 정부에 납부하여야 한다. 이익의 분배과정은 다음과 같이 이뤄진다.

- 로열티지불
- 비용회수
- 세금납부

1배럴의 유가를 현재 $100로 가정하자. 우선 광구권 소유자에게 로열티를 가장 먼저 지불한다. 25%의 로열티인 $25를 지불하면 $75가 남는다. 이후 사업자가 지금

Concessionary System Flow Diagram

Conditions:	
25%	Royalty
10%	Provincial tax
40%	Federal income tax
$40	Total amount of deductions

Price of one barrel of oil			$100.00	
Items	Rate	Amount, $	Remaining balance, $	Comments
Gross income			100.00	
Royalty	25%	25.00	75.00	net revenue
Deduction		40.00	35.00	taxable income
Provincial taxes	10%	3.50	31.50	
Federal income tax	40%	12.60	18.90	net income after ta

Contractor Share	
Items	Amount, $
Deduction	40.00
Net income after tax	18.90
Total	58.90
Relative %	58.90

Royalties & Taxes	
Items	Amount, $
Royalty	25.00
Provincial taxes	3.50
Federal income tax	12.60
Total	41.10
Relative %	41.10

그림 8.4 광구권 시스템의 현금흐름표

까지 투자부터 생산에 소요된 비용을 회수한다. 운영비가 가장 먼저 회수되고 투자비는 일정한 비율이나 장비의 수명 또는 총 매장량 대비 생산량을 기준으로 매년 계산되어 회수된다. 계산된 비용 $40를 공제하면 $35의 이익이 남고 이 금액에 대해서는 세금이 부과된다. 주어진 조건에서 주정부에 10%, 연방정부에 40% 세금을 납부한다. 세금을 낸 후 마지막 남은 $18.90이 순이익이 된다.

$100 중에서 사업자가 가지는 총액은 비용회수 금액과 세금 후 남은 순이익의 합이다. 이를 총 수입인 $100로 나눠주면 사업자가 갖는 비율을 구할 수 있다. 이 계약에 따르면 사업자가 58.9%, 그 외가 41.1%를 갖는다.

3) 생산물분배계약

생산물분배계약은 1960년대 초기에 인도네시아에서 처음 체결된 계약형태이다. PSC의 경우 본질적으로 광구와 생산물에 대한 소유권이 해당 정부에 있기 때문에 사업자가 보너스를 지급해야 할 근거가 없다고 할 수 있다. 하지만 자원보유국의 위상과 협상력이 강화되면서 사업자는 계약을 체결할 때 서명보너스, 개발단계에 따른 개발보너스, 특정 생산량에 도달하면 생산보너스 등을 정부에 지불한다.

탐사와 개발 및 생산에 필요한 투자는 E&P 사업자가 담당하지만 생산이 시작되면 그 소유권은 정부나 정부를 대신하는 국영석유회사가 가진다. E&P 사업이 활성화된 지역이나 탐사성공률이 높은 지역의 경우 때로는 정부가 도로 등의 인프라 개발사업을 요구하는 경우도 있다. 인프라 개발사업에 투자한 비용은 회수가능한 비용에 포함되지 않는 경우도 있어 사업시작 전에 이를 고려해야 한다. 자원보유국은 투자를 촉진하기 위해 일정기간 세금을 면제하거나 추가 보상을 통해 사업자의 투자를 유도하기도 한다.

그림 8.5는 PSC에 의한 정부와 사업자의 이익분배 흐름을 보여주는 현금흐름표이다. 이익의 분배는 다음과 같이 이뤄진다.

- 로열티지불
- 비용회수
- 이익원유분배
- 세금납부

1배럴의 유가를 $100로 가정하자. 우선 광구권소유자에게 10%의 로열티인 $10을 지불한다. 남은 $90 중에서 운영비를 포함하여 투자부터 생산에 소요된 비용을 회수한다. PSC에서는 매해 회수 가능한 금액을 총수익의 일정비율로 제한하는 비용회수한계 금액이 계약조건에 있다. 이 계약에서는 비용인 $40이 비용회수한계 금액인 $35보다 많으므로 비용회수한계만큼만을 회수한다. 차액인 $5는 다음 해에 회수 가능한 금액으로 넘겨진다. 비용회수 후 남은 $55를 자원보유국과 사업자가 70%/30%로 분배한다. 이익원유에 대하여 세금 40%를 지불하면 사업자가 얻는 순수익이 된다.

$100 중에서 사업자가 가지는 총액은 비용회수 금액과 세금 후 남은 순이익의 합이다. 이를 총 수입인 $100로 나눠주면 사업자가 갖는 비율을 구할 수 있다. 이 계약에 따르면 사업자가 44.9%, 자원보유국이 55.1%를 갖는다.

Production Sharing Contract Flow Diagram

Conditions:

10%	Royalty
35%	Cost recovery limit (% of gross income)
$40	Total amount of deductions
70%	Government take of profit oil split
40%	Taxes

Price of one barrel of oil $100.00

Items	Rate	Amount, $	Remaining balance, $	Comments
Gross income			100.00	
Royalty	10%	10.00	90.00	net revenue
Cost recovery	35%	35.00	55.00	taxable income
Government take	70%	38.50	16.50	
Income taxes	40%	6.60	9.90	net income after

Contractor Share

Items	Amount, $
Deduction	35.00
Net after taxes	9.90
Total	44.90
Relative %	44.90

Government Share

Items	Amount, $
Royalty	10.00
Government take	38.50
Income tax	6.60
Total	55.10
Relative %	55.10

그림 8.5 생산물분배계약의 현금흐름표

4) 서비스 계약

서비스 계약에서도 광구 및 생산물의 소유권을 정부가 가진다. PSC와 매우 유사한 형태이나 서비스회사가 현물에 대한 소유권을 가지지 않는다. 대신 석유와 같은 현물이 아닌 현금으로 제공한 서비스에 대한 보상을 받는다.

서비스 계약은 석유의 매장량이 많고 탐사성공률이 매우 높은 지역인 중동지역과 베네수엘라, 페루, 볼리비아 등 중남미 국가에서 이용되는 계약형태이다. 순수 서비스 계약은 자원보유국이 선진기술을 이용하여 유전을 개발하거나 생산량을 증가시키기 위해 고안한 계약이다. 이 계약을 체결한 서비스회사는 생산량과 관계없이 제공한 서비스에 대하여 계약된 금액을 서비스료로 받는다. 따라서 생산량이 많고 적음에 따라 수익이 변하는 위험이 없다.

반면 리스크 서비스 계약은 생산량에 따라 지급받는 수수료가 달라진다. 생산량이 일정목표를 달성하지 못하면 수수료가 감소하고 생산량을 증가시켰을 경우 수수료가 증가한다. 사업실패에 따른 수익률 변화의 위험성을 지닌 계약이라는 점에서 PSC와 유사한 형태이다. 리스크 서비스 계약 체결 시 정부에 서명보너스를 지급하며 생산개시 후 로열티를 지급한다. 탐사, 시추, 개발, 생산과 관련한 모든 비용과 위험을 전적으로 서비스회사가 책임진다. 운영비용과 자본비용 등을 수수료로 회수할 수 있고 정부는 운영에 참여할 권리를 지닌다. PSC와 차이점은 현물이 아닌 현금으로 이익을 얻는다는 것이다.

8.2 경제성 평가

경제성 평가란 계획한 사업의 비용과 이익을 산출하고 이에 따라 경제적 수익률을 계산함으로써 그 사업의 타당성 여부를 결정하는 분석이다. 경제성 평가는 다음과 같은 정보를 기반으로 의사결정에 도움을 제공한다. 여기서는 E&P 사업에서 경제성 평가의 중요성과 관련 불확실성, 그리고 그 단계와 방법에 대해서 설명한다.

- 사업에 인한 미래현금흐름
- 사업의 손익평가

- 투자 상황에서의 재무적, 기술적 위험평가
- 다른 투자대안들과의 비교

8.2.1 경제성 평가의 중요성

E&P 사업에서 경제성 평가는 성공적인 사업의 추진을 위해 반드시 필요하며 다른 산업에 비해 좀 더 복잡한 절차를 거친다. 경제성 평가가 중요한 이유는 다음과 같은 상류부분 석유산업의 특징에 기인하며 이를 전문적으로 제공하는 서비스업체도 있다.

- E&P 사업에 불확실성이 존재
- 큰 초기 투자비용과 긴 회수기간
- 기술적 및 경제적 불확실성이 존재
- 다양한 위험요소

E&P 사업에서의 투자는 한 번 투자하면 부분적으로 혹은 총비용의 회수가 항상 보장되지는 않는다. 과거에 비해 탐사기술이 발전하였음에도 불구하고 2010년 기준, 세계 주요 메이저회사의 탐사성공률은 35~40% 수준이며 한국의 경우 해외 E&P 사업 탐사성공률은 15% 내외이다. 특히 E&P 사업의 경우, 탐사에 실패하게 되면 해당시점의 잔존가치가 매우 낮다. 이와 더불어 초기 투자비용이 크고 그 회수기간은 긴 단점을 가진다.

시추기술이 현저히 발전하였지만 심부나 심해에 위치하는 저류층의 시추에는 여전히 기술과 비용면에서 어렵다. 비록 석유가 부존하더라도 그 매장량이 적은 경우 개발단계로 진행될 수 없어 실패한 사업이 된다. 또한 생산되고 있는 유정의 관리와 생산량 유지에도 여러 위험요소가 있다. 이는 저류층이 가지는 복잡성과 다양성, 그리고 취득한 자료의 한계와 불확실성에서도 기인한다.

석유산업은 흔히 '계약의 꽃'이라 불릴 정도로 계약의 액수가 크고 많은 이해당사자들이 존재하며 계약의 양상도 국가별로 또 동일 국가에서도 각 사업별로 매우 다양하다. E&P 사업자는 계약을 통해 광구를 임대하여 허가된 기간 내에 이익을 창출해야 한다. 따라서, 사업계획에 따른 정확한 경제성 평가와 사업진행은 아무리 강조해도 지나치지 않다.

E&P 사업에서의 경제성 평가는 여러 불확실한 요소를 수반한다. 따라서 다양한 상황을 고려하고 타당한 근거에 의해 경제성 평가에 사용할 인자를 합리적으로 선택해야 한다. 경제성 평가에 사용되는 불확실성을 수반한 요소는 다음과 같다.

- 유가
- 인플레이션
- 환율
- 할인율

유가는 E&P 사업의 경제성 평가뿐만 아니라 국가 경제적인 측면에서도 매우 중요하다. 그러나 유가의 예측은 매우 어려우며 E&P 사업의 전기간 동안 유가를 정확하게 예측하는 것은 불가능하다. 그림 8.6에서 볼 수 있듯이 유가는 장기간은 물론 단기간 내에서도 예측할 수 없이 변동한다. 석유자원의 중요성과 글로벌화로 인해 유가의 급등락 현상은 더 심화될 것으로 판단된다.

유가는 현재가격, 수급변화, 지정학적 위험, 수출국 및 수입국의 정책 등 전통적인 가격변동 요인 외에 최근에는 국제정세, 국제금융시장 여건, 투기 및 심리 요인에 의해 크게 좌우된다. 그러므로 유가예측을 위해서는 이러한 불확실성 요인들을 반영해야 하며 유가예측 실무자의 경험적인 판단과 전문지식이 가미되어야 한다.

일반적으로 경제성 평가에서 많이 쓰이는 현금흐름에서 현금의 가치 또는 구매력은 항상 일정하지 않고 인플레이션으로 인하여 시간에 따라 감소한다. 이는 시간에 따른 자본가치를 나타낸 것으로 지금의 $100는 1년 후의 $100보다 더 큰 가치가 있다고 본다. E&P 사업에서 석유의 생산량이 적고 유가는 낮으며 인플레이션이 심할 경우 초기에 대규모로 투자된 자본을 회수하지 못할 위험이 있다.

E&P 사업에서 현지국가의 환율변동은 현지화로 부과되는 세금, 개발비, 탐사비 등에 영향을 미친다. 또한 생산된 원유 및 가스 판매대금을 현지화로 지급받을 경우 추가적인 환차손이 발생할 수 있다. 따라서 투자안정성이 의문시되는 사업지역에 대해서는 과거의 환율변동을 고려하여 경제성 분석과 의사결정이 이루어져야 한다.

(a) 1986년 1월~2011년 2월까지의 WTI 일가격 변동

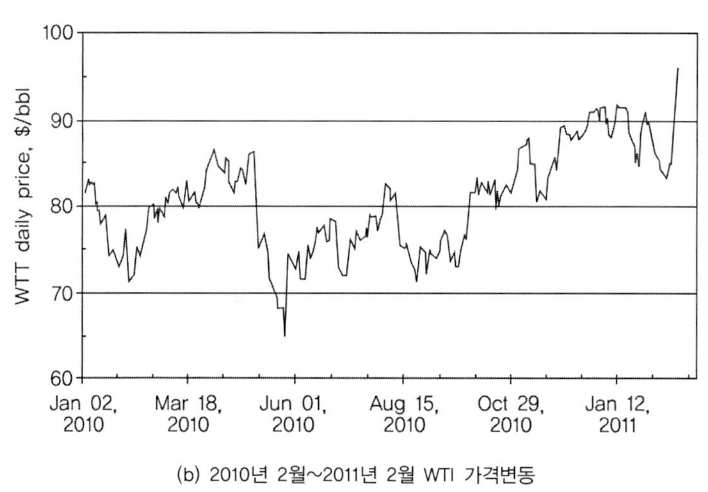

(b) 2010년 2월~2011년 2월 WTI 가격변동

그림 8.6 서부텍사스중질유(WTI) 가격변동(출처: //www.eia.doe.gov)

E&P 사업은 비용과 수익이 일시에 발생하는 것이 아니라 수년에 걸쳐 발생한다. 따라서, 특정 광구에 대한 경제성은 현재시점에서의 가치를 기준으로 평가되어야 한다. 할인율(discount rate)은 화폐가치를 할인하는 수치로 특정한 시간에 명목가치로 표시된 현금을 기준이 되는 시점의 실질가치로 환산하는 요율이다. 예를 들어, 할인율이 10%이면 1년 후에 받게 될 $100은 현재가치로 $90.91이 된다. 동일한 개념으로 현재의 $100은 1년 후의 $110과 같은 가치를 가진다. 할인율은 투자지역별

특성이나 투자규모 또는 서로 다른 사업에 대해서 다른 요율을 적용할 수 있다.

대부분의 석유회사들은 위험이 낮은 생산유전의 경우에는 할인율을 10% 내외로 적용한다. 개발단계의 사업에서는 개발지연 및 매장량에 대한 위험을 감안하여 12% 내외의 할인율을 적용하고 탐사단계 사업에서는 발견에 대한 위험과 개발단계의 위험을 추가로 하여 15%의 할인율을 적용할 수 있다. 표 8.2는 E&P 사업에 적용되는 표준할인율을 나타낸 예이다. 만약 위험도가 높은 국가에 사업을 참여할 경우에는 위험 프리미엄을 감안하여 표준할인율을 높게 잡거나 국가마다 다른 할인율을 적용할 수 있다.

표 8.2 E&P 사업에서의 할인율 적용 예

최소할인율	5.5%
요구되는 추가회수	0.5%
기술적(지질적) 위험	2.0%
상업적 위험	2.0%
경제적 위험	2.0%
정치적 위험	2.0%
평가 위험	1.0%
총 표준 할인율	15.0%
위험 프리미엄	9.5%

8.2.2 경제성 평가의 단계

경제성 평가는 E&P 사업 투자결정을 위해 사용할 수 있는 중요한 수단 중 하나이다. E&P 사업에 대한 경제성 평가의 단계는 다음과 같다.

- 자료수집
- 경제성 변수들의 결정과 선택
- 시나리오 분석
- 경제성 분석
- 의사결정

경제성 평가의 첫째 단계는 자료수집이다. 과거 탐사실적이 없는 경우는 자료수집을 위한 탐사비용을 경제성 평가 시 고려하여야 한다. 이 단계에서는 다양한 자료들을 분석하고 통합하여 해석하는 것이 중요하다. 실제 생산자료가 없는 경우는 가정된 생산계획이나 예상되는 매장량을 바탕으로 평가하여야 한다.

할인율로 인해서 돈의 가치가 시간에 따라 달라지므로 사업을 시작한 일자와 평가일자를 명확히 하는 것도 매우 중요하다. 또한 석유개발 단계별로 비용을 예측하여 CAPEX(capital expenditure)와 OPEX(operating expenditure)를 계산한다. 그 외에 개발이 이루어지는 지역의 세금도 경제성 평가에 많은 영향을 미치므로 고려하여야 한다.

표 8.3 경제성 평가에 필요한 자료

프로젝트 자료	저류층 자료	비용 자료	기타 자료
사업 시작 날짜 평가 날짜	생산자료 유체정보	탐사비용 개발비용 CAPEX OPEX	세금 기타 비용 할인율

자료수집을 마치면 경제성 변수들을 결정한다. 수집한 자료는 출처들이 다양하며 하나의 고정된 값을 가진 것이 아니라 범위를 가지는 경우도 존재한다. 예를 들어 과거에 수행하였던 탐사비용들을 조사하여 범위를 갖는 결과가 나왔다면 중앙값이나 최빈값과 같은 합리적인 근거에 의거하여 대푯값을 결정해야 한다.

아무리 경험이 많고 전문적인 지식을 갖춘 사람이라 할지라도 미래의 경제지표를 정확히 예측하는 것은 매우 어렵다. 특히 불확실성을 수반하고 있는 유가, 인플레이션, 환율, 할인율 등은 시장의 수요와 공급에 의해서 정해지기도 하지만 국내외 정세와 국가정책 같은 경제외적 요인에 많은 영향을 받는다. 따라서 E&P 사업에서의 경제성 분석은 더 복잡하고 어렵다. 각각의 경제지표를 예측할 때 여러 시나리오를 만들어서 분석하면 불확실성을 고려한 결과를 얻을 수 있고 의사결정에 활용할 수 있다.

E&P 사업자가 그림 8.7과 같은 현금흐름을 가진 3개의 사업에 대하여 경제성 평가

를 한다고 가정하자. 독자는 3개의 사업 중 어느 사업이 더 좋다고 말할 수 있는가? 세 사업은 명목상 같은 수익을 올리지만 시간요소에 따라 그 가치가 변하므로 동일한 경제성을 가졌다고 할 수 없다.

경제성 평가를 마치면 이를 이용하여 필요한 의사결정을 한다. 경제성 분석 과정과 결과가 합리적인지 판단하여 사업의 진행 여부를 결정한다. 의사결정의 단계에

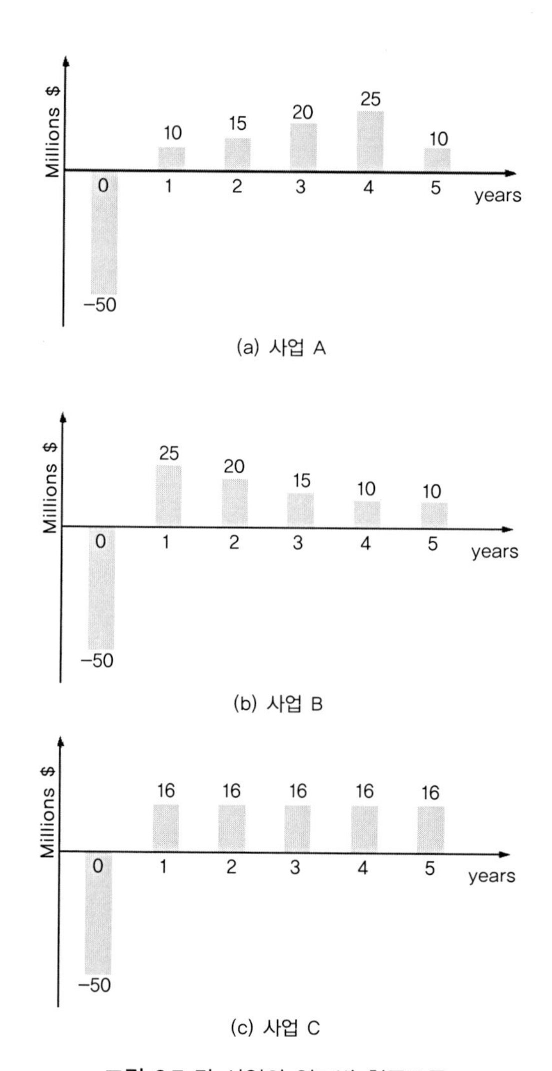

그림 8.7 각 사업의 연도별 현금흐름

서는 경제성 평가의 결과를 바탕으로 경영자의 철학과 기업의 기술력 등을 고려하여 투자 여부를 판단한다.

8.2.3 경제성 평가 방법

일반적으로 E&P 사업에 대한 현금흐름은 그림 8.7과 같이 사업 시작에서 끝날 때까지 매년 또는 매월 기준으로 나타낼 수 있다. 이와 같이 현금의 모든 지출을 포함한 자본, 운영비용, 그리고 생산으로 인한 수익에 대해 현금흐름을 작성하면 경제성 분석을 위한 준비가 된 것이다. 경제성 평가를 위하여 사용할 수 있는 대표적인 지표는 다음과 같다.

- 순현금흐름(net cash flow, NCF)
- 순현재가치(net present value, NPV)
- 내부수익률(internal rate of return, IRR)
- 수익성 지수(profitability index, PI)
- 회수기간(payback period, PBP)

경제성 평가 방법마다 장단점이 존재하고 현금흐름의 규모도 다르기 때문에 어느 한 지표만으로는 충분한 평가가 어렵다. 따라서, 여러 가지 지표를 함께 사용하는 것이 타당하다. 언급한 평가지표나 사업자의 사업선택 가이드라인에 따라 합리적인 의사결정이 가능하다.

1) 순현금흐름

순현금흐름은 그림 8.7과 같이 일정기간에 발생한 모든 현금유입에서 현금유출을 뺀 값이다. 사업기간을 통하여 일정한 지출에 대하여 어느 정도의 수입과 이익이 남는가를 계산하는 방법이다. 또한 이익의 절대액 또는 단순비율로도 파악하는 것이 가능하다. 식 (8.1)은 순현금흐름의 계산식이다.

$$NCF = \sum_{j=1}^{N} [P_j - (E_j + I_j)] \tag{8.1}$$

여기서, P는 소득, E는 지출, I는 투자비, 그리고 N은 사업의 총기간을 연수로 나타낸 것이다. 하첨자 j는 각 연도를 의미한다. 식 (8.1)은 할인율을 반영하지 않은 명목상의 순현금흐름이며 지출에는 세금, 사업과 관련한 관리비용 등 여러 비용이 포함되어 있다.

순현금흐름 추정시 매몰비용(sunk cost)을 무시하고 기회비용을 고려하여야 한다. 즉, 사업자가 투자하기 전까지 발생한 비용은 무시하고 새로운 투자안을 평가해야 한다. 구체적으로 지금까지 세 개의 유정을 시추하면서 1억 불을 사용했지만 모두 실패했다고 가정하자. 모든 확률을 고려하여 평가된 새로운 프로젝트의 예상이익이 5천만 불이라면, 지금까지 1억 불을 지출했는데 5천만 불밖에 이익을 올리지 못하므로 이 프로젝트를 거절해야 하는 것인가? 앞서 투자한 1억 불은 새 프로젝트에 대한 투자가 이뤄지기 전에 발생한 매몰비용이므로 무시하고 5천만 불의 이익을 낼 수 있는 프로젝트를 채택할 수 있다.

순현금흐름은 시간에 따른 현금가치를 계산하지 않기 때문에 때로는 적절한 평가기준을 제시하지 못한다. 그림 8.7에 주어진 세 가지 경우 모두 5년 동안에 명목상 3,000만 불의 수익을 동일하게 창출한다. 하지만 직관적으로도 초기에 많은 이익을 주는 사업 B가 더 매력적이다. 따라서 현금흐름에 할인율을 적용한 현금흐름할인법을 주로 사용한다. 이는 미래가치에 할인율을 적용함으로써 미래에 대한 불확실성을 반영한 것이다. 현금흐름할인법의 종류에는 순현재가치법, 내부수익률법, 수익성 지수법이 있으며 가까운 미래에 소득흐름의 자산을 산출하는 데 유용하다.

2) 순현재가치

순현재가치는 가장 널리 쓰이는 지표로서, 미래의 현금가치를 할인율을 적용하여 현재의 화폐가치로 바꾸는 작업을 말한다. 즉, 시간이 지남에 따라 가치가 하락한 해당 연도의 명목상 가치를 일정비율로 할인하여 현재시점의 실질가치로 환산한 것을 순현재가치라 한다. 할인율은 경제성 평가 작업을 실시하는 시점에서 경제상황, 인플레이션 비율, 그리고 미래예측의 불확실성에 따라 변화한다. 특히 인플레이션은 할인율을 결정하는 데 중요한 요소이다.

순현재가치는 식 (8.2)와 같이 산정한다.

$$NPV(r,N) = \sum_{j=1}^{N}\left(\frac{P_j - E_j - I_j}{(1+r)^{n(j)}}\right) \tag{8.2}$$

여기서, P는 소득, E는 비용, I는 투자비, r은 할인율, N은 현금흐름의 총 기간이다. 하첨자 j는 해당 연도를 의미한다. 특히 상첨자 n은 기준연도로부터 해당 연도까지의 기간으로 소득이 유입되는 형태에 따라 달라진다. 만약 연말에 소득이 발생하면 n은 해당 연도까지의 기간이 되고 연속적으로 발생하는 경우 연말과 연초의 중간을 사용할 수 있다. 물론 더 정확한 계산을 위해 월단위로 계산할 수 있다.

순현재가치는 다음과 같은 장점을 가지고 있다.

- 모든 기간의 현금흐름을 고려
- 화폐의 시간가치를 고려
- 가치가산성의 원칙이 적용

순현재가치는 전체 투자기간 동안에 발생하는 모든 현금흐름의 현재가치를 고려하여 투자안을 평가하는 방법으로서 주어진 자료를 모두 반영하는 장점을 가지고 있다. 순현재가치법은 화폐의 시간가치를 고려하여 미래의 현금흐름을 할인한 가치를 기준으로 투자안을 평가하므로 위험을 반영한 투자평가방법이라고 할 수 있다.

가치가산성의 원리란 여러 프로젝트를 복합적으로 평가한 값이 각각의 프로젝트를 따로 평가한 값의 합과 같다는 것이다. 여러 개의 투자안에 동시에 투자하는 경우에 결합된 투자안의 순현재가치는 개별 투자안의 순현재가치의 합과 동일하여 가법성을 충족한다.

순현재가치를 계산하면 주어진 투자안에 대하여 다음과 같이 간단하게 평가할 수 있다. 즉, NPV가 0보다 크면 제안된 투자안은 할인율을 고려하여도 수익이 창출된다.

$NPV > 0$ 수익

$NPV = 0$ 균형

$NPV < 0$ 손해

E&P 기업이 5,000만 불을 투자하면 향후 5년간 그림 8.7a와 같은 수익을 올릴 수 있다고 가정하자. 수익은 연말에 발생하는 것을 가정하고 식 (8.2)에 의해 순현재가치를 계산하면 다음과 같이 980만 불이 된다.

$$NPV = -50 + \frac{10}{(1+0.1)^1} + \frac{15}{(1+0.1)^2} + \frac{20}{(1+0.1)^3} + \frac{25}{(1+0.1)^4} + \frac{10}{(1+0.1)^5} = 9.80$$

3) 내부수익률

내부수익률은 투자안의 순현재가치를 0으로 만드는 할인율, 즉 현금유입의 현재가치와 현금유출의 현재가치를 동일하게 만드는 할인율이다. 내부수익률은 식 (8.3)과 같이 주어진 현금유입과 현금유출의 순현재가치를 0으로 만드는 할인율을 구하는 것이다.

$$NPV(r^*, N) = \sum_{j=1}^{N} \left(\frac{P_j - E_j - I_j}{(1+r^*)^{n(j)}} \right) = 0 \tag{8.3}$$

여기서, r^*은 내부수익률이고 나머지 변수는 식 (8.2)에 사용된 것과 같다.

내부수익률법에 의한 투자결정은 투자안의 내부수익률과 할인율을 비교하여 내부수익률이 더 큰 투자안을 채택하고 그 반대의 경우 투자안을 기각한다. 내부수익률법으로 투자를 결정하기 위해서는 투자안의 할인율이 미리 설정되어야 하는데 투자안의 내부수익률이 할인율보다 클 경우에 투자안의 순현재가치가 0보다 크게 된다. 반대의 경우 투자안의 순현재가치가 0보다 작게 된다. 그림 8.7b의 경우에

식 (8.3)을 만족하는 내부수익률을 계산하면 22.46%를 얻는다. 이는 해당 사업의 가치가 연간 은행이자율 22.46% 예금과 동등하다는 것을 의미한다.

이 지표는 모든 현금흐름을 고려하며 화폐의 시간가치를 고려한다는 장점이 있지만 다음과 같은 단점을 가지기 때문에 다른 방법과 병행하여 적용하여야 한다.

- 허수 또는 복수의 내부수익률이 존재
- 내부수익률로 재투자된다는 것을 암묵적으로 가정
- 가치가산성의 원리가 적용되지 않음

여러 차례에 걸쳐 현금유입, 현금유출이 발생하는 경우 내부수익률의 계산식이 2차 혹은 3차 이상의 고차방정식이 되고 여러 개의 해를 가질 수 있다. 따라서 내부수익률법을 통해 투자안 가치평가를 하는 경우 계산된 해 중에서 어떤 것을 선택하느냐에 따라 투자안 선택 여부가 달라지므로 유용성이 떨어진다. 또한 내부수익률법의 경우 두 투자안의 수익률평균이 각 투자안을 합쳐서 구한 수익률과 달라진다. 순현재가치법은 여러 투자안을 동시에 평가할 때도 개별 투자안을 독립적으로 판단해 볼 수 있는 반면에 내부수익률법을 사용하면 전체와 각각을 따로 평가할 수 없다.

4) 수익성 지수

수익성 지수법은 일명 현재가치지수법이라 불리며 순현재가치로 구한 미래의 현금흐름을 투자액으로 나눠준 값이다. 수익성 지수를 수식으로 나타내면 식 (8.4)와 같다. 그림 8.7a와 8.7c의 경우 수익성 지수를 계산하면 각각 1.20, 1.21을 얻는다.

$$PI = \sum_{j=1}^{N}\left(\frac{P_j - E_j}{(1+r)^{n(j)}}\right) \Big/ \sum_{j=1}^{N}\left(\frac{I_j}{(1+r)^{n(j)}}\right) \qquad (8.4)$$

수익성 지수는 분자에 순현재가치를 사용하므로 화폐의 시간가치가 고려되어 있다. 투자액이 서로 다른 투자안들을 평가할 때 흔히 사용하며 현금유출입의 현재가치에 대하여 각 투자안의 상대적 수익성을 나타낸다. 순현재가치가 같은 여러 개의 사업을 비교 검토할 때 유효한 지표로 사용되며 초기 현금투자가 적은 사업일수록 높은 수익성 지수를 나타낼 수 있다. 판단기준은 PI가 1보다 크면, 즉 미래 현금흐름의 현재가치 합이 투자액보다 크면 프로젝트 채택하고 그렇지 않으면 포기한다.

수익성 지수도 내부수익률처럼 투자규모를 고려하지 못하고 있다는 단점이 있다. 예를 들어, 순현재가치로 환산하였을 때, 1억 불을 투자해서 2,000만 불의 수익이 나는 광구와 10억 불을 투자해서 1억 불의 수익이 나는 광구를 가정하자. 전자는 PI가 1.2이고 후자는 약 1.1이 된다. 하지만 후자는 1억 불의 순이익을 가져다 준다. 따라서 보는 사람의 관점에 따라 후자에 투자하는 것이 더 유리하다고 생각할 수도 있다.

5) 회수기간

회수기간은 총 투자비와 같은 수익을 올릴 때까지 걸리는 시간을 말하며 규모가 작은 회사일수록 이 지표가 중요하게 된다. 이 지표는 어떤 재정조달방식을 사용하느냐와 어떤 지역에 개발사업을 하느냐에 따라 그 중요성이 달라진다. 회수기간의 계산에는 주로 돈의 시간적 가치를 고려하지 않는다. 수익이 연말이나 연초에 불연속적으로 발생하는 경우에는 계산이 간단하여 단순히 누적현금흐름이 양이 되는 기간이다. 하지만 수익이 연속적으로 발생할 경우에는 보간법을 사용하여 회수기간을 예상한다. 그림 8.7a와 8.7b의 경우, 매년 말에 수익이 생성된다고 가정하면, 회수기간은 각각 4년과 3년이다.

회수기간법은 현금흐름을 감안한 투자안 평가방법으로 계산이 간단하다. 위험성이 고려된 방법이라는 장점을 갖는 대신 화폐의 시간가치와 회수기간 이후의 현금흐름에 대해 고려하지 않는다는 단점이 있다. 똑같이 투자액 10억 불, 회수기간이 10년인 두 프로젝트일지라도 매년 1억 불씩 들어오는 프로젝트와 10년 후에 10억 불이 들어오는 프로젝트의 가치는 다르지만 회수기간법으로는 둘 다 10년으로 똑같다. 따라서 실제 경제성 분석에서는 순현재가치, 내부수익률, 수익성 지수 등과 병행하여 사용하여야 한다.

8.3 생산자산 인수

8.3.1 생산자산 인수사업의 특징

생산 중인 광구를 매입하거나 매각하는 생산자산 거래는 북미지역에서 활발하게 이루어지고 있다. 생산자산의 인수(production acquisition)는 물리탐사와 시추를 통하여 저류층의 존재를 확인하여야 하는 위험성도 없고 생산시설을 설치하는 작업도 없다. 하지만 초기에 큰 자금이 소요되는 특징이 있다. 비록 초기 투자비용이 높지만 인수한 생산자산으로부터 수익이 창출되므로 안정적인 사업운영이 가능하다.

생산자산의 인수는 언급한 장점이 있지만 항상 이익을 창출하는 것은 아니다. 생산자산 인수 후 수입은 인수 이후의 일일생산량과 유가에 의해 결정된다. 생산유정을 잘 관리하여 계획한 생산량을 유지하거나 증대시키는 것은 매우 중요하다. 유가가 상승하는 경우 자산의 가치도 비례하여 상승하고 또 자산매각을 통해 투자를 정리할 수도 있다. 그러나 그 반대의 경우 자산가치의 하락과 수익의 직접적인 감소로 이어질 수 있다.

생산자산의 가치를 결정짓는 핵심적인 세 요소는 매장량, 일일생산량, 그리고 유가이다. 매장량이란 그 정의에서 알 수 있듯이 상업적으로 생산 가능한 양이다. 전체 매장량에서 지금까지 생산한 누적생산량을 뺀 값이 앞으로 생산할 수 있는 잔여 매장량이 된다. 일일생산량과 잔여 매장량을 바탕으로 생산자산의 운영기간을 예측할 수 있다. 비교적 큰 자산을 인수하는 경우 추가적으로 탐사와 개발을 진행할 수 있는 잠재력을 가진 구조가 있다면 이에 대한 고려도 필요하다.

북미지역은 다른 산유국들과 달리 지하 광구권에 대한 개인소유를 허락하고 있어 광구권거래가 활발하고 계약 및 세제 시스템이 발달하였다. 미국에서는 원래의 토지 주인이 지상토지에 대한 권한과 지하의 광구권을 동시에 소유하고 있으며 각각을 분리하여 매매할 수 있다. 참고로 대륙붕의 광구권은 주정부가, 대륙붕 밖의 광구권은 연방정부가 가지고 있다.

미국에서 E&P 사업의 대상인 유가스 광구는 매우 다양하다. 규모면에서 일일생산량 10 배럴 이하의 단일 생산정 광구와 수 만 배럴 이상의 대규모 육해상 광구도 있다. 투자면에서도 광구의 크기와 지분(interest)에 따라 수십억 불 이상에서 수만 불대의 광구도 존재한다. 또한 상업적인 유전의 발견에 실패할 가능성이 있는 탐사사업에서 안정적인 생산광구사업까지 다양한 형태가 있다. 이는 일반적으로 석유사업은 엄청난 돈이 들어가는 고위험의 도박이라는 인식과는 전혀 다른 상황이라고 할 수 있다.

자산인수 사업이 활발하고 시장이 잘 발발된 미국의 유전개발시장의 특성은 다음과 같다.

- 광구권을 개인이 소유하고 있어 계약과 세제 시스템이 매우 발달
- 정치적 및 경제적 위험요소가 거의 없음
- 탐사, 시추, 개발, 판매 관련 인프라, 기술력, 자료가 잘 준비됨
- 원유와 천연가스 모두 현지 직접 판매 가능
- 유전개발 투자신탁의 운용
- 투자대상의 규모와 종류가 다양
- 유전 경매시장이 운영
- 유전개발 관련 200여 개의 법인이 나스닥과 뉴욕증시에 상장

8.3.2 생산유전 가치평가

투자에 대한 타당성을 평가하기 위하여 투자자산에 대한 가치평가는 필수적이며 미국의 생산유전 거래시장에서는 다음의 방법들이 활용되고 있다.

- 할인현금흐름법(discounted cash flow model)
- 매장량당단가법(pricing per reserves in the ground)
- 일일생산량단가법(net daily barrel pricing)
- 순현금흐름배수법(net cash flow multiples)

할인현금흐름법은 대부분의 투자분석에 활용되는 대표적인 방법으로 생산유전의 자산평가에도 활용된다. 자산인수로 인해 예상되는 매출수익, 운영비, 신규투자비,

금융비용, 그리고 초기 투자비의 순현금흐름을 파악한다. 이를 바탕으로 순현재가, 내부수익률, 자금회수기간, 투자비 대비 수익성 지수 등 다양한 경제성 평가 인자를 사용하여 생산유전의 가치를 평가한다. 이와 같은 상세분석은 투자규모가 클수록 더 필요하며 매장량의 종류에 따라 서로 다른 할인율을 적용할 수 있다.

매장량당단가법은 단위매장량당 가격을 전체 매장량에 곱하여 평가하는 방법이다. 미국의 경우 지역에 따라 지하에 부존하는 원유 혹은 천연가스의 확인매장량에 대하여 평균 거래단가를 공개한다. 이는 구입하고자 하는 자산에 대한 확정적인 가격을 제시하지는 않지만 현지시세를 파악하는 데 도움이 된다. 원유의 경우 확인매장량 기준으로 $15～25/배럴 정도에 거래되며 고유가시기이거나 우량자산일 경우 $30/배럴 이상으로 거래되기도 한다.

원유나 천연가스의 일일생산량은 수익을 창출하는 핵심요소이다. 일일생산량단가법은 매장량의 계산이나 상세한 경제성 분석 없이 일일생산량을 기준으로 자산가치를 평가한다. 저류층의 크기와 압력, 그리고 매장량을 고려하여 이익을 최대화하는 생산계획에 따라 생산이 이루어지고 있기 때문에 일일생산량은 매장량과 자산가치의 평가에 좋은 지표가 될 수 있다. 미국의 경우 보통 단위배럴 생산량당 2.5～10만 불의 범위를 가진다. 예를 들어 1,000배럴/일로 생산하는 유전의 경우 2천5백만 불에서 1억 불가량의 가치로 거래된다는 것을 의미한다.

현금흐름배수법은 생산자산에 의해 창출되는 월순현금흐름에 일정한 값을 곱하여 자산의 가치를 평가하는 기법이다. 순현금은 매출액에 운영비와 로열티, 그리고 세금을 제한 순이익을 의미한다. 구체적으로 생산감쇄가 일어나지 않는다는 가정하에 자산가치를 월 순현금흐름에 36～48을 곱한 값으로 산정한다. 이는 생산유전을 구매한 경우에 원금회수가 보통 3～4년 정도 소요되는 점을 고려한 결과이다. 유가나 생산량의 변화로 인하여 현금흐름의 변동이 심할 경우 과거 3～12개월 평균치를 활용할 수 있으며 지역에 따라 또는 고유가시기에는 더 큰 값을 배수로 사용할 수 있다.

할인현금흐름법을 제외한 나머지 가치평가방법은 개략적인 평가를 보여주는 것으로 생산자산의 위치나 운영효율, 그리고 추가적인 탐사잠재력 등을 잘 반영하지 못한다. 따라서 상세 경제성 분석의 비교자료로 사용하는 것이 타당하다. 특히 생산자료가 있는 경우 감퇴곡선법(decline curve method), 물질수지법(material balance method), 그리고 상세한 저류층 시뮬레이션(reservoir simulation)을 통한 정확한 매장량 예측이 필요하다.

8.3.3 생산자산의 인수

그림 8.8은 미국에서 생산자산이 거래되는 전형적인 과정을 보여준다. 유전거래는 매도자가 제공한 각종 기술, 회계, 법률 자료를 매수의향자가 검토한 후 거래조건을 협상하면서 시작된다. 자료검토 후 거래조건에 대하여 합의하면 이를 근거로

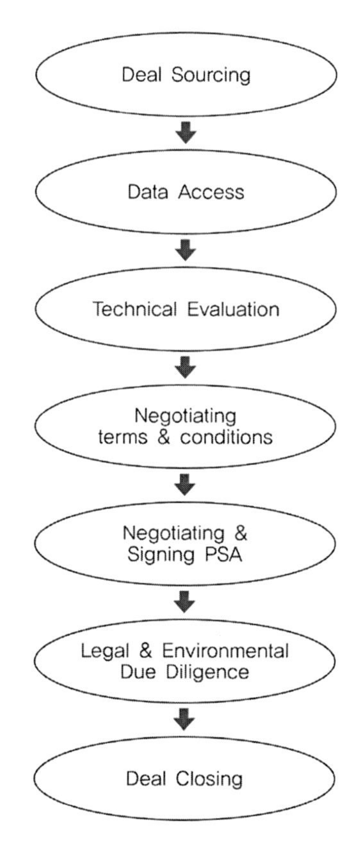

그림 8.8 생산유전 거래 프로세스(여기서, PSA(purchase & sales agreement))

광구 매매계약(purchase & sales agreement)을 한다. 이 계약서는 상호간에 약속이행을 보증하는 성격의 계약으로서 계약체결 후 매수자는 매도자에 의해 제공되는 매출, 생산, 자산, 환경 등 사업 관련 자료의 상세실사, 소유권에 대한 법률실사 등을 진행한다.

실사결과 아무런 문제가 없거나 추가협상이 완료되면 지정한 때에 송금하고 계약을 종결(deal closing)한다. 종결 후에 양도증서(lease assignment & bill of sales)에 서명한 후 공증을 받아 사업장 소재지 관할 법원에 등록함으로써 투자가 마무리된다. 이와 같은 거래는 개인적으로도 이뤄지나 대부분은 거래소시장(clearinghouse)에서 입찰에 의하여 이루어진다. 따라서 실사, 자산평가, 계약 등 거래를 위한 다양한 서비스회사들도 활동하고 있다. 이들 회사들은 공식적으로 활동하고 있기 때문에 인터넷검색을 통해 쉽게 찾을 수 있다.

북미지역에서는 생산자산을 직접 매입하지 않고 생산자산에 간접적으로 투자하는 방법 중의 하나가 유전펀드를 이용하는 것이다. 뮤추얼 펀드의 하나로 원유나 천연가스 광구를 투자대상으로 하는 것이 로열티 트러스트(royalty trust) 이다. 로열티 트러스트는 미국에서 1950년대 중반에 Gulf Oil Corporation에 의해 처음 시작되었고 1980년대 이후부터 활발히 운용되고 있다. 초기의 로열티 트러스트는 주로 광구권의 취득을 통해 생산에 따른 로열티 수입을 목적으로 하였다.

로열티 트러스트는 신탁 자금 혹은 기금을 활용하여 석유광구를 매입하여 생산수익에 대한 이익을 투자자에게 배분하는 구조를 갖는다. 일반적으로 미국의 경우 분기별로 캐나다의 경우 매월별로 수익금이 배당되어 투자수익이 수입의 형식으로 꾸준히 유입되는 속성이 있다. 로열티 트러스트의 종류에 따라 생산자산에 대한 투자뿐만 아니라 위험요소는 있지만 고수익을 창출하는 탐사사업도 병행하는 경우도 있다.

그림 8.9는 로열티 트러스트의 운영구조를 개념적으로 보여준다. 일반 투자자들이 투자상품의 단위인 'unit'을 주식처럼 구입하면 그 구입자금은 로열티 트러스트의 발행회사로 유입된다. 유입된 자금은 로열티 트러스트를 발행한 회사나 이를 관리하는 회사에 위임되어 사업에 투자된다. 사업에서 얻어진 수익은 소정의 수수료를 제하고 관련 투자자에게 배당한다. 경제학적인 관점에서 자본투자는 두 가지로 이

루어진다. 하나는 지분(share)에 따른 직접적인 투자(investment)이고 다른 하나는 사업을 할 수 있도록 자금을 빌려주는 것이다. 지분을 소유한 경우 이익에 따른 배당(dividend)을 받고 빌려준 자금에 대해서는 원금과 이자를 받는다.

일종의 주주격인 unitholder의 자금으로 투자한 사업에서 발생한 수익은 투자운용사의 입장에서 비용의 형태로 unitholder에게 배당된다. 따라서 배당이나 자본이득이 발생할 때, 일반적으로 법인세가 부과되고 또한 개인에게 소득세가 부과되는 소위 이중과세문제를 해결할 수 있다.

최근에는 다양한 투자대상을 찾고 있는 연금, 기금, 그리고 전문 투자은행에서도 로열티 트러스터에 투자하고 있다. 시추단계 비용에 대한 투자(drilling fund), 생산단계에서 소요되는 운영비에 대한 투자(income fund), 광구를 소유한 회사의 지분 취득 혹은 대출 등 매우 다양한 형태의 상품을 투자대상으로 한다. 유가의 변동으로 인한 위험요소가 있지만 다른 위험요소는 거의 없는 상황에서 고유가와 함께 그 투자액이 증가할 것으로 예상된다.

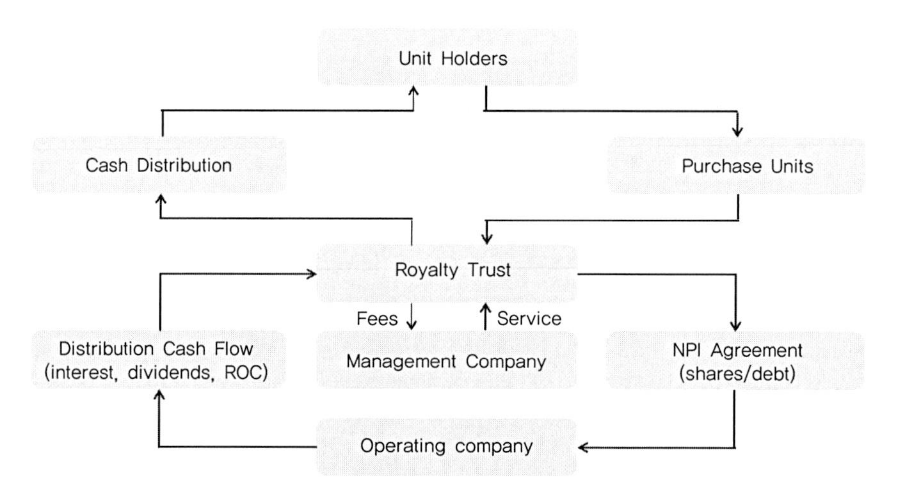

그림 8.9 로열티 트러스트의 운용 구조(여기서, NPI(net profit interest), ROC(return on capital))

부 록

단위환산

Name	Symbol	Relation to SI	Note
length, l			
meter (SI unit)	m		1ft = 12in = 30.48cm = 0.33yd 1in = 2.54cm = 0.083ft = 0.028yd 1m = 39.37in = 3.281ft = 1.094yd 1mile = 5280ft = 63360in = 1609.344m = 1760yd
centimeter (cgs unit)	cm	$= 10^{-2}$m	
inch	in	$= 2.54\times10^{-2}$m	
feet	ft	= 12in = 0.3048m	
yard	yd	= 3ft = 0.9144m	
mile	mi	= 1760yd = 1609.344m	
area, A			
square meter (SI unit)	m^2		$1m^2=10000cm^2=10.764ft^2=1549in^2=1.196yd^2$ $1ha=10000m^2=2.471acres=107639.104ft^2$ $=11959.901yd^2$ $1acre=43560ft^2=0.405ha=4840yd^2$ $1mile^2=2.59km^2=259ha$
acre	acre	$= 4046.856m^2$	
are	a	$= 100m^2$	
hectare	ha	$= 10^4m^2$	
volume, V			
cubic meter (SI unit)	m^3		$1ft^3 = 0.178bbl = 1728in^3 = 7.481gal = 28.317L$ $= 0.028317m^3$ $1m^3 = 35.315ft^3 = 6.293bbl = 264.172gal$ $= 1000L$ $1L = 0.001m^3=1000cm^3= 0.035ft^3= 61.024in^3$ $= 0.006293bbl$ $1bbl = 158.9L= 0.159m^3= 5.615ft^3= 9696.673in^3$ $= 42gal$
liter	L	$= 10^{-3}m^3$	
barrel (US)	bbl	$= 158.987m^3$	
gallon (US)	gal (US)	$= 3.785\times10^{-3}m^3$	

Name	Symbol	Relation to SI	Note
		mass, m	
kilogram (SI unit)	kg		1kg = 1000g = 0.001t = 2.205lbm 1lbm = 0.454kg = 454g 1t = 1000kg = 2205lbm 1slug = 32.174lbm = 14.594kg
gram (cgs unit)	g	$= 10^{-3}$kg	
tonne	t	$= 10^{3}$kg	
pound	lb	= 0.454kg	
slug	slug	= 14.594kg	
		acceleration, a	
SI unit	m/s^2		$1 ft/s^2 = 0.3048 m/s^2$
standard acceleration	g_n	$= 9.807 m/s^2$	
feet per square second	ft/s^2	$= 0.3048 m/s^2$	
		force, F	
newton (SI unit)	N	$= kg \, . \, m \, . \, s^{-2}$	1N = 0.225lbf = 0.102kgf $1 dyne = 1.020 \times 10^{-6} kgf = 1.0 \times 10^{-5} N = 2.248 \times 10^{-6} lbf$ 1kgf = 2.2046lbf = 9.80665N
dyne (cgs unit)	dyne	$= g \, . \, cm \, . \, s^{-2} = 10^{-5} N$	
kilogram-force	kgf	= 9.807N	
pound-force	lbf	= 4.448N	
		energy, E	
joule (SI unit)	J	$= kg \, . \, m^2/s^2$	1lbf · ft = 1.35582J 1Btu = 252cal = 1055.056J = 778.17lbf · ft
erg (cgs unit)	erg	$= g \, . \, cm^2/s^2 = 10^{-7} J$	
calorie, thermochemical	cal_{th}	= 4.184J	
calorie, international	cal_{IT}	= 4.487J	
British thermal unit	Btu	= 1055.06J	
		pressure, p	
pascal (SI unit)	Pa	$= N . m^{-2} = kg . m^{-1} . s^{-2}$	$1 bar = 14.504 psi = 0.987 atm = 1.019 kg/cm^2$ $= 10^5 N/m^2 = 100 kPa$ $1 psi = 6.895 kPa = 0.068 atm = 0.07 kg/cm^2$ $1 atm = 2116.2 lbf/ft^2 = 101325 Pa = 14.7 psi$ $= 1.01325 \times 10^6 dyne/cm^2$
atmosphere	atm	= 101,325Pa	
bar	bar	$= 10^5$Pa	
pound per square inch	psi	$= 6.895 \times 10^3$Pa	
		power, P	
watt (SI unit)	W	$= kg \, . \, m^2 \, . \, s^{-3}$	1hp = 550(ft · lbf)/s = 745.7W
horse power	hp	= 745.7W	
		dynamic viscosity, μ	
SI unit	Pa . s	$= kg \, . \, m^{-1} \, . \, s^{-1}$	$1 cp = 0.01 dyne \cdot sec/cm^2 = 0.001 pa \cdot s$ $= 6.72 \times X10^{-4} lb/mft \cdot sec$ 1slug/(ft · sec) = 47.88kg/(m · sec) 1poise = 1g/(cm · sec) = 0.1kg/(m · sec)
poise	P	$= 10^{-1}$. Pa . s	
centipoise	cP	= m . Pa . s	
		thermodynamic temperature, T	
kelvin (SI unit)	K		1°F = -17.22°C = 255.93K = 460.67°R 1°C = 33.8°F = 274.15K = 493.47°R 1°R = -272.59°C = -458.67°F = 0.56K
degree Rankine	°R	= (5/9)K	
degree Fahrenheit	°F	= (9/5)K-459.67	

전 세계 석유매장량

국가명	십억배럴	백분율
US	28.4	2.1%
Canada	33.2	2.5%
Mexico	11.7	0.9%
Total North America	**73.3**	**5.5%**
Argentina	2.5	0.2%
Brazil	12.9	1.0%
Colombia	1.4	0.1%
Ecuador	6.5	0.5%
Peru	1.1	0.1%
Trinidad & Tobago	0.8	0.1%
Venezuela	172.3	12.9%
Other S. & Cent. America	1.4	0.1%
Total S. & Cent. America	**198.9**	**14.9%**
Azerbaijan	7.0	0.5%
Denmark	0.9	0.1%
Italy	0.9	0.1%
Kazakhstan	39.8	3.0%
Norway	7.1	0.5%
Romania	0.5	◆
Russian Federation	74.2	5.6%
Turkmenistan	0.6	◆
United Kingdom	3.1	0.2%
Uzbekistan	0.6	◆
Other Europe & Eurasia	2.2	0.2%
Total Europe & Eurasia	**136.9**	**10.3%**
Iran	137.6	10.3%
Iraq	115.0	8.6%
Kuwait	101.5	7.6%
Oman	5.6	0.4%
Qatar	26.8	2.0%
Saudi Arabia	264.6	19.8%
Syria	2.5	0.2%
United Arab Emirates	97.8	7.3%
Yemen	2.7	0.2%
Other Middle East	0.1	◆

국가명	십억배럴	백분율
Total Middle East	**754.2**	**56.6%**
Algeria	12.2	0.9%
Angola	13.5	1.0%
Chad	0.9	0.1%
Republic of Congo (Brazzaville)	1.9	0.1%
Egypt	4.4	0.3%
Equatorial Guinea	1.7	0.1%
Gabon	3.7	0.3%
Libya	44.3	3.3%
Nigeria	37.2	2.8%
Sudan	6.7	0.5%
Tunisia	0.6	◆
Other Africa	0.6	◆
Total Africa	**127.7**	**9.6%**
Australia	4.2	0.3%
Brunei	1.1	0.1%
China	14.8	1.1%
India	5.8	0.4%
Indonesia	4.4	0.3%
Malaysia	5.5	0.4%
Thailand	0.5	◆
Vietnam	4.5	0.3%
Other Asia Pacific	1.3	0.1%
Total Asia Pacific	**42.2**	**3.2%**
	1333.1	**100.0%**

상위 7개국의 원유매장량

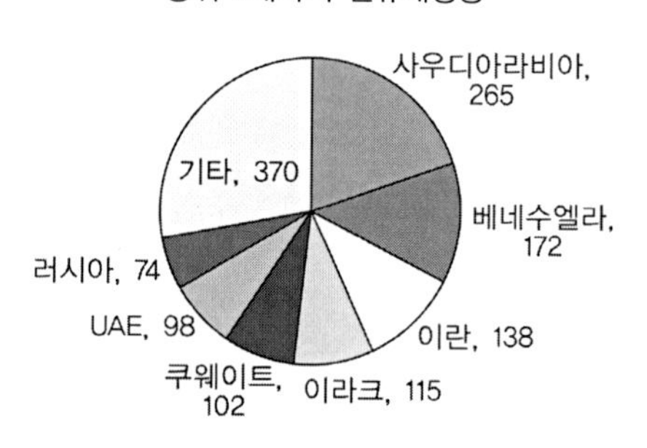

BP Statistical Review of World Energy, 2010 June. [2009년 말 기준]

전 세계 석유생산량

국가명	십억배럴	백분율
US	7196	8.5%
Canada	3212	4.1%
Mexico	2979	3.9%
Total North America	**13388**	**16.5%**
Argentina	676	0.9%
Brazil	2029	2.6%
Colombia	685	0.9%
Ecuador	495	0.7%
Peru	145	0.2%
Trinidad & Tobago	151	0.2%
Venezuela	2437	3.3%
Other S. & Cent. America	141	0.2%
Total S. & Cent. America	**6760**	**8.9%**
Azerbaijan	1033	1.3%
Denmark	265	0.3%
Italy	95	0.1%
Kazakhstan	1682	2.0%
Norway	2342	2.8%
Romania	93	0.1%
Russian Federation	10032	12.9%
Turkmenistan	206	0.3%
United Kingdom	1448	1.8%
Uzbekistan	107	0.1%
Other Europe & Eurasia	400	0.5%
Total Europe & Eurasia	**17702**	**22.4%**
Iran	4216	5.3%
Iraq	2482	3.2%
Kuwait	2481	3.2%
Oman	810	1.0%
Qatar	1345	1.5%
Saudi Arabia	9713	12.0%
Syria	376	0.5%
United Arab Emirates	2599	3.2%
Yemen	298	0.4%
Other Middle East	37	◆

국가명	십억배럴	백분율
Total Middle East	**24357**	**30.3%**
Algeria	1811	2.0%
Angola	1784	2.3%
Cameroon	73	0.1%
Chad	118	0.2%
Republic of Congo (Brazzaville)	274	0.4%
Egypt	742	0.9%
Equatorial Guinea	307	0.4%
Gabon	229	0.3%
Libya	1652	2.0%
Nigeria	2061	2.6%
Sudan	490	0.6%
Tunisia	86	0.1%
Other Africa	79	0.1%
Total Africa	**9705**	**12.0%**
Australia	559	0.6%
Brunei	168	0.2%
China	3790	4.9%
India	754	0.9%
Indonesia	1021	1.3%
Malaysia	740	0.9%
Thailand	330	0.4%
Vietnam	345	0.4%
Other Asia Pacific	328	0.4%
Total Asia Pacific	**8036**	**10.0%**
Total World	**79948**	**100.0%**

상위 7개국 석유생산량

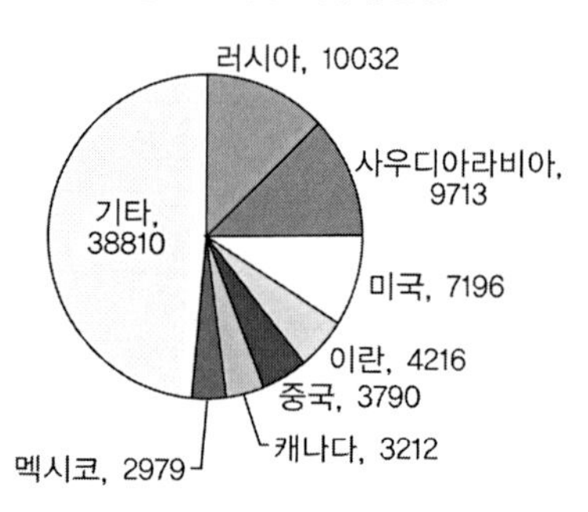

BP Statistical Review of World Energy, 2010 June. [2009년 말 기준]

전 세계 가스매장량

국가명	조입방피트	백분율
US	245	3.7%
Canada	62	0.9%
Mexico	17	0.3%
Total North America	323	4.9%
Argentina	13	0.2%
Bolivia	25	0.4%
Brazil	13	0.2%
Colombia	4	0.1%
Peru	11	0.2%
Trinidad & Tobago	15	0.2%
Venezuela	200	3.0%
Other S. & Cent. America	3	◆
Total S. & Cent. America	285	4.3%
Azerbaijan	46	0.7%
Denmark	2	◆
Germany	3	◆
Italy	2	◆
Kazakhstan	64	1.0%
Netherlands	38	0.6%
Norway	72	1.1%
Poland	4	0.1%
Romania	22	0.3%
Russian Federation	1567	23.7%
Turkmenistan	286	4.3%
Ukraine	35	0.5%
United Kingdom	10	0.2%
Uzbekistan	59	0.9%
Other Europe & Eurasia	16	0.2%
Total Europe & Eurasia	2228	33.7%
Bahrain	3	◆
Iran	1046	15.8%
Iraq	112	1.7%
Kuwait	63	1.0%
Oman	35	0.5%
Qatar	896	13.5%

국가명	조입방피트	백분율
Saudi Arabia	280	4.2%
Syria	10	0.2%
United Arab Emirates	227	3.4%
Yemen	17	0.3%
Other Middle East	2	◆
Total Middle East	2690	40.6%
Algeria	159	2.4%
Egypt	77	1.2%
Libya	54	0.8%
Nigeria	185	2.8%
Other Africa	45	0.7%
Total Africa	521	7.9%
Australia	109	1.6%
Bangladesh	13	0.2%
Brunei	12	0.2%
China	87	1.3%
India	39	0.6%
Indonesia	113	1.7%
Malaysia	84	1.3%
Myanmar	20	0.3%
Pakistan	32	0.5%
Papua New Guinea	16	0.2%
Thailand	13	0.2%
Vietnam	24	0.4%
Other Asia Pacific	13	0.2%
Total Asia Pacific	574	8.7%
Total World	6621	100.0%

상위 7개국의 가스매장량

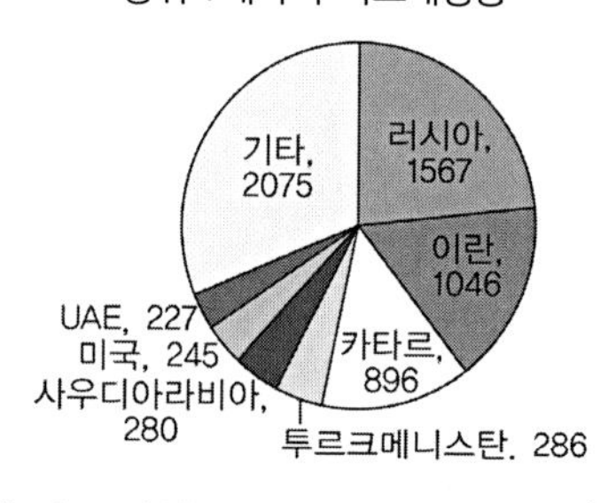

BP Statistical Review of World Energy, 2010 June. [2009년 말 기준]

전 세계 가스생산량

국가명	십억입방피트	백분율
US	20956	20.1%
Canada	5700	5.4%
Mexico	2055	1.9%
Total North America	**28711**	**27.4%**
Argentina	1462	1.4%
Bolivia	434	0.4%
Brazil	420	0.4%
Colombia	371	0.4%
Trinidad & Tobago	1434	1.4%
Venezuela	985	0.9%
Other S. & Cent. America	247	0.2%
Total S. & Cent. America	**5354**	**5.1%**
Azerbaijan	523	0.5%
Denmark	297	0.3%
Germany	431	0.4%
Italy	261	0.2%
Kazakhstan	1137	1.1%
Netherlands	2214	2.1%
Norway	3655	3.5%
Poland	145	0.1%
Romania	385	0.4%
Russian Federation	18629	17.6%
Turkmenistan	1286	1.2%
Ukraine	682	0.6%
United Kingdom	2105	2.0%
Uzbekistan	2274	2.2%
Other Europe & Eurasia	336	0.3%
Total Europe & Eurasia	**34361**	**32.5%**
Bahrain	452	0.4%
Iran	4633	4.4%
Kuwait	441	0.4%
Oman	876	0.8%
Qatar	3154	3.0%
Saudi Arabia	2737	2.6%
Syria	205	0.2%

국가명	십억입방피트	백분율
United Arab Emirates	1723	1.6%
Other Middle East	159	0.2%
Total Middle East	**14380**	**13.6%**
Algeria	2475	2.7%
Egypt	2214	2.1%
Libya	540	0.5%
Nigeria	879	0.8%
Other Africa	689	0.7%
Total Africa	**7197**	**6.8%**
Australia	1494	1.4%
Bangladesh	696	0.7%
Brunei	403	0.4%
China	3009	2.8%
India	1388	1.3%
Indonesia	2539	2.4%
Malaysia	2214	2.1%
Myanmar	406	0.4%
New Zealand	141	0.1%
Pakistan	1388	1.3%
Thailand	1091	1.0%
Vietnam	283	0.3%
Other Asia Pacific	480	0.5%
Total Asia Pacific	**15482**	**14.6%**
Total World	**105485**	**100.0%**

상위 7개국의 가스생산량

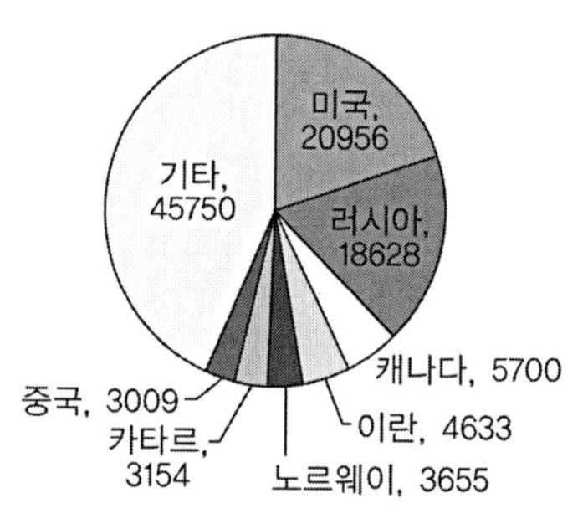

BP Statistical Review of World Energy, 2010 June. [2009년 말 기준]

WOC

메이저 석유사(6개사)

	원유매장량 (백만 배럴)	가스매장량 (십억cf)	원유생산량 (천b/d)	가스생산량 (백만cf/d)	정제능력 (천b/d)	매출액 (백만$)	순이익 (백만$)	총 자산 (백만$)	직원수(명)
ExxonMobil	11651	68007	2387	9273	6271	284471	19280	233323	80700
BP	10511	45130	2535	8485	2666	241445	16578	235968	80300
Shell	5687	49055	1680	8483	3639	278969	12518	292181	101000
Chevron	6973	26049	1872	4989	2158	163527	10483	164621	64000
ConocoPhillips	6285	24247	1616	5172	2902	139288	4858	152588	30000
Total	5689	26318	1381	4923	2594	156680	11780	183106	96387

국영 석유사 (상위 10개사)

	원유매장량 (백만 배럴)	가스매장량 (십억cf)	원유생산량 (천b/d)	가스생산량 (백만cf/d)	정제능력 (천b/d)	매출액 (백만$)	순이익 (백만$)	총 자산 (백만$)	직원수(명)
Saudi Aramco	264100	275200	9713	7296	2374	318000	–	–	55056
NIOC	137600	1045700	4216	12701	1566	58232	–	–	115000
PDVSA	211000	178800	3170	4054	3035	74996	2920	149601	91949
CNPC	21912	99616	2760	7141	2913	178144	10261	325852	1670000
Pemex	11691	11966	2910	4504	1710	86549	−7249	102004	145146
Gazprom	9562	656580	837	44633	881	99653	24528	276445	393600
KPC	101548	64007	2500	1457	1109	50219			15825
Sonatrach	11300	159100	1684	7329	456	47598	3952	78243	41886
Petrobras	10308	11051	2112	2488	2161	95140	15504	200270	76919
Rosneft	18058	28834	2182	1226	1071	46938	6514	83232	158884

독립계 석유사(상위 10개사)

	원유매장량 (백만 배럴)	가스매장량 (십억cf)	원유생산량 (천b/d)	가스생산량 (백만cf/d)	정제능력 (천b/d)	매출액 (백만$)	순이익 (백만$)	총 자산 (백만$)	직원수(명)
Lukoil	10957	18280	1578	1372	1149	68376	7011	79019	150000
Surgutneftegas	7470	13933	1192	1315	429	33112	3583	41788	106197
Repsol YPF	883	6744	437	2628	1259	68108	2174	83249	41014
Marathon	1225	2724	274	958	1188	49049	1463	47052	28855
TNK-BP	5323	3162	840	601	388	34991	4973	29448	49182
Devon Energy	1214	9765	241	2652	–	7631	−2479	29686	5400
Reliance	81	7459	21	1413	1240	44292	4815	55903	23365
Apache	1067	7796	290	1759	–	8615	−292	28186	3452
BG	736	11181	182	2768	–	16391	3394	41864	6079
Novatek	589	40726	68	3129	–	2832	819	6401	4200

데이터 : PIW, 2010년 12월 [2009년 12월 말 기준]

찾아보기

(ㅇ)

(ㅊ)

(ㅋ)

(ㅌ)

(ㅍ)

(ㅎ)

저자 소개

성원모

한양대학교 공과대학 자원환경공학과 명예교수

미국 펜실베이니아주립대학교(석유공학 석사, 박사)

한양대학교 공과대학 자원공학과(학사)

배위섭

세종대학교 에너지자원공학과 교수

미국 University of Texas at Austin(석유공학 석사, 박사)

서울대학교 공과대학 자원공학과(석사)

최종근

서울대학교 공과대학 에너지자원공학과 교수

미국 Texas A&M University(석유공학 박사)

서울대학교 대학원 자원공학과(석사)

서울대학교 공과대학 자원공학과(학사)

이근상

한양대학교 공과대학 자원환경공학과 교수

미국 University of Texas at Austin(석유공학 박사)

서울대학교 대학원 자원공학과(석사)

서울대학교 공과대학 자원공학과(학사)

임종세

한국해양대학교 에너지자원공학과 교수

서울대학교 대학원 자원공학과(석유공학 석사, 박사)

서울대학교 공과대학 자원공학과(학사)

권순일

동아대학교 공과대학 에너지·자원공학과 부교수
한양대학교 대학원 지구환경시스템공학과(석유공학 석사, 박사)
한양대학교 공과대학 자원공학과(학사)

전보현

인하대학교 공과대학 에너지자원공학과 명예교수
미국 Texas A&M University(석유공학 석사, 박사)
서울대학교 공과대학 자원공학과(학사)

이원규

한국석유공사 부장
일본 동경대학(석유공학 박사)
서울대학교 대학원 자원공학과(석사)
서울대학교 공과대학 자원공학과(학사)

허대기

한국지질자원연구원 석유해저연구본부 책임연구원
과학기술연합대학원대학교 석유자원공학과 교수
미국 University of Southern California(석유공학 석사, 박사)
서울대학교 공과대학 자원공학과(학사)

석유개발공학

초판발행 2014년 4월 1일
초판 2쇄 2020년 2월 20일
초판 3쇄 2022년 9월 7일

저 자 성원모, 배위섭, 최종근, 이근상, 임종세, 권순일, 전보현, 이원규, 허대기
펴 낸 이 김성배
펴 낸 곳 도서출판 씨아이알

책임편집 이민주
디 자 인 김진희, 윤미경
제작책임 김문갑

등록번호 제2-3285호
등 록 일 2001년 3월 19일
주 소 (04626) 서울특별시 중구 필동로8길 43(예장동 1-151)
전화번호 02-2275-8603(대표)
팩스번호 02-2265-9394
홈페이지 www.circom.co.kr

I S B N 979-11-5610-030-0 93530
정 가 20,000원